细胞外囊泡研究操作手册

Extracellular Vesicles Research Manual

主编 陈 刚

科 学 出 版 社

北 京

内 容 简 介

细胞外囊泡是细胞分泌的纳米级膜性小泡。其研究已经成为全球瞩目的热点。本书系统介绍细胞外囊泡研究操作方法，其中包括翔实的实验步骤和生动的图文解说，以及深入浅出的操作视频。第 1 ～ 4 章介绍了细胞外囊泡的分离、纯化、表征和标记等实验技巧；第 5 ～ 10 章介绍了细胞外囊泡的生物学行为研究、临床转化应用、治疗载体构建与应用、课题设计、生物信息学分析及相关新兴技术等内容；第 11 ～ 12 章聚焦近年来备受关注的干细胞和组织来源细胞外囊泡，详细介绍了其基础研究和转化应用新进展。

本书内容实用，图文并茂，可帮助读者快速建立起细胞外囊泡研究的理论和实验基础，适于临床科研人员和基础科研人员阅读参考。

图书在版编目（CIP）数据

细胞外囊泡研究操作手册 / 陈刚主编. —北京：科学出版社，2024.3
ISBN 978-7-03-076715-8

Ⅰ.①细… Ⅱ.①陈… Ⅲ.①细胞－超微结构－研究 Ⅳ.①Q248

中国国家版本馆CIP数据核字（2023）第197788号

责任编辑：郭 颖 / 责任校对：张 娟
责任印制：赵 博 / 封面设计：龙 岩

科学出版社 出版
北京东黄城根北街 16 号
邮政编码：100717
http://www.sciencep.com
涿州市般润文化传播有限公司印刷
科学出版社发行 各地新华书店经销
*
2024 年 3 月第 一 版 开本：787 × 1092 1/16
2024 年 8 月第二次印刷 印张：14 1/2
字数：313 000
定价：168.00 元
（如有印装质量问题，我社负责调换）

编著者名单

主　编	陈　刚	武汉大学口腔医院
副主编	刘笔锋	华中科技大学生命科学与技术学院
	余自力	武汉大学口腔医院
	张　伟	武汉大学口腔医院
	李　晔	西安交通大学口腔医院
	郭安源	四川大学华西医院生物医学大数据中心
	金　阳	华中科技大学同济医学院附属协和医院
编　委	汪付兵	武汉大学中南医院
	张国军	湖北中医药大学检验学院
	李秋柏	华中科技大学同济医学院附属协和医院
	王少刚	华中科技大学同济医学院附属同济医院
	颜晓梅	厦门大学化学化工学院
	裴丹丹	西安交通大学口腔医院
	刘世宇	空军军医大学口腔医院
	朱玲新	武汉大学口腔医院
	任建岗	武汉大学口腔医院
	吴　敏	武汉大学口腔医院
	夏厚福	武汉大学口腔医院
	杨解纲	武汉大学口腔医院
	陈　鹏	华中科技大学生命科学与技术学院
	李一伟	华中科技大学生命科学与技术学院
	谢启慧	武汉大学口腔医院
	李一村	北京大学深圳医院
	李　立	珈泌生物科技（武汉）有限责任公司

编　者　王晓乐　刘金元　陈卓琨　张琳周　许　瑞　冯杨英凡
刘海明　刘雨桐　陈高虹　肖博林　刘星驰　陈吟雪
张何婧　黄　珏　段　旭　石　珊　赖文强　刘冰云
曾　俊　王奎明　赵起超　李金帮　王新新　陈力果
叶　悟　谢　寒　谢贵燕　赵旭东　罗　涛　王　一
寻　阳

秘　书　殷　倩　武汉大学口腔医院
傅秋云　武汉大学口腔医院

序　言

在多年的学术历程中，我有幸见证了生命医学领域诸多里程碑式的发展和突破，其中包括细胞外囊泡研究。细胞外囊泡是细胞分泌的纳米级膜性小泡，携带丰富的生物活性分子，是细胞间通讯的重要载体，在诸多生理病理过程中发挥至关重要的作用。回溯到 1983 年，当细胞外囊泡首次在绵羊网织红细胞中被发现时，它仅被认为是红细胞的某种“废弃物”，其生物学意义在长时间内未被充分认识。2013 年，因发现囊泡运输的复杂调控机制及重要的生物学功能，三位科学家被授予诺贝尔生理学或医学奖，自此细胞外囊泡的研究及应用价值突显，并迅速成为全球瞩目的研究热点。然而，由于细胞外囊泡自身特殊的理化性质，相关研究及应用仍面临较大挑战。

武汉大学的陈刚教授长期从事细胞外囊泡基础和转化应用研究，此次他集结了一批领域内的优秀科研工作者，将多年的研究经验整理成了这本内容翔实、实用性强的《细胞外囊泡研究操作手册》。该书是国内首部系统介绍细胞外囊泡研究操作方法的专著，其中包括翔实的实验步骤和生动的图文解说，以及深入浅出的操作教学视频，可帮助读者快速建立起细胞外囊泡研究的理论和实验基础。全书内容涵盖细胞外囊泡的分离纯化、表征、高通量检测、生物标记和功能研究技术、临床转化应用技术、细胞外囊泡相关新兴技术等方面。无论是从事基础研究的人员，还是从事临床研究的医务工作者，皆能从中受益。

我相信，这本凝结了一批优秀学者多年辛勤研究心血的《细胞外囊泡研究操作手册》，能为广大读者提供更加丰富和深入的学习资源，为细胞外囊泡的基础研究和转化应用发挥积极作用，有望为我国生命科学领域的繁荣发展做出新的更大贡献！

王松灵

中国科学院　院士

南方科技大学医学院　院长

2024 年于深圳

前　言

细胞外囊泡是指细胞通过胞吐或膜出芽等方式分泌到胞外的膜性小泡，广泛存在于人血液、唾液、尿液等各种体液中，可携带丰富的生物活性分子，是机体内不可或缺的细胞间生物信息传递载体，并在许多疾病发生发展过程中发挥重要调控作用。因此，研究细胞外囊泡的生物学行为和功能及其与重大疾病的相关性不仅有助于揭示相关疾病的发病机制，还有望为疾病早期诊断及预后评估提供新的液体活检标志物。然而，因细胞外囊泡特殊的理化性质，研究细胞外囊泡并非易事。为解决这一难题，我们汇集了一批在细胞外囊泡领域具有丰富经验的专家和一线研究人员，联合编写了这本《细胞外囊泡研究操作手册》。

本书不仅是一本系统介绍细胞外囊泡研究方法的专著，更是一本内容翔实、图文并茂、实用性强的细胞外囊泡实验技术手册。第 1 ～ 4 章系统性地介绍了细胞外囊泡的分离、纯化、表征和标记等实验技巧，并配合丰富的图文解析和详尽的操作流程，帮助读者深入理解并掌握相关技术。此外，我们还特别制作了 10 个关键技术的操作教学视频，直观展示实验过程，以便读者更快速地掌握关键操作。第 5 ～ 10 章介绍了细胞外囊泡的生物学行为研究、临床转化应用、治疗载体构建与应用、课题设计、生物信息学分析及相关新兴技术等内容，旨在帮助读者迅速掌握细胞外囊泡在各新兴领域中的应用情况及相关的技术方法。第 11 ～ 12 章聚焦近年来备受关注的干细胞和组织来源细胞外囊泡，详细介绍了其基础研究和转化应用新进展。因此，无论您是该领域的研究新手还是资深研究人员，本书都能为您提供细胞外囊泡研究重要且实用的技术支持！

在此，我们衷心感谢在编写、审阅和出版本手册过程中倾力相助的各位专家，也要向长期关心和支持我们的读者们致以最诚挚的谢意！由于细胞外囊泡领域的迅速发展，加上编者的经验与能力限制，书中难免会有疏漏和不足之处。因此，我们真诚地期待业界同仁与广大读者提出宝贵意见和建议，愿与大家共同努力，为细胞外囊泡领域的蓬勃发展贡献力量。

武汉大学口腔医院　教授、主任医师

2024 年于武汉

目　录

细胞外囊泡研究操作视频

1. 细胞外囊泡分离（超速离心法）

2. 细胞外囊泡纯化（密度梯度离心法）

3. 细胞外囊泡亚群分离（免疫磁珠法）

4. 组织细胞外囊泡的分离

5. 细胞外囊泡电镜样本制备

6. 细胞外囊泡浓度及粒径检测（NTA 法）

7. 细胞外囊泡 RNA 提取

8. 细胞外囊泡蛋白质提取

9. 细胞外囊泡的量子点标记（电穿孔法）

10. 细胞外囊泡荧光染色及细胞摄取

第 1 章　细胞外囊泡的分离与纯化

第一节　概　　述

细胞外囊泡（extracellular vesicle，EV）指细胞通过胞吐和膜出芽等方式主动分泌到胞外的膜性小泡。EV 携带大量的生物活性分子（如蛋白质、核酸和脂质等）并传递给受体细胞，进而影响受体细胞功能，参与多种生理和病理过程。大量研究试图探究 EV 在各种生理和病理条件下发挥作用的具体分子机制，并期望将 EV 作为各类疾病的相关治疗靶点、早期诊断标志物以及对其进行工程化改造运用于靶向治疗。EV 的分离与纯化作为 EV 基础和应用研究的前提，其标准化分离纯化流程是开展 EV 相关研究的关键第一步。

当前研究中使用的 EV，主要分离自体外培养的细胞上清、人体体液（血液、尿液、脑脊液等）或组织样本。体外培养的细胞，由于细胞成分单一，细胞培养上清中 EV 来源也较为单一，是当前研究特定细胞来源 EV 成分和功能的重要工具；而直接分离自人体体液或组织样本的 EV，其细胞来源较为复杂，但更接近于疾病状态，因此被开发为液体活检的重要载体，在疾病的诊断和疗效预测方面具有重要价值。从不同样本中分离 EV 的方法不尽相同，在分离 EV 前需对不同样本采取不同的预处理，才可高效准确地分离出不同样本中的 EV。本章将重点详细地介绍不同样本的采集流程和初步处理方法及储存方式，以帮助不同需求的 EV 研究工作者掌握 EV 样品采集和制备的标准方法。

目前常用的 EV 分离方法有超速离心、聚合物沉淀、尺寸排阻法、超滤法及微流体法。不同样本的 EV 需要运用不同的分离方法，本章第二节详细地介绍了上述各类分离方法的基本原理、优缺点及适用条件，以供 EV 研究工作者根据待分离样本种类以及实验目的选择最适合的分离方法。然而随着近年来对 EV 的深入探索，不少 EV 研究工作对于分离得到的 EV 纯度也有了更高的要求。本章第二节同时也介绍了 EV 的纯化方法，其中密度梯度离心法可以去除与 EV 粒径相近的脂蛋白以及亚细胞器的污染，而免疫分离法则可以通过抗原抗体的特异性结合纯化得到不同亚型的 EV，满足了 EV 研究工作者更高层次的需求。

EV 分离纯化的标准化是保障后续研究准确性和可重复性的前提。本章详细地介绍了从不同样本中分离和纯化 EV 的方法，希望帮助即将从事 EV 的研究工作者们能够迅速掌握相关的基本操作，更快更好地开展 EV 的研究工作。

第二节　细胞外囊泡分离与纯化方法基本原理

选择合适的分离纯化方法是研究EV面对的首要问题，有学者对此进行了总结（图1-1）。对于细胞培养上清，首先要考虑的问题是纯度和产量之间的优先级，因为具有良好纯度的分离方法并不一定具有最高的产量，而具有高产量的方法不一定可以提供良好的纯度。样本体积不是细胞培养上清的决策点，但对于尿液和血浆，我们通常无法控制样本量，所以对于尿液和血浆，体积是我们选取分离方法的重要决策点。

一、分离方法

（一）差速离心法

差速离心法是基于粒径不同的颗粒，其离心沉降速度也会有显著差别的原理，通过较小的离心力和较短的时间将粒径比EV大的颗粒先沉降下来，而粒径在100nm左右的EV仍留存在上清中，再用更大的离心力与更长的时间将EV沉淀富集下来的方法。差速离心法是目前应用最广泛的EV分离方法，被视为EV分离的“金标准”，具有试剂成本低，污染风险低和样本处理量大等优点，然而该方法也存在仪器成本较高、操作技术要求较高、实验时间长，EV完整性和生物活性损伤等缺点。

（二）聚合物沉淀法

聚合物沉淀法是利用聚合物可以中和EV所带的负电荷并产生疏水作用的特性，使生物大分子脱水而发生沉淀，从而在重力作用下沉降析出。聚合物沉淀法常用于病毒的富集纯化，由于EV的理化特征与

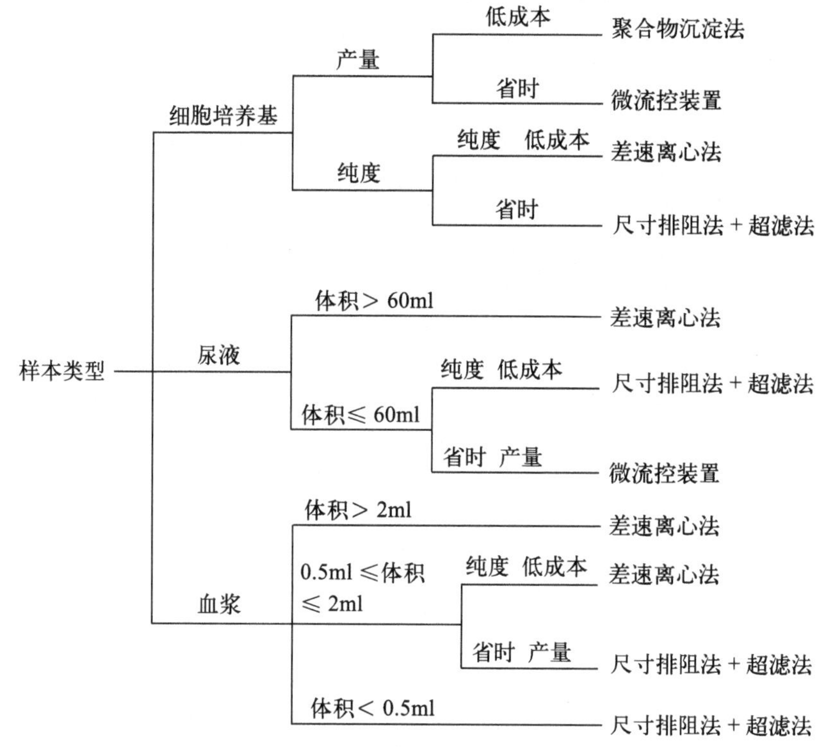

图1-1　EV分离纯化方法选择决策树

病毒相似，因而也可以用该方法来分离富集 EV。常见的聚合物沉淀方法包括鱼精蛋白沉淀法、乙酸钠沉淀法、有机溶剂沉淀法和亲水多聚物沉淀法。该方法操作简单，适合大量样本处理，许多提取 EV 的商业化试剂盒都是基于该方法制成。但也存在共沉淀聚合物的污染风险高，实验周期长等缺点。

（三）尺寸排阻色谱法

尺寸排阻色谱法是根据分子的大小和尺寸进行 EV 分离的方法。尺寸排阻色谱柱由多孔的凝胶颗粒填充形成，色谱填料颗粒的多孔结构将尺寸大于孔径的分子颗粒拦截在外，使其只能沿多孔凝胶粒子之间的空隙通过色谱柱，首先被流动相洗脱出来；尺寸小于孔径的分子会进入颗粒内的孔道，尺寸或分子量越小的颗粒在孔道内驻留时间越长。通过这个方法，可以将不同尺寸和不同分子量大小的颗粒进行分离。该方法可以在保证 EV 完整性和生物活性的同时获取高纯度的 EV，产率较高，适合中等样本量处理，但需要专门的装置和填料，不能同时进行多个样本 EV 的分离。

（四）超滤法

超滤法是在样品上清去除大颗粒后，用孔径小于 EV 粒径的超滤膜，在样品上清通过滤膜的同时，将 EV 截留在超滤膜上的一种方法。该方法具有操作简单，分离速度快和不需要超速离心机等高成本仪器设备的优势。但超滤过程中由于 EV 的沉积可能造成滤膜的堵塞，会导致 EV 纯度不高并存在膜污染的风险。

（五）微流体法

微流体法是利用微流控装置进行 EV 分离的方法，是基于 EV 的物理和生物化学性质在微观尺度上的差异分离 EV 的流体控制技术。装置上集成许多微小通道，根据 EV 的不同理化性质特征对通道进行加工设计（包括长度、直径、形状、材质和包被的抗体等），实现对不同种类 EV 的分离。该方法具有处理速度快，易于自动化和操作简便等优势。但装置的设计加工技术较为高尖，而分离效率和特异性均取决于装置的设计，且不适合大量样本的处理。

二、纯化方法

（一）密度梯度离心法

通过差速离心得到的 EV 常有粒径接近的脂蛋白、亚细胞器的污染，根据不同颗粒的密度差异，密度梯度离心可以将 EV 进一步纯化。通过铺设不同密度的离心介质液，在离心力的作用下，不同密度的颗粒上浮或沉降到自身密度相应的密度位置形成富集条带。EV 作为包含核酸和蛋白的膜性小泡，其总体平均密度区间为 1.13 ～ 1.19g/ml。密度梯度离心通常与超高速离心法结合，作为进一步富集纯化 EV 的方法。

（二）免疫分离法

免疫分离法是基于 EV 膜表面特异性富集的蛋白，利用抗原抗体间特异性结合的原理，特异性分离 EV 的方法。常用的方法是免疫磁珠分离法，将靶向 EV 标志蛋白如 CD9、CD63、CD81、ALIX 或肿瘤相关标志物 EGFR 和 EpCAM 的抗体与磁珠偶联后，与液体样本孵育，可以实现带有特定蛋白 EV 的富集。该方法获取的 EV 纯度较高，适合分离不同亚型的 EV。但该方法使用的亲和试剂成本高，特异性要求高，且产率不稳定；此外，抗体可能影响 EV 表面蛋白原有的生物功能与活性，与磁珠的结合也可能改变 EV 的理化性质。

第三节　细胞外囊泡样品的收集与分离纯化

无论是超速离心还是使用试剂盒等其他方法提取EV，都需要对液体样本进行初步分离。以差速离心为例，绝大多数液体样本初步离心步骤大体一致，即利用不同的离心力和离心时间，依次去除细胞、细胞碎片以及聚合物和凋亡小体等杂质（图1-2）。在此过程中，转子的选择和时间的控制对分离的效果具有重要影响。文献报道不同液体样本初步离心条件存在一定差异，下文将对一些常见液体样本的初步分离步骤进行介绍。

一、常见液体样本的初步分离

（一）细胞培养上清

1. 细胞培养上清的收集与初步制备

（1）细胞培养上清的收集：根据样本量选择不同规格的离心管收集（有无菌要求需使用无菌离心管）。

（2）细胞培养上清的初步分离

① 500×g，5min，去除细胞，保留上清液。

② 3000×g，20min，离心2次，去除细胞碎片和粒径较大的EV，保留上清液。

以Ca127细胞培养上清为例，使用该初离条件后，再经过120 000×g超速离心，得到的EV粒径在140nm左右。初离条件并非一成不变，可根据实验目的进行调整，若需要粒径更小的EV，离心过程中可增加离心步骤16 500×g，45min。

③ 初离后细胞培养上清的保存：4℃（7d以内），－20℃（1个月以内），－80℃（长期储存）。

2. 细胞培养注意事项

（1）细胞培养液的配制需使用无外泌体血清，可从试剂公司购买获得，或使用超速离心机（超速离心条件：180 000×g，4℃，18h）去除普通血清中的EV，经0.22μm滤膜过滤即可获得无外泌体血清。

（2）大量收集细胞培养上清时，可先用含普通血清的培养基大规模扩增细胞后再换成无外泌体血清。

（3）为避免细胞污染，大规模传代时，勿将所有培养皿的细胞消化后集中至一个离心管中离心，建议勤换枪头，并使用直接传代法。

（4）血清饥饿培养可增加EV产量，在明确饥饿不会影响实验目的后，可使用含2%无外泌体血清的培养基或无血清培养基进行细胞培养上清的收集。

（5）目前有研究表明，可以通过改变

	第一步：去除细胞等 →	第二步：去除细胞碎片 →	第三步：去除较大的囊泡
细胞培养基	500×g 5min	2000×g 15min	10 000×g 20min
唾液	2600×g 150min	2600×g 15min	2600×g 15min
血液	1550×g 15min	3000×g 20min	12 000×g 20min
淋巴液	1000×g 10min	3000×g 20min	12 000×g 20min
尿液	500×g 5min	3000×g 10min	10 000×g 20min
腹水	300×g 10min	2000×g 10min	10 000×g 30min
胸腔积液	500×g 15min	2000×g 15min	20 000×g 60min

图1-2　不同液体样本的初步分离

细胞培养条件来提高 EV 的产量，如表 1-1 所示。

表 1-1　提高 EV 产量的因素

培养条件、因子处理	细胞类型
EGF	大鼠原代间皮细胞
bFGF	神经元
TNF-α	人脐静脉内皮细胞
IFN- γ	小鼠骨髓干细胞
LPS	脉络丛上皮细胞
钙离子	血管平滑肌细胞
三维培养	内皮细胞
低 pH	肿瘤细胞
低氧	肾小管细胞
饥饿	小鼠胚胎成纤维细胞

（二）血液

1. 血液样本的初步制备

（1）血液样本需在室温下及时处理（低温会影响血细胞释放 EV）。

（2）1550×g，15min，室温，离心 2 次，弃下层血细胞，保留上清液。

（3）将离心获得的上清液进行分装，－80℃长期保存。

2. 注意事项

（1）采血管的选择：含抗凝剂采血管（血浆），不含抗凝剂采血管（血清）。

（2）颠倒采血管以将抗凝剂与血液混匀。

（三）唾液

1. 唾液样本的初步制备

（1）收集唾液于 50ml 离心管中，如不能及时预处理，可在 4℃临时保存。

（2）2600×g，15min，4℃，离心 2 次，弃沉淀。

（3）将离心获得的上清液进行分装，－80℃长期保存。

2. 注意事项

（1）采集时间：饭后 30min 内不能收集唾液。收集唾液的时间应在一次实验中保持一致。建议在早餐和晚餐前收集唾液。

（2）如果唾液较黏稠，可在第一次离心后用滤器（70μm 尼龙网）过滤。

（四）其他

1. 腹水

（1）300×g，10min，4℃，弃细胞。

（2）800×g，30min，4℃，弃沉淀。

2. 胸腔积液

（1）500×g，15min，4℃，弃细胞等沉淀。

（2）2000×g，15min，4℃，弃沉淀。

3. 尿液

（1）采样时间节点：推荐晨尿。

（2）3000×g，10min，4℃，弃沉淀。

（3）根据实验目的和需求，可对尿液酸化、碱化、加入蛋白酶抑制剂或细菌抑制剂。

（4）将离心获得的上清液进行分装，－80℃长期保存。

4. 术后淋巴引流液

（1）采样时间节点：推荐术后 24～48h，及时在室温下处理，勿室温存放过夜。

（2）用 50ml 离心管收集颈部淋巴液，并记录具体引流部位。

（3）1000×g，10min，常温，弃沉淀。

（4）3000×g，20min，4℃，弃沉淀。

（5）将离心获得的上清液进行分装，－80℃长期保存。

二、EV 的最终分离、分装与储存

（一）超速离心法

1. 超速离心法具体操作步骤　见视频。

2. EV 沉淀重悬方法　见视频。

3. 超离转子及离心管选择　目前市场上的转子主要分为吊桶式转子和定角转子（图 1-3）。吊桶式转子的功能特色为路径长度全长、慢速运行时间及优异的分辨率。吊桶式转子允许离心管在运行时改变角度。停止时吊桶为垂直，而运行时则为水平。

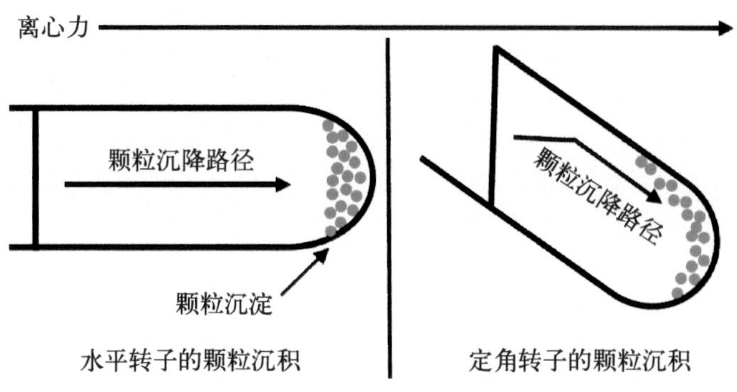

图 1-3　**水平转子（左）与定角转子（右）**

吊桶式转子的平行几何结构允许样本在密度梯度间移动不受阻碍，不同于定角几何结构，样本击打管壁并形成抹迹，而可能不利于分离。最适合以低速分离大量样本，当样本在速率区带（密度）梯度中分离时尤其有用。定角转子的功能特色为路径长度中等、快速运行时间及优异的分辨率。定角转子上的离心管在旋转运行中保持固定角度，通常与垂直线成 23°～38°。通常用于较高速度、小量至大量体积及沉淀应用，例如细菌与酵母菌，用于回收沉淀并从悬浮液中移除颗粒。

有研究表明吊桶式转子对 EV 的分离效率要高于定角转子，这主要是由于旋转半径和囊泡沉积路径导致（图 1-4）。

目前市面上常用的 Beckman 超速离心机有 Optima® XE-100（图 1-5）和 Optima™ MAX-XP（图 1-6），其适配的转子型号及离心管如表 1-2 所示。实验时可根据样品体积及实验目的选择合适的离心机和转子，一般来说离心体积越小，离心效率越高。

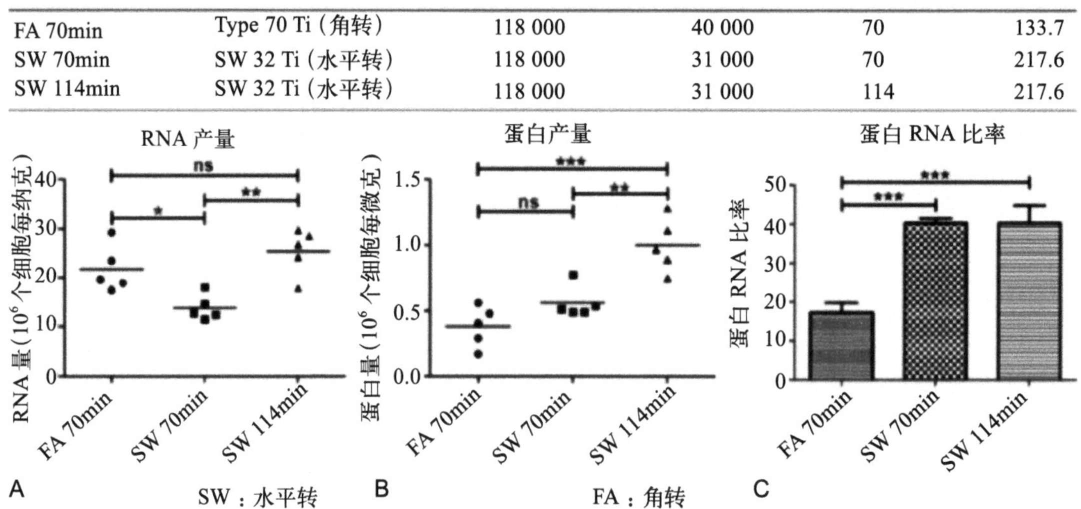

离心设置	转子	相对离心力（×g 平均）	每分钟转速	时间 (min)	K 系数
FA 70min	Type 70 Ti（角转）	118 000	40 000	70	133.7
SW 70min	SW 32 Ti（水平转）	118 000	31 000	70	217.6
SW 114min	SW 32 Ti（水平转）	118 000	31 000	114	217.6

图 1-4　**吊桶式转子与定角转子对 EV 产量的影响**

引自 Journal of Extracellular Vesicles，2014，3：23111.

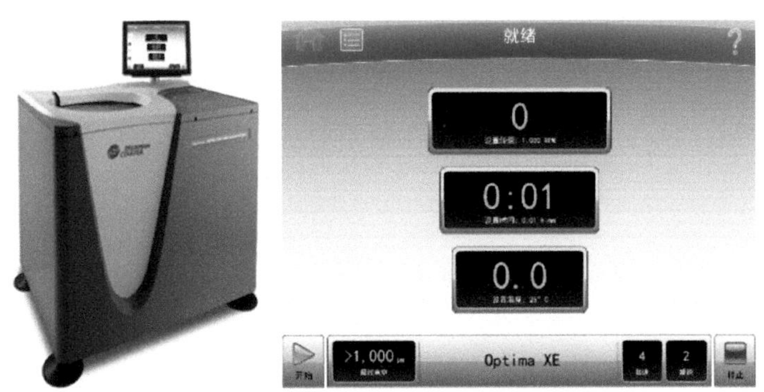

图 1-5　Optima® XE-100 超速离心机及其操作界面

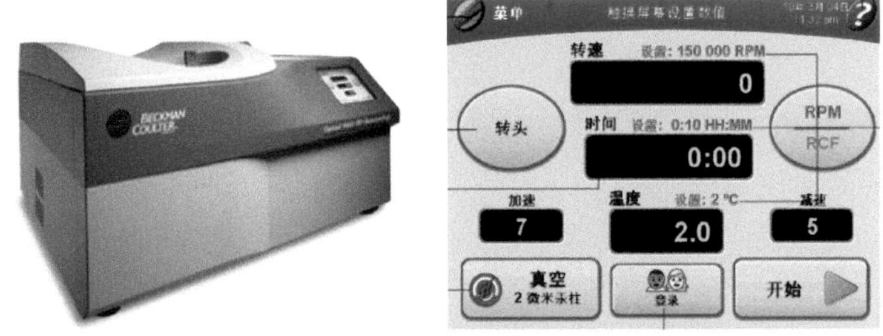

图 1-6　Optima™ MAX-XP 超速离心机及其操作界面

表 1-2　常用转子及离心管使用推荐

转子剖面	描述	适配离心机型号	最大 RPM/*k* 因子	最大 RCF (g)	试管的数量 × 额定容量	使用推荐
	MLA-55 固定角度 (35° 角)	Optima™ MAX-XP	55 000 53	287 000	8 × 13.5ml	小体积液体样本
	MLA-130 固定角度 (28° 角)	Optima™ MAX-XP	130 000 8.7	1 019 000	10 × 2.0ml	小体积液体样本
	Type 45 Ti 固定角度 (24° 角)	Optima® XE-100	45 000 133	235 000	6 × 94ml	大体积液体样本

续表

转子剖面	描述	适配离心机型号	最大 RPM/ *k* 因子	最大 RCF (g)	试管的数量 × 额定容量	使用推荐
	SW 32 Ti 吊桶式	Optima® XE-100	32 000 204	175 000	6 × 38.5ml	大体积离心 / 密度梯度离心
	SW 41 Ti 吊桶式	Optima® X E-100	41 000 124	207 000	6 × 13.2ml	密度梯度离心

注意：EV 沉淀贴壁的紧密程度与转子型号以及离心管材料有一定相关性

RPM. 每分钟转数；RCF. 相对离心力

4. **离心管的消毒方法** 见表 1-3。

5. **转子消毒** 乙醇（70%）或过氧化氢（6%）可用于所有转子部件，包括由塑料制成的部件；紫外线可用于转子表面杀菌，但不适用于其塑料部件的表面除菌。部分转子可在 121℃下高压消毒 1h，详细信息

表 1-3 离心管的消毒

离心管材质	高压灭菌（121℃）	紫外线	环氧乙烷	甲醛	乙醇 70%	次氯酸钠 10%	过氧化氢 10%	戊二醛 2%	酚类衍生物
多聚物（Polyallomer）	✓	×	✓	✓	✓	✓	✓	✓	×
超净离心管（Ultra-Clear）	×	×	✓	✓	✓	✓	✓	✓	×
聚碳酸酯（Polycarbonate）	✓	×	✓	✓	×	✓	✓	✓	×
聚丙烯（Polypropylene）	✓	×	✓	✓	✓	✓	✓[1]	✓	×
聚乙烯（Polyethylene）	×	×	✓	✓	✓[2]	✓	✓	✓	✓
丙酸纤维素（Cellulose Propionate）	×	×	×	×	×	✓	✓	✓	×
不锈钢（Stainless steel）	✓	✓	✓	✓	✓	×	✓	✓	×

注：在即将离心时，勿使用易燃消毒剂；高压灭菌会大大缩短离心管的使用寿命（[1]26℃以下，[2]21℃以下）

见 Beckman® 官网。

6. *离心时间*　文献报道 EV 的超速离心时间大多为 70min，有研究表明：时间也会影响囊泡的产量，该研究分别在 70min、4h、11h、37h 对离心得到的沉淀分析发现：随着时间延长，沉淀中 RNA 与蛋白质的含量逐步增加（图 1-7）。当然延长离心时间势必会带入其他小分子或其他杂质。

7. *EV 的分装与存储*　推荐根据纳米颗粒跟踪分析（NTA）或蛋白质浓度检测（BCA）的结果进行多管分装，－80℃长期保存，应避免反复冻融。

（二）其他分离方法（以血浆样本为例）

1. *聚合物沉淀法*　参考 ExoQuick® plus，System Biosciences，EXOQ5TM-1。

（1）使用含抗凝剂的采血管收集血液。

（2）室温，1550×g，15min，2 次，获得血浆。

（3）将 4μl 凝血酶（611U/ml）加入到 500μl 血浆中，终浓度为 5U/ml。室温下孵育 5min，同时轻弹管壁（注：当从血浆中分离 EV 时，纤维蛋白原和纤维蛋白会影响 EV 的分离。用凝血酶预处理血浆，可将纤维蛋白原转化为纤维蛋白，然后通过离心预先去除）。

（4）室温，10 000×g，5min，转移上清至干净的 EP 管中。

（5）加入 126μl ExoQuick® EV 沉淀液，4℃孵育 30min。

（6）室温，1500×g，30min，小心去除上清液。

（7）用 PBS 重悬沉淀。

2. *超滤法*　参考 Amicon® ultra-0.5 gentrifugal filter devices（Millipore，Amicon® Ultra 100 K device）。

（1）血浆初步处理步骤见前述。

（2）使用 PBS 将 25μl 血浆稀释至 500μl。

（3）将稀释后的血浆加入到 Amicon® ultra-0.5 设备中（注：使用前用 PBS 润洗）。

（4）4℃，14 000×g，离心 10min，将样品浓缩至 50μl。

（5）加入 450μl PBS 至浓缩样品中。

（6）4℃，14 000×g，进行第二次离心 10min。

（7）为了回收浓缩物，将 Amicon® ultra-0.5 装置倒置在干净的微量离心管中。

（8）1000×g 离心 5min，获得浓缩的样品。

3. *尺寸排阻色谱法*　参考 qEV 柱（Izon，1000871）。

（1）在使用前，用至少 10ml PBS 平衡 qEV 柱。

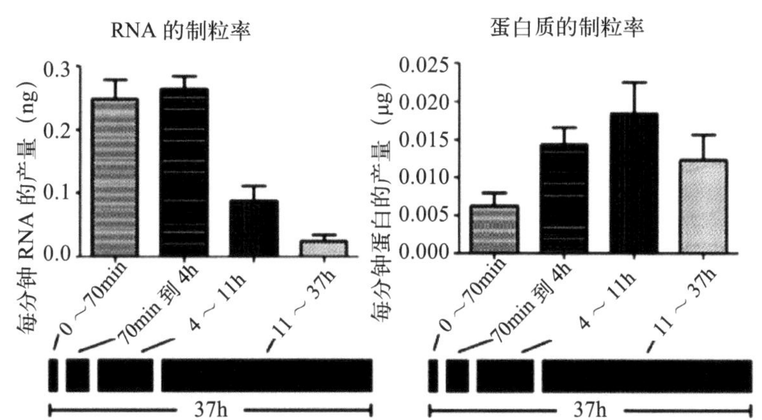

图 1-7　适当延长离心时间增加 RNA 和蛋白质产量

引自：Journal of Extracellular Vesicles，2014，3：23111.

（2）然后将500μl血浆移液到柱上，立即将流出液体收集到每个管中，每管收集500μl。

（3）使用PBS洗脱EV。弃去前6部分，因为它们不含EV，收集第7～9部分。

三、EV的纯化

1. *密度梯度离心法*

（1）使用10mmol/L Tris溶液（含0.25mmol/L蔗糖）将60% OptiPrep™水性碘克沙醇稀释至5%、10%、20%、40%，并依次加入超速离心管中。

（2）将超速离心后得到的EV样品缓慢加入到碘克沙醇溶液顶部。

（3）100 000×g，4℃，使用套筒式转子（推荐SW 41 Ti，14ml）离心18h。

（4）从离心管顶部依次向下取等体积12份梯度样品，每份体积1ml。

（5）将12份样品再次超速离心，4℃，100 000×g，2h。

（6）弃上清，PBS重悬沉淀。

2. *免疫分离法*

（1）将待免疫分离的EV进行预处理，如可考虑将待免疫分离的EV经差速离心后用一定体积的PBS进行重悬（建议此处需保证其BCA所测的蛋白浓度大于1μg/μl）。

（2）取出20μl的磁珠悬液于EP管中，使用特定的洗脱液在磁力架的作用下将取出来的磁珠洗涤3次，并用洗脱液充分重悬磁珠。

（3）取0.1μg捕获抗体于上述磁珠悬液中，将加有抗体的磁珠放置在旋转仪或振荡器上25℃作用1h。

（4）1h后使用特定的洗脱液，洗去磁珠悬液中残余的抗体，在磁力架的作用下洗涤3次以上，并将残余在EP管中的洗涤液去除。

（5）向偶联抗体的磁珠中加入预处理的EV（25μg），并将其体积补齐至100μl，将装有EV及偶联了抗体的磁珠的EP管置于旋转仪上，4℃过夜孵育（注：具体的EV与磁珠及抗体的比例关系根据购买不同公司磁珠的说明书进行调整）。

（6）次日在磁力架的作用下去除EP管中的上清，并用特定洗涤液洗去磁珠上非特异性吸附的EV，待分离的EV即在磁珠上。

四、组织中EV的提取

近年来，对实体组织中EV的研究十分火热，本部分将以口腔鳞状细胞癌为例对组织中EV的分离进行介绍。实体组织中提取EV的方法主要有2种：酶消化法和组织培养法。

（一）胶原酶消化法

1. *原理* 胶原酶消化细胞外基质，释放细胞间隙中的EV。

2. *试剂准备*

（1）胶原酶Ⅳ：分装适当浓度胶原酶Ⅳ溶液（推荐分装浓度10mg/ml），避免反复冻融。胶原酶Ⅳ溶液在－20℃下可稳定数月，4℃条件下稳定1周。推荐浓度1～2mg/ml用于人头颈部鳞状细胞癌组织解离。如需无菌处理，分装前应将胶原酶Ⅳ使用0.22μm滤器过滤。

（2）DNase I：分装适当浓度DNase I溶液，避免反复冻融，该溶液在－20℃可稳定9个月。建议工作浓度为0.1～0.2mg/ml，防止消化液黏稠，预防EV聚集。

（3）制备含有用RPMI-1640稀释的胶原酶Ⅳ和DNA酶I的组织解离溶液，放在冰上或4℃备用。

3. *分离步骤*

（1）将组织样品放入含HBSS、RPMI-1640或生理盐水的离心管中，冰上转移至实验室。

（2）用预冷的PBS洗涤以除去血液。

（3）在装有RPMI-1640的6cm培养皿中，从样品中剔除坏死组织和脂肪组织，并切取肿瘤组织约黄豆大小（100mg 左右）。

（4）用预冷的 PBS 洗涤肿瘤组织，并用无菌纱布吸干肿瘤组织表面水分并使用精密天平记录重量。

（5）在 1.5ml EP 管中加入 2 滴 RPMI-1640，用显微剪刀在 EP 管中将肿瘤组织剪成小于 1mm 的小块，如图 1-8 所示（注：组织剪得越碎越好；不推荐研磨或匀浆机等存在挤压力的处理方式，因为研磨和匀浆会造成大量细胞损伤和破裂）。

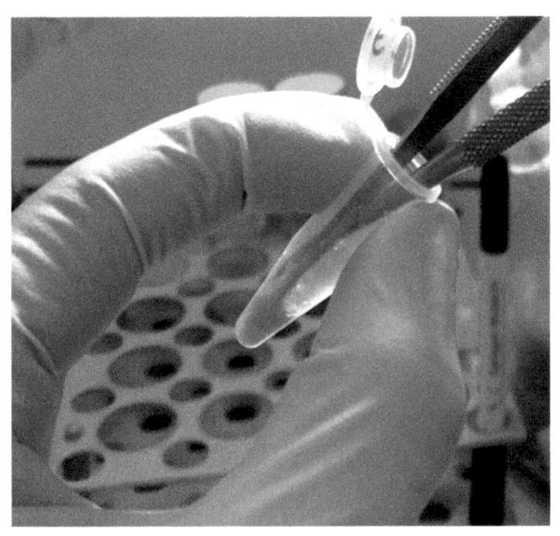

图 1-8　剪碎组织

（6）将 EP 管内碎组织和溶液转移至 6 孔板或 12 孔板中，并加入消化液 1.5 ～ 2ml（含胶原酶Ⅳ和 DNase I），在 37℃振荡培养箱中孵育 1h，500 转 / 分，消化前后对比如图 1-9 所示（注：振荡培养箱转动速度可适当提高，确保液体不被摇出即可；也可将孔板放于普通培养箱中，每隔 15min 轻轻摇晃数次）。

（7）70μm 尼龙网或滤器过滤消化液。

（8）将过滤后的消化液以 300×g，10min，4℃离心，获得细胞（注：对细胞进行台盼蓝染色可检验胶原酶消化对细胞活性的影响）。

（9）取上清，2000×g，20min，4℃，弃沉淀（胶原酶Ⅳ颗粒、细胞碎片等）。

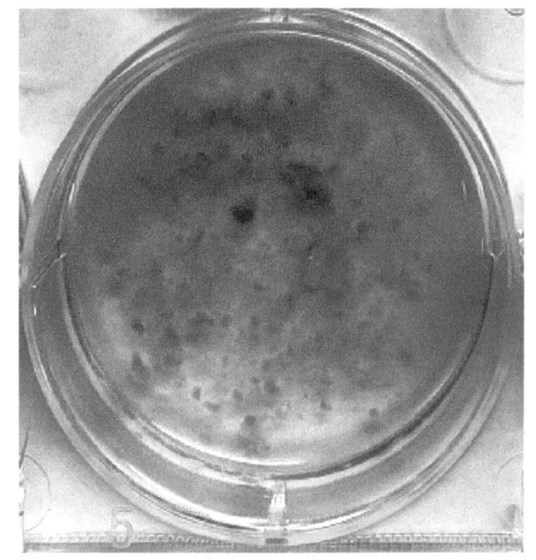

图 1-9　胶原酶Ⅳ消化前后对比

（上：消化前；下：消化后）

（10）10 000×g，45min，4℃，弃沉淀（进一步去除胶原酶Ⅳ颗粒和大 EV）。

（11）120 000×g，70min，4℃，100μl PBS 重悬沉淀（沉淀如图 1-10 示），根据 BCA 或 NTA 的结果分装后于－80℃保存。

4. 优缺点

（1）优点：相较于组织培养法，胶原酶消化法耗时较短，且分离得到的 EV 更能代表组织间隙中的 EV。

（2）缺点：胶原酶的使用，会引入非囊泡的酶颗粒，降低获得 EV 的纯度。

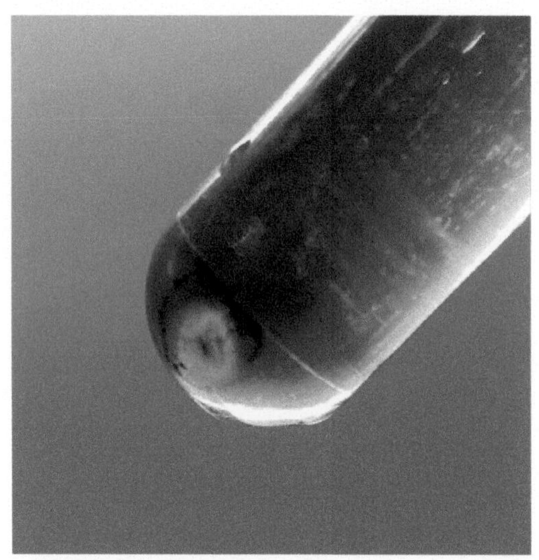

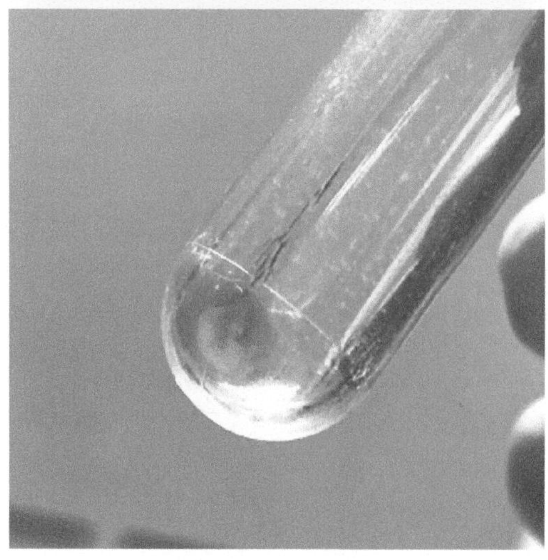

图 1-10 EV 沉淀

（二）组织培养法

1. 原理 剪碎的组织会缓慢向细胞培养基中释放 EV，细胞在培养过程中也会分泌 EV。

2. 分离步骤

（1）～（4）组织样品处理同胶原酶消化法。

（5）在 6 孔板中，用剪刀将肿瘤组织剪成 1 ～ 2mm 小块（< 10 块 / 孔），注意剪碎过程中保持组织湿润。

（6）如果条件允许，可让组织块贴在皿底数分钟，然后沿皿壁缓慢加入 RPIM-1640，避免吹起组织块，并没过组织块。

（7）转移至 37℃，5% CO_2 培养箱中，培养 16 ～ 18h。

（8）收集培养液，如组织块需要继续培养，应注意小心收集培养液，减少组织块脱落（注：如需长期培养组织块，应考虑将无外泌体血清和其他必需生长因子添加到培养基中）。

（9）离心培养液 300×g，10min，4℃，将上清液转移到新管中。

（10）取上清，2000×g，20min，4℃，弃沉淀，取上清。

（11）10 000×g，45min，4℃，弃沉淀（进一步去除大 EV）。

（12）120 000×g，70min，4℃，100μl PBS 重悬沉淀，根据 BCA 或 NTA 的结果分装后于 −80℃保存。

注意：根据许多因素，组织体外培养活力会有所不同，例如手术方法、培养时间和组织成分。鉴于组织样本的复杂性以及与细胞系相比存在大量碎片，务必执行上述三个超速离心前步骤（300×g、2 000×g 和 10 000×g）以去除不溶性物质，并可根据实际情况添加过滤或其他纯化步骤。

3. 优缺点

（1）优点：经济实惠，避免了酶消化过程对细胞的影响。

（2）缺点：耗时较长，提取得到的 EV 为细胞间隙 EV 和细胞在体外环境培养过程中分泌的 EV。

第四节　细胞外囊泡分离纯化技术的发展方向和展望

实验室来源 EV 的分离纯化技术已相对成熟，而在临床中，体液及组织来源 EV 的分离纯化技术还有待进一步提升。哺乳动物体内存在超 30 种体液，相比于细胞系来源 EV，体液来源 EV 能更准确反映生物体生理病理的瞬时状态。因此从复杂体液样本中分离出高纯度的 EV 对提升研究的准确性意义重大。对于不同体液样本，其分离纯化策略的选择、标准化规范地分离特定体液中的 EV 以及获取污染小且纯度高的 EV 样品是全球研究者们开展 EV 研究的基石，且对未来 EV 相关产品的开发也至关重要。

近年来有学者提出可以从固体组织中提取 EV。相比于体液来源 EV，如血浆 EV、组织来源 EV 纯度相对较高，能更精确反映生物体生理病理状态。全新的 EV 来源对 EV 分离纯化技术提出了新的挑战。普遍认为从组织中提取 EV 最大的问题在于如何尽可能降低组织处理过程中，因不恰当的处理方式导致细胞破碎而释放的胞内囊泡、人工颗粒等对 EV 样品的污染。与体液来源 EV 类似，组织 EV 也是来源于多种细胞的混合样本，然而目前尚无相关技术可以纯化体液及组织 EV 中各亚型 EV。

目前常用 EV 分离纯化方法通常较为耗时并且可能带来杂质或破坏 EV；再者，即便除去细菌、病毒、蛋白质等非 EV 成分的影响，从体液或组织中获取的产物也由多种 EV 亚型组成，这些因素都严重阻碍了 EV 的生物功能研究及生物医学方面的应用，所以如何对 EV 进行快速捕获、无损分离和亚型分离是现阶段亟须攻克的难题。有团队开发基于适配体的 EV 磁分离方法可快速获得高产、低蛋白污染的 EV 亚型；也有人提出免疫磁珠的方法来实现携带特定蛋白 EV 的富集。但 EV 无损分离、亚型分离等问题并没得到完美的解决，在未来一定时间内，解决这些问题仍是 EV 分离纯化技术发展的主方向。

第2章　细胞外囊泡的表征

第一节　概　　述

细胞外囊泡（extracellular vesicles，EV）因细胞种类、细胞状态以及分泌途径的不同在粒径大小和组成成分上存在高度的个体差异性，并且EV的纯度受分离纯化方法的影响较大。因此，为了保证实验结果的可靠性和重复性，研究者有必要对EV样品进行多维度表征。国际细胞外囊泡学会（the International Society for Extracellular Vesicles，ISEV）分别在2014年和2018年发表了专家共识，强调应该通过多种互补技术对EV进行表征以评估分离纯化的效果。EV表征的内容包括但不限于EV的蛋白标志物、形态特征、粒径大小及浓度等。

EV的蛋白标志物本质上是蛋白质组学发现的在EV中富集的蛋白质，检测方法包括酶联免疫吸附测定（enzyme linked immunosorbent assay，ELISA）、蛋白质印迹法（Western blotting，WB）、纳米流式检测技术等，关于EV的单颗粒水平表征，MISEV2018要求通过至少两种手段来分析EV，例如通过电镜、原子力显微镜、超高分辨率显微镜等成像技术对单个EV的形态结构进行表征，以及通过纳米颗粒跟踪分析（nanoparticle tracking analysis，NTA）、纳米流式检测技术等方法对其粒径分布、颗粒浓度等参数进行表征。

在进行EV的功能研究时，需要对不同的EV进行归一化后才能实现定量比较。EV的量化指标是进行归一化的重要标准。MISEV2018建议，在EV样品的制备过程中应对样品来源进行量化（如细胞数量、组织重量及生物体液体积等）；确定样品的丰度（总颗粒数、蛋白质或脂质含量）；检测EV亚群的标志物以表征样品的组分；检测分离纯化过程中可能产生的非EV成分以表征样品纯度。对EV的经典膜表面和内腔标志蛋白（如CD9、CD63、CD81、HSP70、HSC70、Syntenin-1等）进行检测，并且有必要在报道研究结果时提供非常详细的技术和实验细节，包括对EV样品的表征数据。本章节中，我们将介绍目前常用的EV表征方法，并根据经验提出相关实验注意事项。

第二节　细胞外囊泡的常用表征方法

一、电子显微镜检测技术

（一）基本原理

电子显微镜（electron microscope，EM）采用电子束为光源，照射固体材料，以电子束散射的电子为信号，主要对材料表面或内部结构形态形貌进行高分辨成像。目前用于EV表征的EM主要有透射电子显微镜（transmission electron microscope，TEM）、扫描电子显微镜（scanning electron microscope，SEM）、冷冻电镜（cryo-electron microscope，cryo-EM）及原子力显微镜（atomic force microscope，AFM），其中应用最为广泛的是 TEM 和 SEM。TEM 是第一个开发的 EM，也是目前表征 EV 最常用的电子显微镜。SEM 是 EV 研究中一项常用且可靠的技术，可以为观察 EV 提供所需要的高分辨率。EM 不仅可以对单个 EV 的大小和形态进行表征，结合免疫金标记技术，也可以开展 EV 表面蛋白的分析。

（二）操作流程

1. TEM 制样流程

（1）润湿：在封口膜上滴 10μl 三蒸水，将镍网倒扣于液滴上方，使吸附面与三蒸水接触，润湿数秒钟，用滤纸吸去多余液体。

（2）沾染：将纯化的 EV 样品稀释至 1×10^{11}/ml，在封口膜上滴加 10μl 样品，将镍网倒扣于液滴上方，使吸附面与样品接触，吸附 1 ～ 5min。用滤纸吸去多余液体。

（3）漂洗：在封口膜上依次滴 3 滴 10μl 三蒸水，将镍网（样品面朝下）依次置于三蒸水上漂洗数秒，滤纸吸干，重复 3 次。

（4）固定：2% 多聚甲醛室温固定 10min，然后重复步骤（3），漂洗 3 次。

（5）负染：2% 醋酸铀孵育 1 ～ 5min。(此步为负染，孵育时间越长，拍出来的背景越黑，并且可能把镍网上的碳膜压碎，导致无法拍照；负染时间太短，视野全白，导致样品与背景无法区分)。

（6）滤纸吸去多余液体，将镍网样品面朝上置于滤纸上晾干，存入样品盒，待检测。

2. SEM 制样流程

（1）固定：将分离纯化后的 EV 样品，用 2.5% 戊二醛固定 1h。固定结束后，120 000×g 离心 30min 去除戊二醛（若因仪器条件限制，离心条件可替换为用台式小离心机 20 000×g 离心 10 ～ 15min，但是会损失大量囊泡样品。）

（2）梯度脱水：依次 30%、50%、70%、90%、95%、100%、100% 酒精脱水各 10min，每次脱水结束后 120 000×g 离心 30min，弃上清。

（3）干燥：真空干燥过夜，制成冻干粉。

（4）铺样：在样品台均匀粘一小条导电胶带，然后撒少许样品粉末。将样品台朝下使未与胶带接触的颗粒脱落，再用洗耳球轻吹，吹掉粘接不牢固的粉末。

（5）喷金：将样品放在真空镀膜机内，把金喷镀到样品表面后，取出样品在扫描电镜中进行观察。

（三）注意事项

1. TEM 制样注意事项

（1）样品浓度适宜：样品浓度过高，背景杂乱；样品浓度过低，镜下不易找到目标囊泡。

（2）样品吸附时间适宜：样品吸附时间过长，会有过多杂质吸附。

（3）铜网 / 镍网的正反面判断：常规情况下对着字母的面为正面；将铜网 / 镍网拿起后，对光反射，更明亮或色泽均匀的为正面（吸附面），暗淡或不均匀的为反面。做免疫电镜，推荐使用镍网（铜网可能与纳米金颗粒发生化学反应）。

（4）负染的原理：负染是使整个载网都铺上一层重金属盐，透射电子显微镜的电子无法或者很难穿透；而有样品的地方，由于样品的存在，载网此处金属盐较少，透射电子显微镜的电子可以穿透，从而显示样品的结构。因此染色后，在电镜下观察时，被观察的对象为亮的，背景为暗的。负染的试剂一般是电子密度较高的金属盐（常用的负染试剂为醋酸铀，柠檬酸钨等）。

（5）封口膜的作用：在封口膜上制样是因为封口膜的疏水性质，使样品或抗体在封口膜上不会散开，而会聚成一滴，便于操作。

(6) 镍网取用小心：镊子夹镍网时候，只能夹边缘，避免夹中间的碳支持膜，以防夹碎碳支持膜。

2. SEM 制样注意事项

(1) 小体积处理样品：扫描电子显微镜制样时，固定及脱水尽可能使用小体积，避免 EV 大量损失。

(2) 样品量准备充足：使用扫描电镜观察 EV 时，要求制样过程中 EV 离心后，能肉眼可见。

二、纳米颗粒跟踪分析

（一）基本原理

纳米颗粒跟踪分析（nanoparticle tracking analysis，NTA）是基于光散射和布朗运动对悬液中的颗粒进行粒度分析。在激光束照射下，NTA 通过光敏摄像机对每一个颗粒进行追踪分析，从而获得纳米颗粒布朗运动的轨迹，并通过斯托克斯 - 爱因斯坦方程，计算得到纳米颗粒的水合粒径。NTA 还具有荧光检测功能，可根据实验需求用荧光标记抗体或染料对 EV 进行标记后检测，从而获得相关粒度信息。目前，基于 NTA 技术用于检测 EV 粒径的仪器主要有两种，分别为 Particle Metrix'ZetaView 和 Malvern's NanoSight NS300。

（二）操作流程

1. ZetaView

(1) 开机：先开机器，再开软件，软件绿灯亮提示连接成功；根据软件提示，首先注入超纯水约 5ml，点击“OK”，如图 2-1。

(2) 校准：根据软件提示注入约 3ml 的 100nm 标准粒径珠（使用浓度为 1 ∶ 250 000），打开温控，设置相应参数，运行校准程序，如图 2-2。

(3) 清洗：注入约 5ml 超纯水，观察各个位点的颗粒数（No. of detected particles），若颗粒数小于 10 表示清洗干净，如图 2-3。

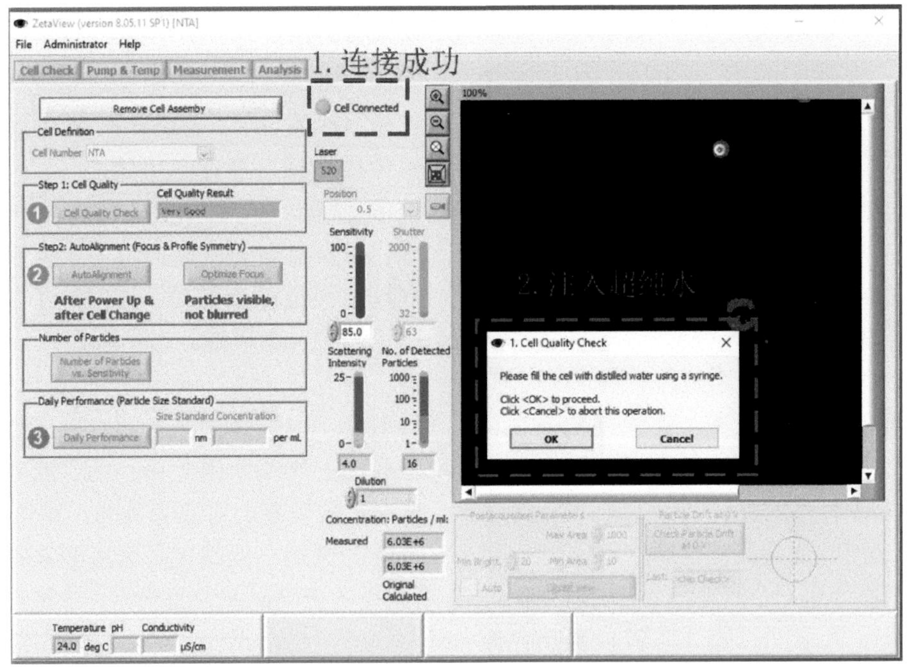

图 2-1　开机

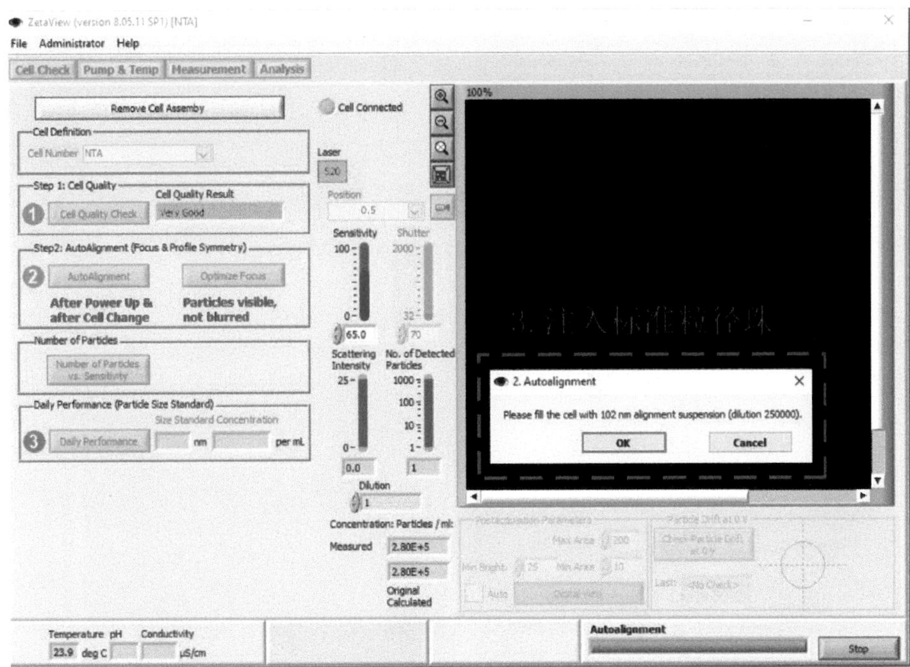
File Administrator Help
Cell Check
Pump & Temp
Measurement
Analysis
Remove Cell Assemby
Cell Connected
Cell Definition
Step 1: Cell Quality
Cell Quality Result
Step2: AutoAlignment (Focus & Profile Symmetry)
After Power Up & after Cell Change
Particles visible, not blurred
Number of Particles
Daily Performance (Particle Size Standard)
nm
per mL
Sensitivity
Shutter
Scattering Intensity
No. of Detected Particles
Dilution
Concentration: Particles / ml:
Measured
2.80E+5
2.80E+5
Original Calculated
3. 注入标准粒径珠
2. Autoalignment
Please fill the cell with 102 nm alignment suspension (dilution 250000).
OK
Cancel
Temperature
pH
Conductivity
23.9
deg C
µS/cm
Autoalignment
Stop

图 2-2　**校准**

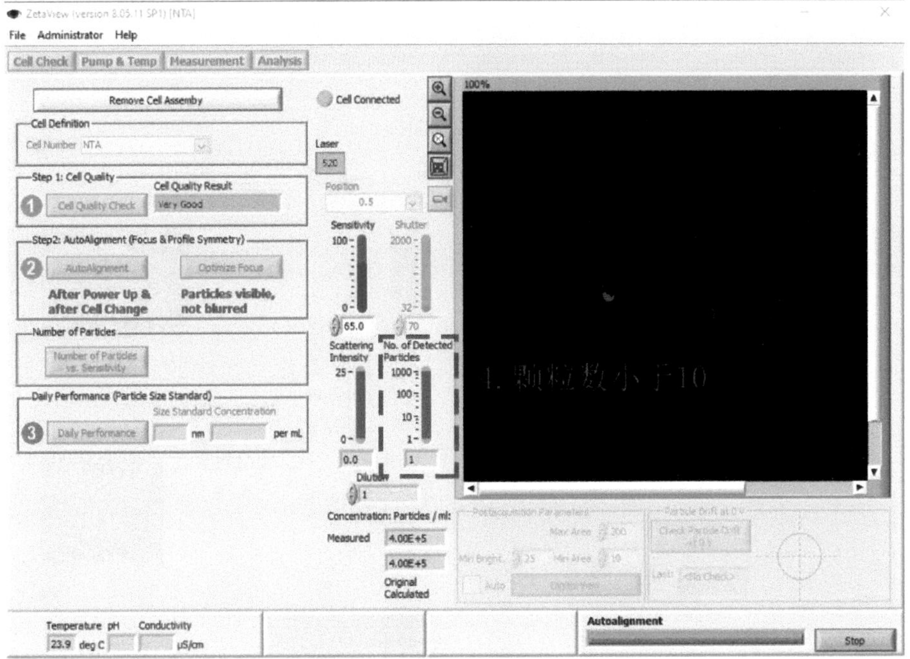
File Administrator Help
Cell Check
Pump & Temp
Measurement
Analysis
Remove Cell Assemby
Cell Connected
Cell Definition
Step 1: Cell Quality
Cell Quality Result
Step2: AutoAlignment (Focus & Profile Symmetry)
After Power Up & after Cell Change
Particles visible, not blurred
Number of Particles
Daily Performance (Particle Size Standard)
nm
per mL
Sensitivity
Shutter
Scattering Intensity
No. of Detected Particles
Dilution
1. 颗粒数小于10
Concentration: Particles / ml:
Measured
4.00E+5
4.00E+5
Original Calculated
Temperature
pH
Conductivity
23.9
deg C
µS/cm
Autoalignment
Stop

图 2-3　**清洗**

（4）加样：先注入约 3ml PBS（稀释样品的介质是什么就用什么），再将稀释后的待测样品注入样品池（加样体积不少于 2.5ml），观察各个位点的颗粒（No. of detected particles），若颗粒值为 50 ～ 200（提示域显示绿色）则表示浓度合适，可继续测量，否则需重新调整稀释倍数，如图 2-4。

（5）设置参数：设置测量参数、稀释倍数、选择数据保存路径、更改文件名称、选择样品对应的 SOP 及温度等，确认无误后点击“Run”开始测量，如图 2-5。

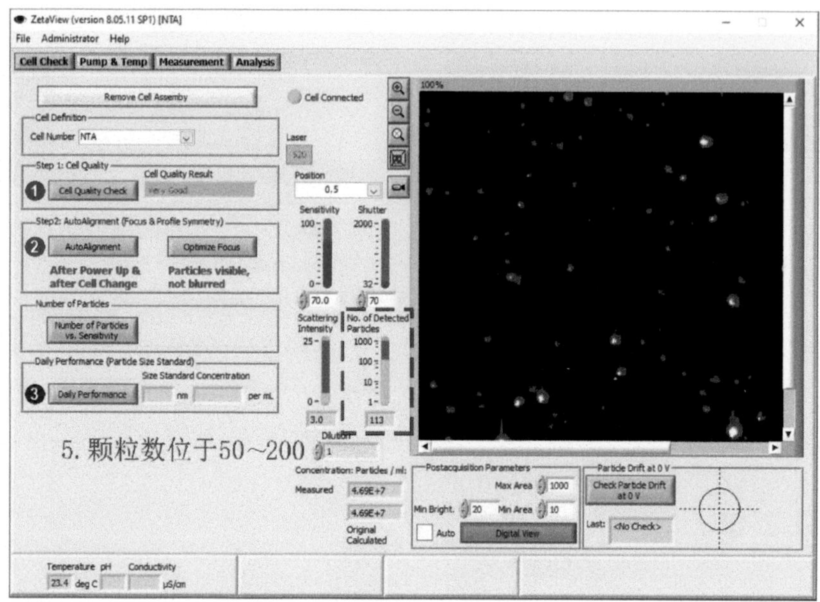

图 2-4　加样

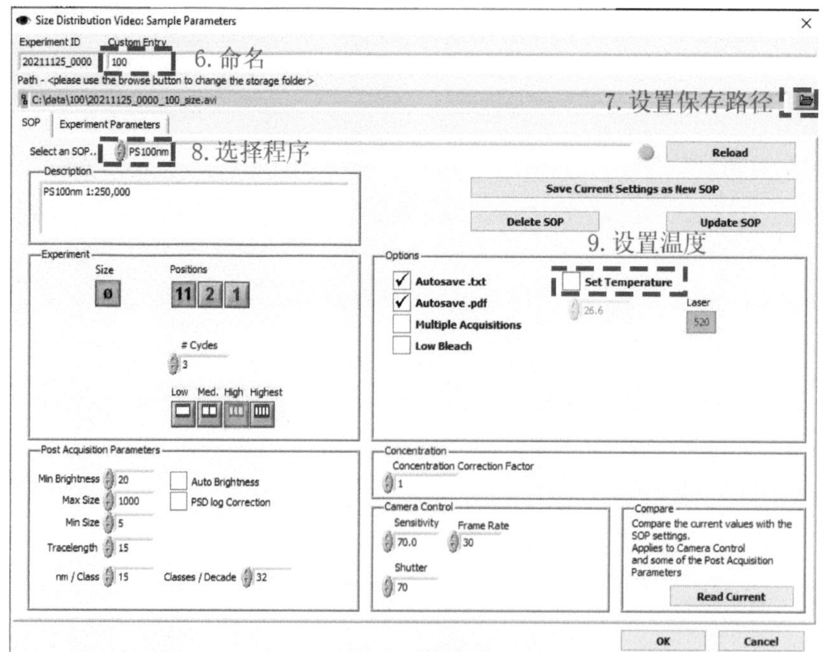

图 2-5　设置参数

（6）关机：所有样品测量结束后，注入至少 20ml 超纯水冲洗样品池，观察无黏附颗粒后注入三管空气排空样品池，关闭温控按钮后先关闭软件，再关闭机器；若清洗后可见样品池内被颗粒黏附，应在仪器关闭后拆下样品池进行清洗。

（7）报告解读：报告中主要包含的信息有粒径、浓度、稀释倍数和原始浓度等，如图 2-6。

2. NanoSight NS300

（1）打开仪器电源、电脑软件，确认左下方状态框内连接正常（图 2-7）。

（2）选择 Flow-cell Top-plate，利用 4 个螺丝钉将其固定在激光器玻璃面板上，连接相关管线，通过 1ml 注射器将准备好的干净的缓冲液注入至样品池中（图 2-8）。

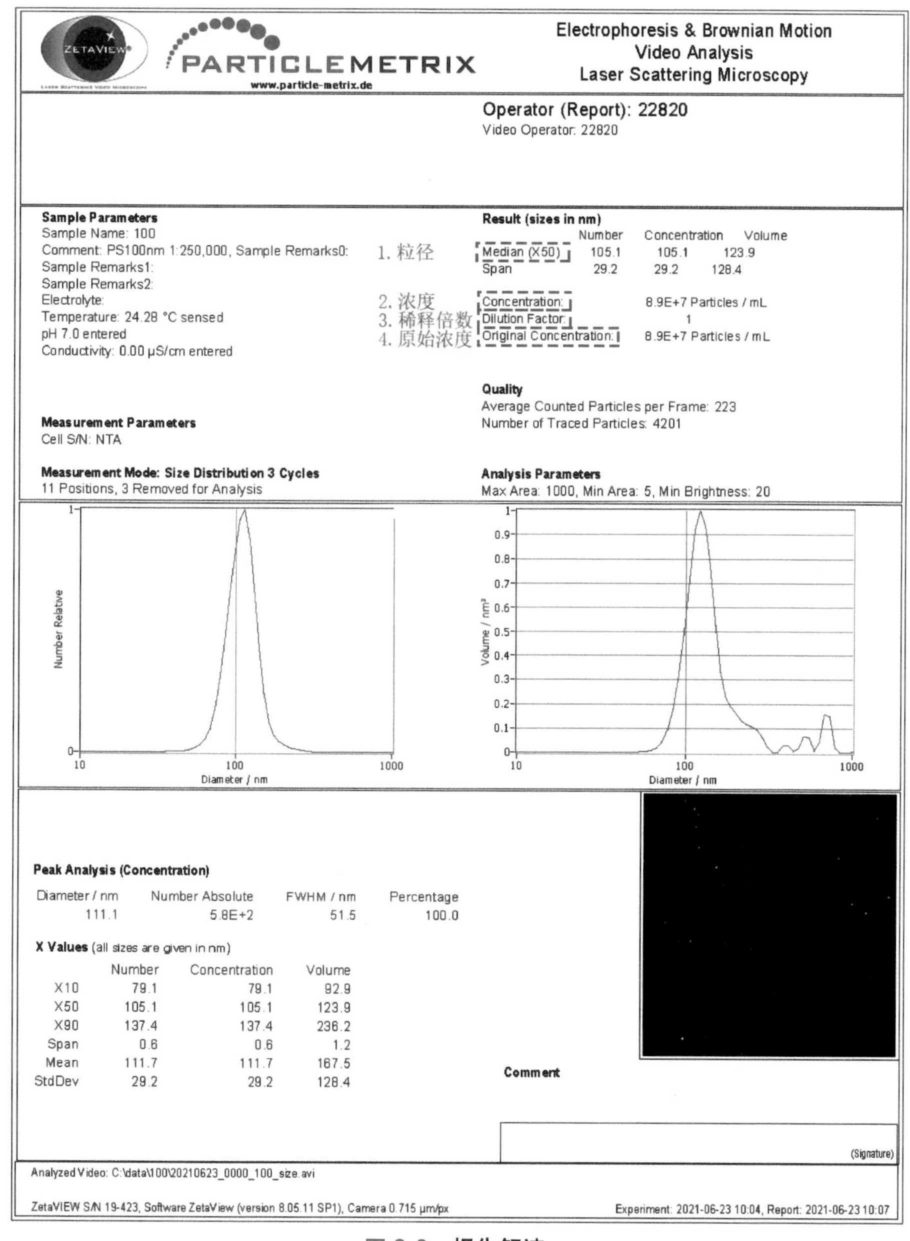

图 2-6　报告解读

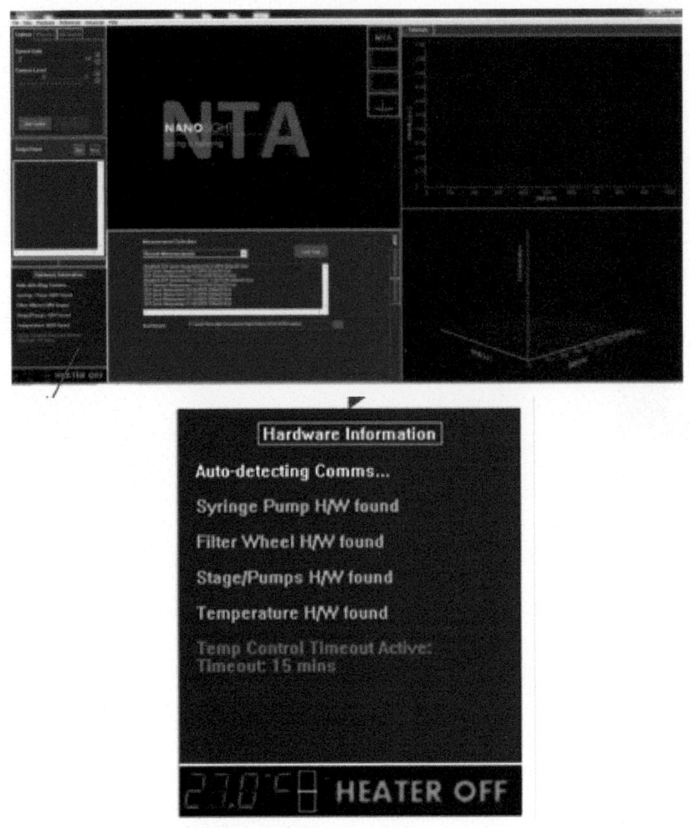

图 2-7 **开机**

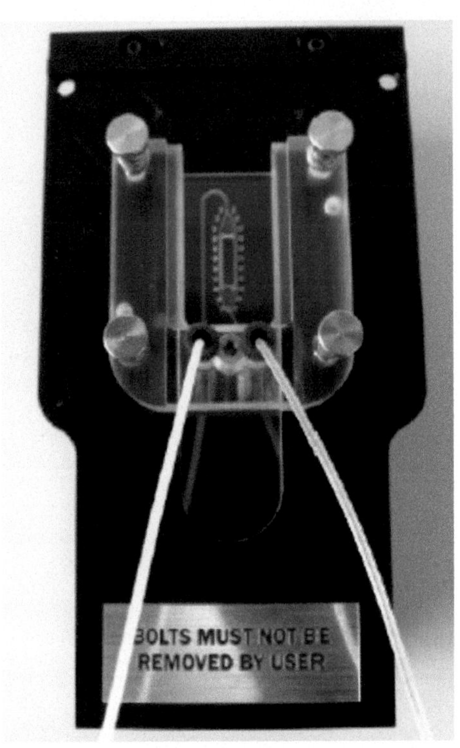

图 2-8 **样本池**

（3）将组装好的“激光器 - 样品池”通过仪器内部的滑轨推入，锁止（图 2-9）。

（4）点击 Start Camera，将 Camera Level 调至最高（图 2-10）。

（5）通过仪器右侧面板的粗焦螺旋或者软件 Hardware 中的 Focus 调整焦距（图 2-11）。

（6）通过软件实时界面观看颗粒数量，如果数量少于 3 颗，则认为该缓冲液相对比较干净，后续测量样品的稀释，可以利用该缓冲液进行操作，如果高于 3 颗，建议采用过滤器过滤该缓冲液，再重新注入样品池进行鉴定。

（7）取样品 1ml，并通过 1ml 注射器注入样品池，选择适当的 Camera Level（通过增加和降低来确定，在不丢失颗粒数量的前提下，优先选择小数值），并调至适当聚焦，使得大多数颗粒能够看清楚（图 2-12）。

图 2-9　推入激光器 - 样本池

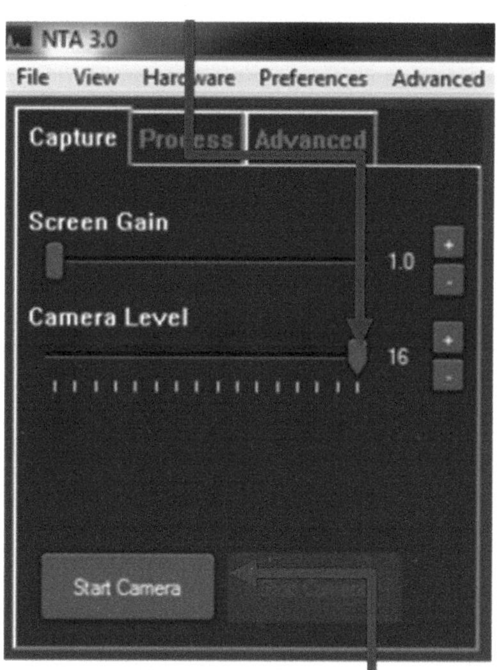

图 2-10　Camera Level 调整

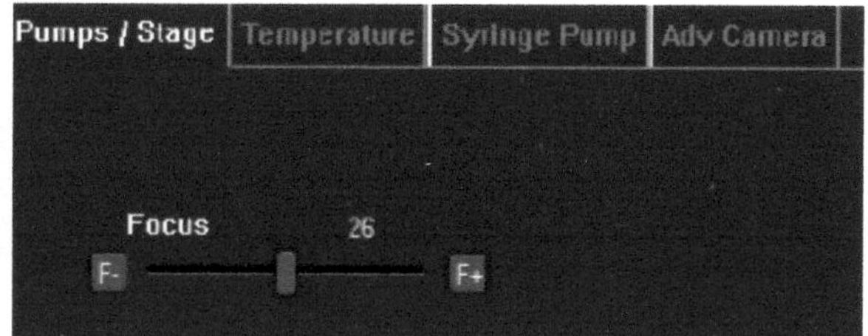

图 2-11　调整焦距

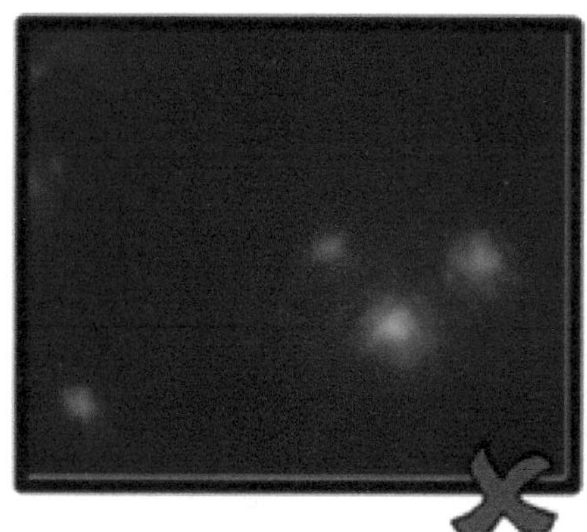

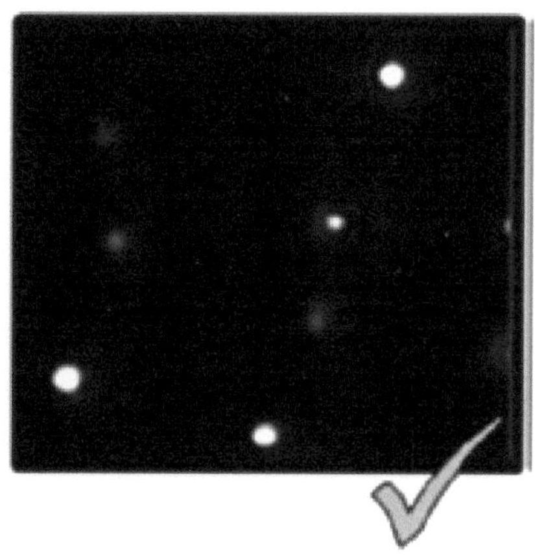

图 2-12　样品聚焦

（8）样品浓度要适当，不能太低，也不能太高，视野中合适的颗粒浓度范围：10 ～ 100（图 2-13）。

（9）在 SOP 中选择所需要的测量方式，推荐使用“Standard Measurement”。调整各项测量参数，捕获次数一般推荐 3 ～ 5 次，捕获时间 30 ～ 60 s，最后设置数据保存路径（图 2-14）。

如果要用到微流量注射器泵，在“Advanced”中通过设置“Continuous Syringe Pump Flow”实现，建议数值范围：20 ～ 50（图 2-15）。

a）浓度太高，识别出 208 个颗粒

b）浓度太低，识别出 1 个颗粒

c）理想浓度，识别出 44 个颗粒

图 2-13　视野中颗粒浓度范围

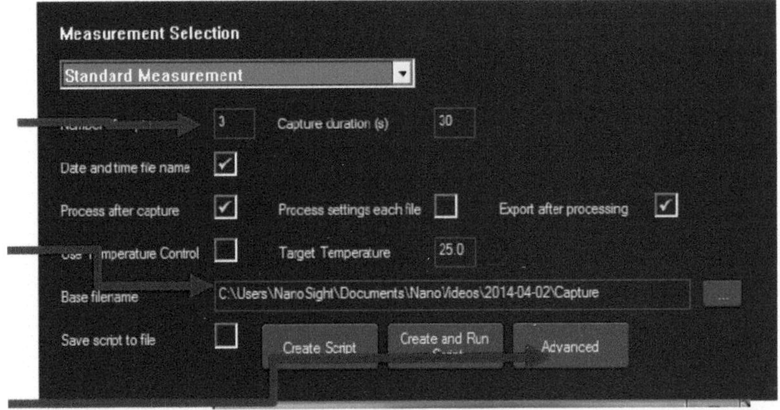

图 2-14　选择所需要的测量方式

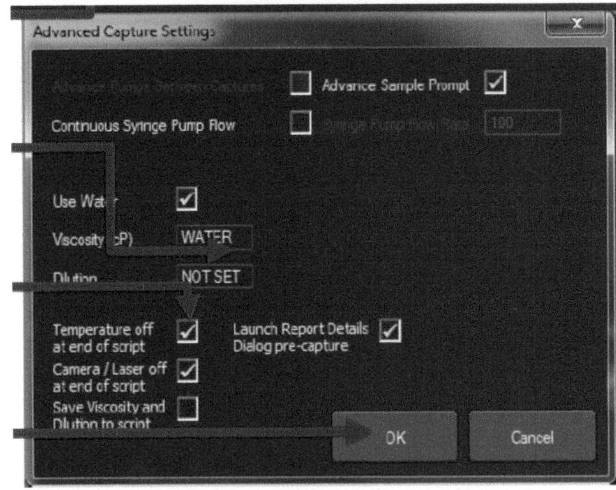

图 2-15　设置微流量注射器泵

（10）点击 Creat and Run，依照屏幕提示完成测试。

（11）分析阶段：设置合适的“Threshold”，建议范围：3 ～ 10，选择数值太小，会产生假阳性的伪点（蓝色表示，蓝色十字叉不应多于 3 个），选择数值太大，会使得颗粒丢失（图 2-16）。

（12）数据导出：分析完毕后，可以直接选择“Export”进行数据导出（图 2-17）。

（13）实验完毕后，利用干净的缓冲液将管路及样品池中的颗粒洗干净，再用去离子水冲洗一遍，最后用空气将液体排干，将样品池从激光器面板上拆卸下来，妥善保存。

（三）注意事项

1. ZetaView

（1）仪器维护：每测完一个样品需及时冲洗样品池，冲洗的速度尽量快；若清

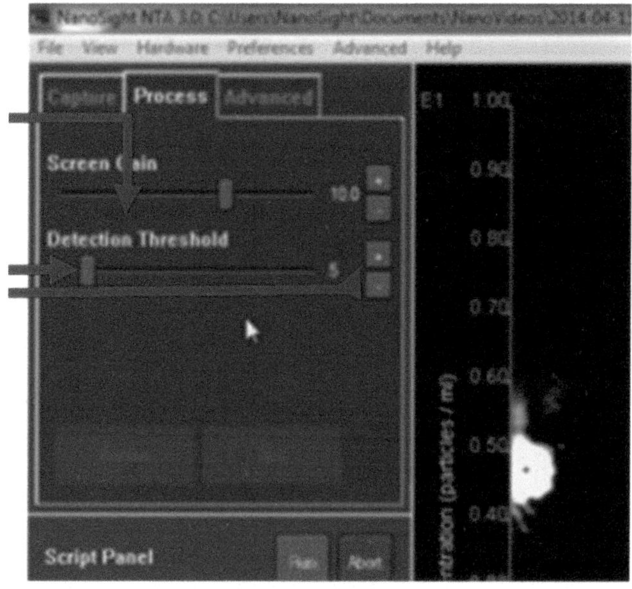

图 2-16 设置合适的 Threshold

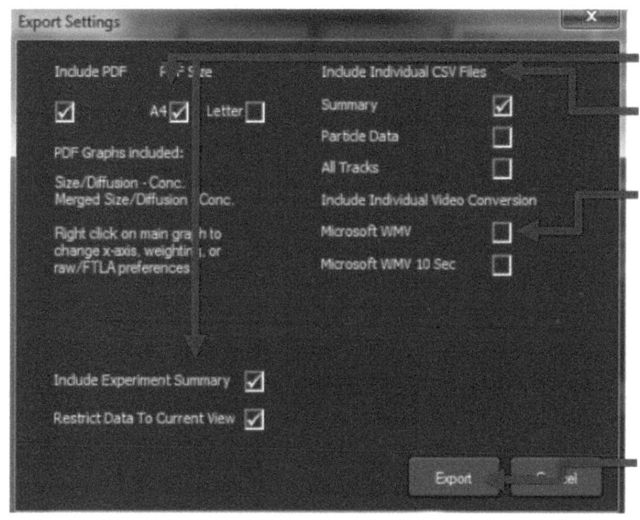

图 2-17 数据导出

洗不干净可采用半水半空气进行冲洗；还是达不到要求的话，需待仪器关闭后拆下样品池进行清洗。

（2）稀释倍数：根据经验，建议初离后的细胞培养上清稀释倍数为 20 ～ 200 倍；细胞培养上清经差速离心后收集的沉淀至少稀释 40 000 倍；体液来源的样品经差速离心后收集的沉淀至少稀释 10 000 倍。

（3）样品测量顺序：遵循先测体积小、黏附力弱的原则。一般建议测样顺序为 Exosomes-MV-EV，细胞培养上清→血、唾液来源样品，血、唾液样品测量结束后，应尽快冲洗样品池。

（4）温控在测量过程中必须打开，因为分子的运动与温度有关，进而与液体的黏度有关。并且温度必须是均匀的并且保持稳定，否则由于液体的对流沉降及其他运动会干扰样品的测量。

（5）其他：加样体积一般不少于 2.5ml，加样时速度不能过快；样品打完后，注射器不能立马拔下来，防止产生对流。

2. NanoSight NS300

（1）仪器使用环境：温度 10 ～ 40℃，湿度 5% ～ 95%，不结露，无振动。

（2）温控范围：低于室温 5℃，到 50℃。

（3）样品池盖板的螺丝不可拧得过紧，否则容易压碎激光器盖板；使用后螺丝应取出。

（4）在使用前应检查样品池密封圈是否老化，是否完全放入槽内。

（5）向样品池加样时不可过快、清洗时可用水或 10% 乙醇冲洗，不可擦拭，否则密封圈容易破裂；洗净后可用压缩空气吹干或晾干。

（6）利用 1ml 注射器进行样品或者缓冲液注射时，为了避免气泡产生，一定要液 - 液接触。

三、动态光散射

（一）基本原理

动态光散射（dynamic light scattering，DLS），也称光子相关光谱（photon correlation spectroscopy，PCS），是用于检测溶液中悬浮体或聚合物中颗粒尺寸和半径分布最常用的分析方法之一。在 DLS 的范围内，通常通过强度或光子自相关函数（autocorrelation function，ACF）分析时间波动。单色光束（例如激光）照射到含有以布朗运动形式移动的球形粒子的测试溶液中，当光击中移动的粒子时会引起多普勒频移，从而改变原始光的波长。这一改变，与粒子的尺寸有关。通过 ACF 测量颗粒在被测介质中的扩散系数，可以计算出球体的尺寸分布并详细描述颗粒在被测介质中的运动。同时，DLS 还可用于探测复杂流体的行为，如浓缩聚合物溶液。在实际应用中，DLS 可用于确定各种颗粒的尺寸分布，包括蛋白质、聚合物、胶束、碳水化合物和纳米颗粒。如果颗粒在尺寸上具有单分散性，则可以确定颗粒的平均有效直径，因为测量不仅取决于颗粒的水合粒径，鉴于粒径的多分散性，不建议采用 DLS 测量 EV 的粒径。一般只利用 DLS 仪器测定 EV 的 Zeta 电势。

（二）操作流程

1. *仪器开启*　打开激光粒度仪分析软件，系统开启 10min 后即可进行样品分析。

2. *参数设置*　检测仪器连线，向清洗干净的样品池加入分散液体润洗 2 ～ 3 次，在“Set Up” - “Option”中设置各项参数。

3. *样品检测*　将符合条件的试样，用分散液清洗 2 ～ 3 次，注入约 5/6 高度的分散液。待体系分散均匀、稳定约 20min 后，用塑料滴管移取均匀分布的样品溶液 2ml 左右装入样品池。盖上挡光板和样品盖，点击“Run”进行样品测量，共测量 3 次，记录数据，并清洗样品池，检测下一样本。

4. 清洗关机　检测结束，清洗样品池，依次关闭软件和机器。

5. 数据分析　粒子基本信息统计包括按强度计算的平均粒径（Mi）、按面积计算的平均粒径（Ma）、按个数统计的平均粒径（Mn）以及按体积计算的平均粒径（Mv）。测定电荷时还有电性质统计，主要测定粒子表面的平均电位。可通过点击右键保存为 Excel，或直接打印报表。

（三）注意事项

1. 点击“Run”时，一定要保证样品池中有液体，否则激光发射容易损坏检测器。

2. 待测样品尺寸必须在仪器的测定范围内，并且对仪器不具有腐蚀性。

3. 必须严格按照仪器说明进行操作。

4. 为减少因电位不稳定而造成的测样误差，每个样品至少检测 3 次。

四、纳米流式检测技术

（一）基本原理

流式细胞术通过捕获颗粒通过激光探测区时产生的散射光和荧光信号，实现单个颗粒的表征，具有高通量、多参数等优点。但是传统流式细胞术由于检测灵敏度的限制，仅能实现 EV 群体中极小部分 EV 的单颗粒分析，即粒径在亚微米尺度的 EV。近年来，纳米流式检测技术通过对光学系统、液流系统及检测系统进行改进和优化，突破了传统流式细胞仪的检测极限。为流式分析技术打开了通往纳米世界的窗口。通过对单个纳米颗粒的粒径、浓度以及生物化学性质的高分辨、高选择性、高通量检测，为生命科学研究以及生物医药产业的发展提供了一个强有力的表征手段。

本节，我们将以 Apogee 公司的 MicroPLUS A60 和福流公司的 NanoFCM 为例介绍纳米流式检测 EV 的操作流程及注意事项。

（二）操作流程

1. Apogee 纳米流式细胞仪

（1）仪器开机：仪器开启前，检查鞘液和清洗液并补足，清空废液桶。按仪器前侧黑色电源键，启动仪器，仪器开始初始化，控制及分析检测软件自动打开，约 10min，直到数据采集软件显示“STATUS：Idle Clean”（图 2-18），仪器初始化完成。

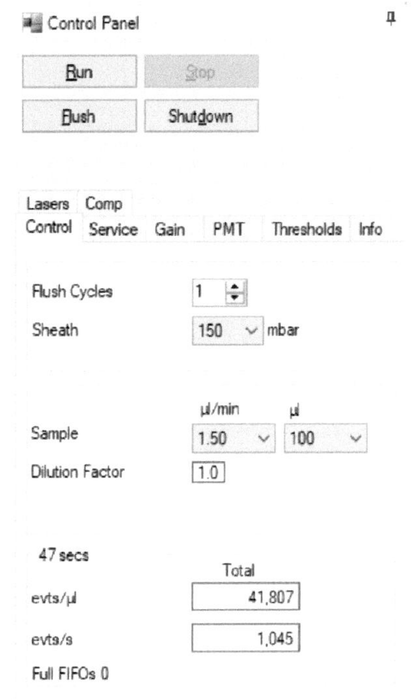

图 2-18　仪器开机

（2）清洁度检测：在“File-Load Protocol”里选择“Clean Check”程序，跑纯水或者 PBS 样品，确认系统干净状态（< 250 Events/s），如图 2-19。

（3）参数设置：在“File-Load Protocol”中选择相应的 EV 或者细胞检测程序；在“Laser”中选择检测所需的激发光，在“Control”中可改变进样体积和进样速度等参数；根据实验需求添加相应的直方图或散点图，分别点击工具栏按钮 和 完成添加，如图 2-20。

（4）样品检测：放置样品管（或 96 孔板）至上样位置，点击“Run”，仪器自动上样，观察样品浓度（不能超过 1×10^6 Events/μl，推荐样品浓度为 1×10^5 Events/μl），若样品浓度＞ 1×10^6 Events/μl，立即点击“Stop”停止检测，需对样品进行稀释，并点击“Flush”冲洗仪器。样品浓度合适时，根据实验需求，在检测过程中调节 PMT 电压以及相应通道 Threshold 参数。

（5）数据采集及保存：确定各个实验参数后开始采集样品荧光信号信息，在检测过程中可根据实际情况随时点击“Stop”停止检测；也可在“Setup”下使用“AutoCycle”按采集时间或采集样品数量自动停止检测（图 2-21）。检测完成后，点击工具栏按钮 进行数据保存，保存数据格式为标准的 FCS 格式数据。

（6）仪器清洗：样品测量结束后，点击“Flush”冲洗 2 遍，在“File-Load Protocol”里选择“Bleach Reagent”程序（图 2-22），跑 1 次次氯酸钠，结束后点击

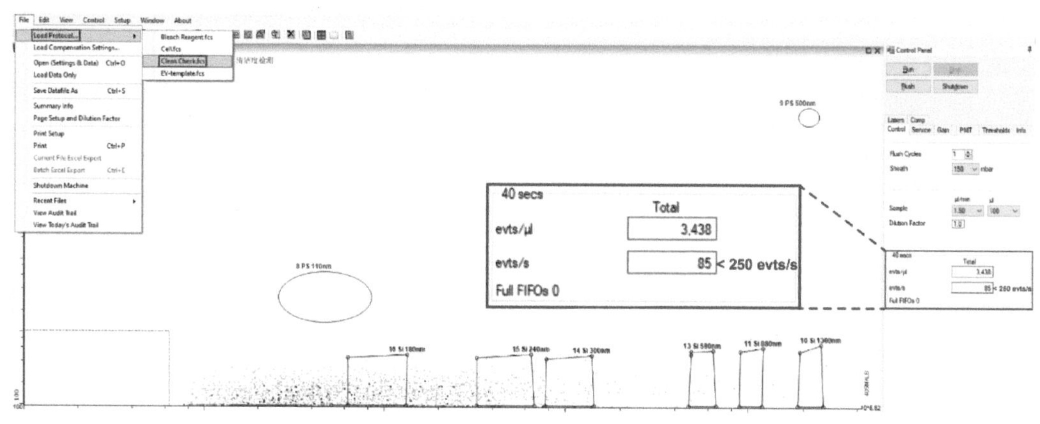

图 2-19　**清洁度检测**

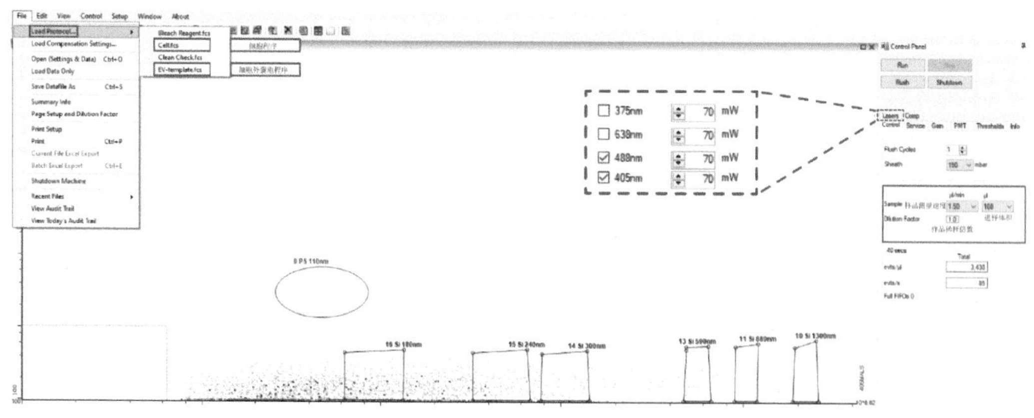

图 2-20　**参数设置**

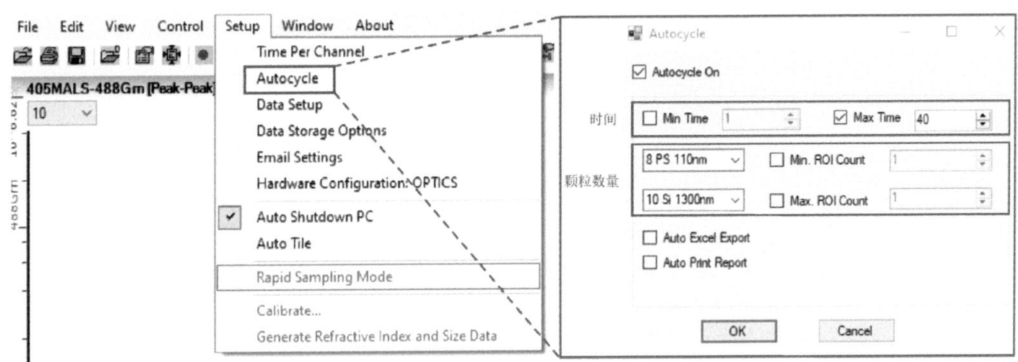

图 2-21　**样品检测**

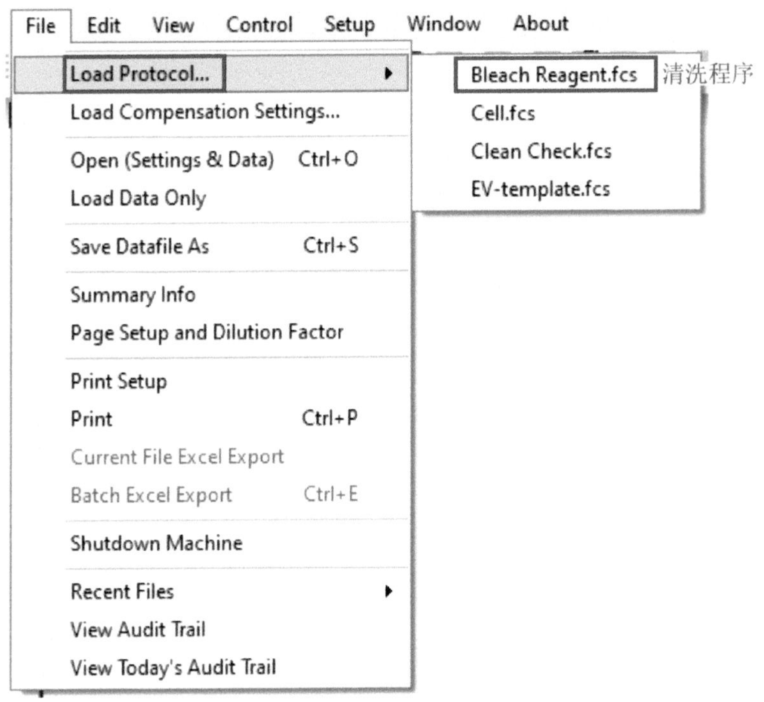

图 2-22　**仪器清洗**

“Flush”冲洗 2 遍。

（7）清洁度检测：在“File-Load Protocol”里选择“Clean Check”程序，跑纯水或者 PBS 样品，液流系统计数，确认系统干净状态（小于 250 Events/s），同步骤（2）。

（8）仪器关机：点击“Shutdown”按钮（图 2-23），仪器自动清洗校正，等待仪器自动关机。关机后及时清理样品（勿将样品留在机器内）、倾倒废液。

2. 福流纳米流式细胞仪

（1）开机前检查：检查洗液液面高度（> 10ml）以及鞘液与废液的液面高度差（20 ～ 30cm）。

（2）系统启动：开启仪器电源，启动电脑，运行 NF Profession 2.0 软件，点击 Start Up 进行系统初始化，选择 Sheath Flow-Start Up 进行液流的初始化，同时在上样台放置超纯水（150μl），点击 Sample-Boosting 进行管路内部的冲洗，初始化持

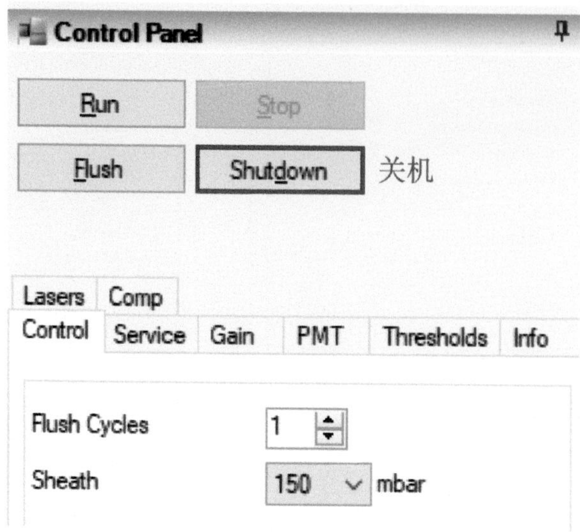

图 2-23　**仪器关机**

续约 4min，初始化结束后 Sheath Flow 的状态自动切换到 Normal，如图 2-24。

(3) 质控标准品：点击 Manual Operation 切换到数据采集模式。上样台放置一管质控球（QC beads 250 nm SiNPs，100 100μl），点击 Sample-Boosting，在 Samp. Inf 中选择相应的质控品名称和检测参数。点击 Sample-Sampling，同时点击 SPCM 左侧绿灯开启检测器，此时相机窗口的光斑明亮且清晰，图形区可见实时信号波形图。确保 3 个通道的信号符合质控要求。点击 Auto Sampling 并在下方 Sampling SET 右侧框中输入 1.0，使 Sampling 压力固定为 1.0kPa，通过 Time to Record 模式采集质控标准品的数据，数据格式为 Nfa File。

(4) 样品检测：放置样品管到载样台，点击 Sample-Boosting，在 Samp.Inf 中选择检测条件，点击 Sample-Sampling 后，通过 Time to Record 模式采集样品数据并保存为 Nfa File。在上述操作下，完成粒径标准品、空白及样品的检测。

(5) 数据处理：切换到数据分析模块（Data Analysis），选择样品数据，点击自动设阈值，切换到粒径标准品，点击工具栏的按钮进行粒径拟和，选择空白对照数据，单击工具栏按钮，将其设置为空白对照，通过软件直接生成 EV 样品的 PDF 格式的报告，根据需要选择总体或某

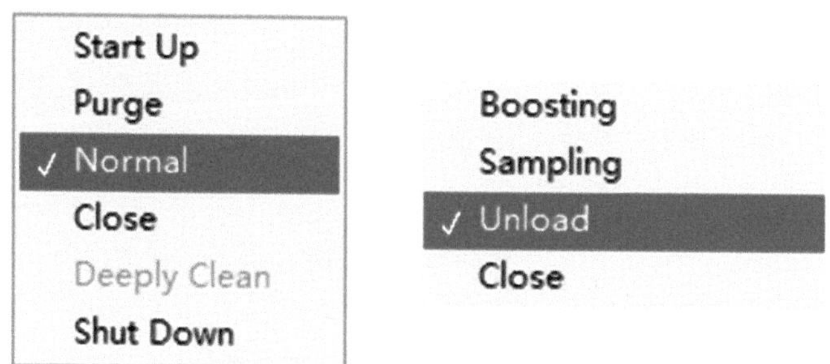

图 2-24　Sheath Flow 设置（左）和 Sample 设置（右）

一个亚群的粒径报告（图 2-25）、浓度报告（图 2-26）或者综合报告（图 2-27），也可以导出 fcs 或 txt 格式的报告。

（6）系统关闭：在上样台放置一管新鲜洗液，点击 Sample-Boosting 冲洗约 5min。点击 Sheath Flow-Shut Down，同时放置超纯水，点击 Sample-Boosting，整个过程约 4min。清洗结束后，Sheath Flow 的

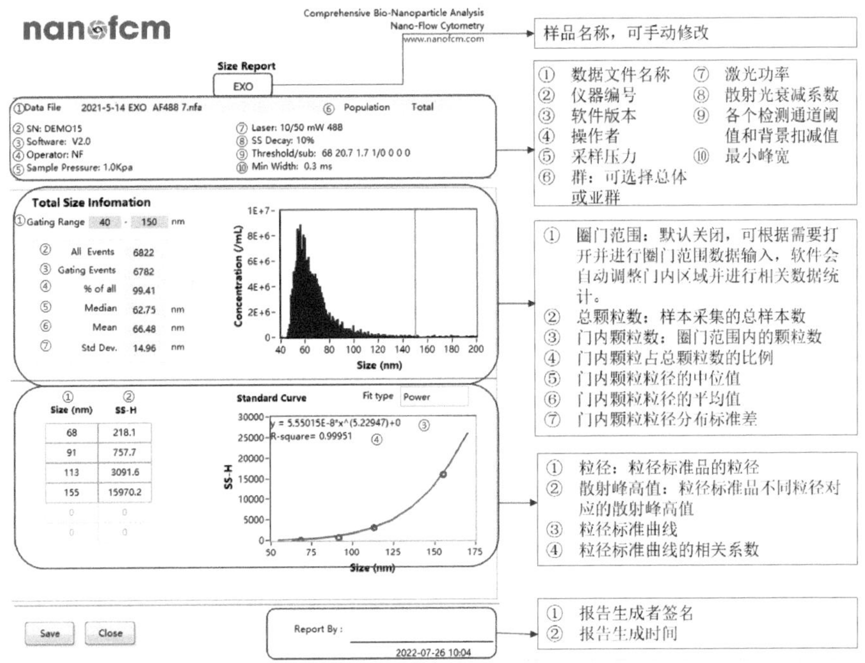

图 2-25　**粒径报告**

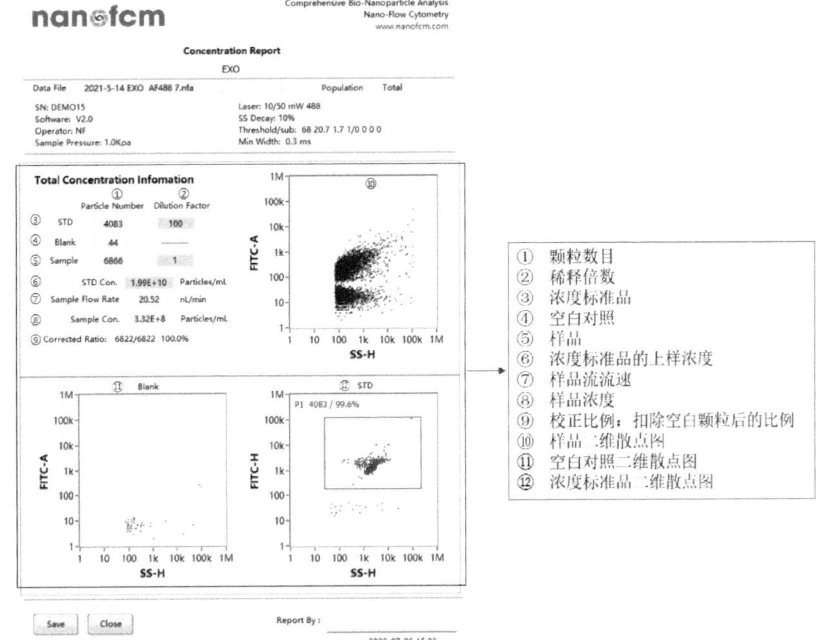

图 2-26　**浓度报告**

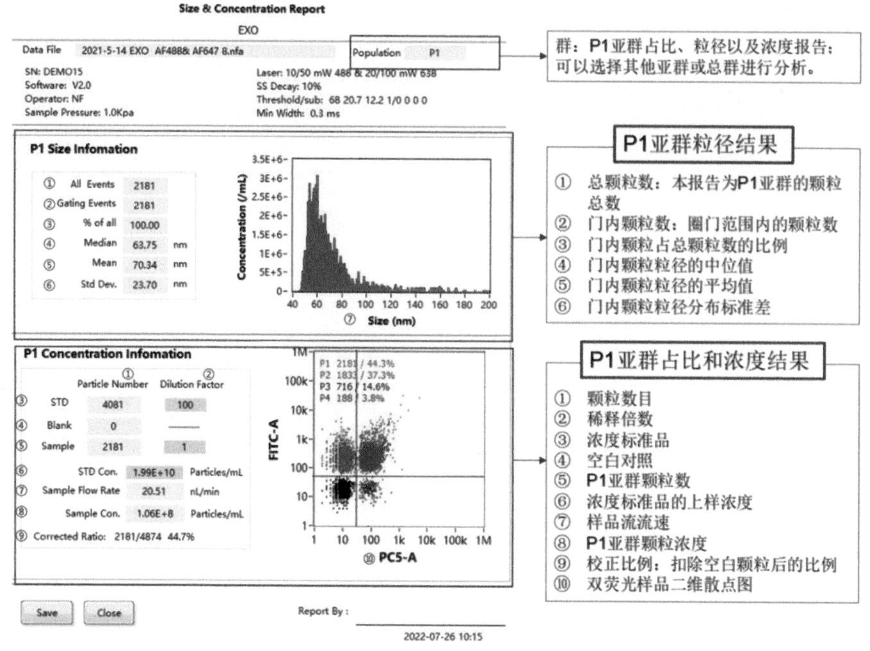

图 2-27　综合报告

状态会自动切换到 Close。点击 Shut Down 关闭系统，退出 NF Profession 2.0 软件，关闭电脑及仪器电源。

（三）注意事项

1. Apogee 纳米流式细胞仪

（1）鞘液：仪器开启后，鞘液持续消耗，开机前必须保证鞘液充足（正常情况 5L 鞘液能够连续检测 5 ～ 6h），测量过程中若需要添加鞘液，正在检测的样品结束后，暂停测量，打开鞘液盖子，倒入干净鞘液，在“Service”界面，点击“Load New Sheath”，等待仪器重新装载鞘液。

（2）样品体积：EP 管内大于 300μl，96 孔板内加入 250μl。

（3）样品浓度：样品正式开始检测前须先初步测定待测样品浓度，推荐浓度为 1×10^5 Events/μl，若样品浓度大于 1×10^6 Events/μl，需稀释样品至 1×10^6 Events/μl 以下；也可根据 BCA 测得的蛋白浓度，取 1μg 样品检测。待测样品不能浑浊或黏稠。

（4）样品浓度突然减少：检查 Time-Count 柱状图是否出现明显波动或者空白间断，可能存在气泡，点击“Remove Air in Syringe”，排出气泡。若 Time-Count 柱状图呈逐渐降低趋势，可能是样品浓度过高，需要稀释样品。

（5）细胞样品上机检测前必须过滤。

（6）尽量避免检测过程中倾倒废液。检测过程中，如果须倾倒废液，应待单个样品检测结束后，拧开废液桶上黑色盖子，倾倒废液，黑色盖子以上部位勿动。

（7）仪器清洗：连续测量 20 个样品以后，用次氯酸钠，运行“Bleach Reagent”程序，清洗一次仪器，再点击“Flush”冲洗 2 次。关机前，必须正常清洗，保证通道干净。

2. 福流纳米流式细胞仪

（1）保持鞘液瓶及液流洁净，鞘液瓶至少 2 周彻底清洗一次。

（2）不同样品之间用洗液冲洗管路，避免交叉污染。

（3）每日开机时，建议废液体积小于

150ml 并确保废液瓶内吸管头在液面以下；鞘液体积 600ml，方便调节架调节且不易沾湿瓶盖滤膜。

五、蛋白质印迹

（一）基本原理

蛋白质印迹（Western blotting，WB）又称蛋白质杂交技术，由美国斯坦福大学的乔治·斯塔克发明。蛋白质印迹法利用电场分离样品中不同分子量的蛋白，并转印至固相载体（例如硝酸纤维素薄膜等）上。利用抗体特异性结合固相载体上的靶蛋白或多肽，再用酶或荧光标记的第二抗体结合后进行显色或成像，获得蛋白条带并分析靶蛋白的表达水平。目前，蛋白质印迹被广泛用于 EV 中蛋白质成分的定性和半定量分析。

（二）操作流程

1. 样品制备　PBS 重悬分离纯化后的 EV 沉淀，4℃振荡 1 ～ 2h（如时间充裕，可过夜振荡）。经 BCA 检测样品蛋白浓度后，按 4 ∶ 1 比例将样品与 5×SDS 上样缓冲液混匀，95℃加热 5min，使蛋白样品充分变性。若样品仅用于 WB 检测，可直接用蛋白裂解液重悬 EV 沉淀，再进行后续实验。

2. 电泳分离　配制 SDS-PAGE 相关缓冲液及凝胶，并根据目的蛋白分子量选取合适的分离胶浓度（常用 10% 或 12%）。将预染标志物和蛋白样品分别加入上样孔中，恒压 90V 开始电泳，待样品经浓缩胶充分压缩至线性后，将电压调至 120V，继续电泳至溴酚蓝至分离胶底部时停止。

3. 蛋白转印　电泳结束后取出凝胶，按“三明治”模型，依次将“海绵垫—滤纸—胶—膜—滤纸—海绵垫”按顺序摆放好，用电转印夹固定，胶放置在靠近黑色夹子一侧；将电转印夹插入转膜槽中，注意黑色面靠近黑色面（负极）放置，倒入转膜缓冲液，恒流 300mA 或恒压 110V 转印（具体转印条件视目的分子的分子量大小而定）；转印结束后，可通过丽春红染色初步判断转膜效率，见红色条带后用洗涤缓冲液漂洗数次并进行后续实验。

4. 封闭、抗体孵育及显色

（1）转印结束后，用 5% 脱脂奶粉孵育 1h，以封闭膜上剩余的疏水结合位点。

（2）一抗 4℃孵育过夜，回收一抗，TBST 漂洗 3 次，每次 5min。

（3）二抗室温孵育 1h，TBST 漂洗 3 次，每次 5min。

（4）加入化学发光显色液，室温反应一定时间后利用凝胶成像系统进行分析。

（三）注意事项

1. 样品制备　经超速离心后常使用 PBS 重悬 EV 沉淀，将重悬好的样品置于 4℃振荡数小时有助于减少样品聚集，提高 BCA 法测定蛋白浓度的准确性。若样品仅用于 WB 检测时，也可用蛋白裂解液直接重悬 EV 沉淀，可提高 BCA 检测出的蛋白浓度（若样品体积较小，可省略裂解后离心取上清液的步骤）。若 PBS 重悬得到的 EV 样品蛋白浓度较高时可经适当稀释后再加入 SDS 上样缓冲液进行变性，一般认为将样品稀释至 2μg/μl 可方便后续 WB 检测。若样品在变性后变得黏稠，将影响移液器对样品的准确上样。此时可选用上样针，在上样过程中可持续提供推力，确保样品的上样体积。

2. 标志物选取　对于 EV 蛋白标志物的检测，ISEV 在 2018 年发表的专家共识《MISEV2018》中提出，在所有 EV 制备过程中必须检测膜蛋白（如 CD63、CD81、MHC、integrin 等）、胞浆蛋白（ESCRT-I/Ⅱ / Ⅲ、HSP70、ACT 等）以及非 EV 主要成分蛋白（如脂蛋白、核糖体蛋白等）。检测膜蛋白和胞浆蛋白主要用于证明 EV 的存在；检测非 EV 主要成分蛋白主要用于评估所分离EV样品的纯度。

在使用WB验证标志物蛋白在EV样品中的富集时，可将细胞裂解液和EV样品并排上样，显色结果中EV样品组标志物蛋白表达量应明显高于细胞组。

3. 内参选取　目前的研究中常用Actin、GAPDH和Tubulin作为EV的内参进行检测，从检测的结果来看，EV中的Actin、GAPDH和Tubulin的表达丰度相对于正常细胞较低，WB检测时可能检测不到任何条带或者条带微弱。考虑到EV样品的特殊性，可以按等蛋白量或等颗粒数计算上样体积。使用等蛋白量上样时，建议在转膜后使用丽春红染料进行染色，并对染色条带进行拍照记录。使用等颗粒数上样时，需要使用NTA对样品的颗粒浓度进行检测，再计算样品的上样体积。

六、酶联免疫吸附测定

（一）基本原理

ELISA，即酶联免疫吸附试验，其基本原理是将抗体通过物理吸附的方法固定于聚苯乙烯微孔板表面，加入待测物后，利用抗原和抗体的特异反应将待测物与酶连接，通过酶与底物显色的深浅间接反映被检测物质的存在与否或者量的多少。ELISA具有快速、定性或者定量甚至定位的特点，目前已广泛应用于科研和临床试验中。

利用ELISA方法可以直接定量体液样本或细胞培养上清中的EV表面蛋白。EV的结构特征之一是位于其表面的四次跨膜蛋白家族，CD9和CD63是该家族的蛋白分子，是EV的表面标志物。EV的ELISA测定需要利用高性能的抗CD9或抗CD63抗体结合待测样品中的EV，然后利用HRP偶联的抗体检测EV上的目标蛋白。

（二）操作流程

双抗体夹心法是检测EV常用的ELISA方法，操作步骤如下：

1. 将特异性抓捕抗体（一般为CD9或CD63抗体）与固相载体连接，形成固相抗体，并使用洗涤缓冲液洗涤除去未结合的抗体及杂质。

2. 加入待测样品，使之与固相抗体接触反应2h（条件允许时推荐过夜孵育）形成固相免疫复合物。

3. 使用洗涤缓冲液去除未结合的EV。

4. 加入酶标抗体，使固相免疫复合物上的目标蛋白与酶标抗体结合，洗涤未结合的酶标抗体，此时固相载体上带有的酶量与受检蛋白的量呈正相关。

5. 加入底物进行显色反应，根据颜色反应的程度对目标蛋白进行定性或定量。

（三）注意事项

1. 有研究发现重悬EV的溶剂是影响ELISA检测结果的重要因素，推荐使用1% BSA作为EV的溶剂。

2. EV较游离蛋白具有更为复杂的结构，容易在受检时发生非特异性吸附，因此在完成样品的孵育后需要进行充分的洗涤。

3. 由于EV是一个具有异质性的群体，均一性较差，因此有必要在检测前充分振荡混匀，并在条件允许的情况下多设立重复样本以提高检测的准确性。

七、其他

（一）EV总蛋白量测定

EV的总蛋白量可以通过比色测定(Bradford或BCA)、荧光测定或通过SDS-PAGE法进行蛋白质染色来测量。在使用上述测量方法时，EV样品蛋白浓度必须在参考曲线的线性范围内。然而，由于共同分离的蛋白质污染物（例如来自培养基、血浆或血清的蛋白质等），蛋白质定量结果可能会高于实际，特别是使用特异性不高的分离方法时。此外，检测结果可能根据去垢剂使用与否而变化，因此研究者发表数据时必须标明去垢剂的性质和浓度。

（二）EV 总脂质的定量

目前有研究提出使用磺基磷酰胺（SPV）分析来测量 EV 的总脂质含量，或使用脂质染料如 DiR 等对 EV 染色，通过测量脂质染料的荧光来测定 EV 中的脂质含量。对于总量较少的 EV 样品，则需要使用灵敏度较高的检测方法如全反射傅里叶变换红外光谱等，但需要专门的设备。

（三）EV 总 RNA 的定量

由于 EV 中 RNA 含量低且缺乏检测标准（如针对细胞 RNA 制定的标准），因此检测 EV 相关 RNA 的含量和完整性具有挑战性。实验室常用的 Nanodrop 分光光度计系列的 RNA 检测范围为 2 ～ 3μg/μl，除非使用相对浓缩的样品，否则并不便于测量 EV 的 RNA。考虑到 RNA 检测的灵敏度，安捷伦生物分析仪 pico 芯片和 Quant-iT RiboGreen RNA Assay 试剂盒等比 Nanodrop 更适合 EV 的 RNA 定量。此外，对于含有极少量 RNA 的样本，可通过高灵敏度 RT-qPCR 检测特定转录物的水平代表其总 RNA 量。除 Qubit RNA 高敏检测试剂盒外，大多数技术对 DNA 污染很敏感。因此，我们建议用 DNA 酶对样本进行预处理，以实现准确的 RNA 定量。

第三节　总结与展望

根据 ISEV 在 2018 年发布的指导手册，EV 的表征可以从结构形态、粒径分布、表面标志物和颗粒浓度 4 个方面进行。本章节介绍的各个表征技术在 EV 的检测和鉴定方面各司其职，又相互印证，各表征技术的检测范围见表 2-1。

表 2-1　EV 常用表征方法及其检测范围

表征方法	检测范围			
	结构形态	粒径分布	表面标志物	颗粒浓度
电子显微镜检测	✓	✓	✓	
纳米颗粒跟踪分析		✓	✓	✓
动态光散射		✓		✓
纳米流式细胞术		✓	✓	✓
蛋白质印迹法			✓	
酶联免疫吸附测定			✓	

一、基于 EV 结构形态的表征技术

EV 的结构形态目前主要依靠 EM 进行观测。EM 具有极高的放大系数及分辨率，通过 EM 能够直观观察 EV 的结构形态。在 EM 下可观察到 EV 呈典型的杯状结构，但是 EM 存在因制样造成的假象，而且因 EV 的存储条件也会影响镜下观察到的形态。因此，EM 在鉴定 EV 时无法作为一个充分的证据。

二、基于 EV 粒径分布的表征技术

目前检测 EV 粒径的技术主要有 EM、NTA、DLS 和纳米流式检测技术。EM 主要直观观察单个 EV 的大小，难以分析 EV 群体的直径大小。NTA 可以对悬浮液中的 EV 进行可视化和测量，能测量出 EV 整体的粒径分布，是针对 EV 粒径分布研究的可靠手段。但 NTA 通常无法检测小于 50nm 和大于 400nm 的粒子。DLS 制样过程简单，甚至可以直接对天然样品进行分析并且体积要求低。但测量数据不准确，实验误差较大。纳米流式检测技术覆盖了 7 ～ 1000nm 的检测范围，实现了高通量检测 EV 的直径。但其存在噪声干扰引起数值不稳定的情况，并且设备成本较高。

三、基于 EV 表面标志物的表征技术

EV 的蛋白标志物本质上是蛋白质组学发现的在 EV 中富集的蛋白质，检测方法包括 EM、纳米流式细胞术、ELISA、WB 等。其中纳米流式细胞术因其快速、灵敏、稳定性高展现出较大的检测优势，但设备成本较高。EM 可通过免疫金标记技术可视化单个 EV 的表面蛋白，但无法观察群体 EV 所携带的标志蛋白。WB 在 EV 的蛋白检测上是常用的传统检测方法，具有普适性。ELISA 相比 WB，具有更高的灵敏度，但成本也相对较高。

四、基于 EV 颗粒浓度的表征技术

目前用于检测 EV 颗粒浓度的主要方法有 NTA 和纳米流式检测技术。NTA 通过摄像机记录下每个粒子经历散射光时的路径以确定平均速度和扩散率。为了准确定量 EV 的浓度，NTA 程序需要精确优化摄像头和分析设置。纳米流式检测技术在检测 EV 浓度时，存在噪声干扰引起数值不稳定的情况，并且设备成本较高。

第 3 章　细胞外囊泡高通量检测技术

第一节　概　　述

细胞外囊泡是细胞间通信的重要载体，因参与各种生理和病理过程而备受研究者关注。细胞外囊泡是一个高度异质性的群体，具有不同的理化和生化特征。不同生物来源的细胞外囊泡内容物组成有所不同，具有特定的 DNA、RNA、蛋白质、脂类和代谢物等。近 10 年来，随着高通量技术的发展，多组学的运用开始成为细胞外囊泡研究的可行方法，包括基因组、转录组、蛋白质组、代谢组和脂质组等的筛查和数据库开发。

尽管有文献报道细胞外囊泡含有多种类型 DNA，如单链 DNA、双链 DNA、线粒体 DNA 等，但人们对细胞外囊泡 DNA 的了解仍然很少。肿瘤细胞来源的细胞外囊泡已被证明含有基因组 DNA 片段，并反映原始肿瘤的突变特征。此外，相比于正常细胞，肿瘤细胞来源的细胞外囊泡含有更多的 DNA，且在抗生素和抗肿瘤药物的作用下，细胞外囊泡中的 DNA 含量增加。不同研究中细胞外囊泡 DNA 含量及种类的差异与细胞外囊泡亚型的多样性及异质性有关，而同种细胞外囊泡中存在的含量及种类差异可能与不同研究中分离方法的不同有关。最近，全基因组测序开始用于阐明细胞外囊泡转移 DNA 的特性和功能，使用高分辨率的碘克沙醇密度梯度可区分细胞外囊泡的 DNA 性质。但到目前为止，细胞外囊泡表面携带 DNA 或进入囊腔内的机制仍不清楚。

细胞外囊泡相关 RNA 最常用的检测方法是实时荧光定量聚合酶链式反应（quantitative real-time PCR，qRT-PCR），但是 qRT-PCR 需要预先选择引物，对 RNA 群体的异质性表征有限，并且需要内源性对照来实现 RNA 表达的定量。目前，使用二代测序（next-generation sequencing，NGS）技术开展 RNA 测序已逐渐成为研究人员研究转录组的首选方法，已有相当多的研究对人来源的细胞外囊泡中的 RNA 进行了深度测序分析，测序结果提示细胞外囊泡中多为小型非编码 RNA，如 Y-RNA、vault RNA 和信号识别颗粒 RNA（signal recognition particle RNA，SRP-RNA）等。但对细胞外囊泡中的编码和非编码 RNA 的种类及数量仍可能会由于不同的测序制备方法而发生显著差异。

细胞外囊泡内含有的蛋白质取决于不同的细胞来源和疾病类型，通常使用免疫印迹（Western blotting）或液相色谱 - 质谱（liquid chromatography-mass spectrometry，LC-MS）进行分析。目前细胞外囊泡的蛋白质图谱已成功在广谱及靶向蛋白质组学中进行表征，评估正常细胞与癌细胞分泌的细胞外囊泡内转运蛋白的差异表达、化疗诱导的变异、肿瘤的发生发展和代谢重编程、化疗耐药性和细胞外囊泡处理后受体细胞的功能改变等。但对于理解细胞外囊泡蛋白质组学的功能，还需要进一步探索，例如，对翻译后修饰（post-translational modification，PTM）包括磷酸化、糖基化和泛素化等进行深入分析以绘制细胞外囊泡中各种蛋白质的修饰图谱。

细胞外囊泡可作为独立的代谢单位，调节受体细胞的系统性变化，其内的代谢物可重新连接细胞内的生物通路，并导致级联病理变化。而目前关于细胞外囊泡中代谢物的研究还较少，细胞外囊泡的代谢体由多种分子组成，包括氨基酸、糖、有机酸、脂类等。代谢组学主要集中在前三个方面，而脂组学由于机体脂质组的复杂性而成为一个独立的组学。相对于蛋白质，代谢物是一组小分子物质，即使是最灵敏的质谱检测系统对其检测也存在巨大挑战。在进行质谱分析之前，最好使用固相萃取柱富集代谢物，针对细胞外囊泡样本代谢组学的提取方式还需要进一步优化。

尽管我们预测细胞外囊泡的脂质成分应与释放细胞的膜成分相似，但直接比较研究表明，不同的脂质组分在细胞外囊泡脂质谱中富集，如甘油磷酰胆碱、甘油磷酰乙醇胺、甘油磷脂、鞘磷脂、胆固醇和神经节苷脂等，这有助于细胞外囊泡的稳定性和结构刚性。最近，研究者将薄层色谱结合质谱系统（如 MALDI-TOF）用于有效检测细胞外囊泡脂质含量的方法并识别细胞外囊泡亚群的不同脂质成分。但由于脂质结构分子复杂且有所重叠，高灵敏度和特异性的质谱检测在细胞外囊泡脂质组的研究中仍面临巨大挑战。

事实上，细胞外囊泡作为复杂性相对较低的生物系统，在确保其分离和表征的标准化后，其高通量的检测可更多地受益于计算生物学前沿的新型综合方法，以提供更全面的细胞外囊泡相关表型和疾病状态信息，提高疾病诊断、治疗动态监测及预后预测的敏感性、特异性和准确性。

第二节　细胞外囊泡内容物的高通量检测

一、细胞外囊泡蛋白质、代谢物及脂质的高通量检测方法

细胞外囊泡进行蛋白组、脂质组及代谢物组学研究的首要步骤是分离和提取细胞外囊泡。目前细胞外囊泡提取的常用方法包括有超速离心法、磁珠法以及聚合物沉淀法等，它们均有不同的优缺点。研究人员可根据实际情况选择合适的方法获取细胞外囊泡，并在测序前选择合适的方式对其进行表征及鉴定。

提取细胞外囊泡常用的方法为超速离心法，对于细胞外囊泡蛋白质、代谢物及脂质组的研究最好能采用更高纯度的提取方式。例如，血清及血浆的蛋白中存在大量血清游离蛋白（IgM、α_2-巨球蛋白、补体成分等）和脂蛋白，需要进一步采用较高纯化水平的提取方式，如密度梯度离心法提取细胞外囊泡。

（一）蛋白高通量检测方法

蛋白质组学分析包括分析蛋白质的结构和功能、翻译后修饰、蛋白质定位、蛋白质表达水平以及蛋白质间的相互作用等。蛋白质组学研究的基本策略主要包括定性检测和定量检测。定性检测主要有 2 种：自底向上（bottom-up）和自顶向下（top-down）。目前较主流的定量检测技术主要有 5 种：非标记定量技术（label-free）、核素标记相对和绝对定量技术（isobaric tags for relative and absolute quantification，iTRAQ）、细胞培养条件下稳定核素标记技术（stable isotope labeling by amino acids in cell culture，SILAC）、质谱多反应监测技术（multiple reaction monitoring，MRM）

和 SWATH（sequential window acquisition of all theoretical mass spectra，SWATH）技术。

定性检测

（1）自底向上（bottom-up）：应用较为广泛，“bottom”指的是肽段，“up”是指由肽段推理为蛋白的过程，即先将蛋白酶解成肽段，然后通过色谱分离肽段混合物，再用质谱技术将肽段碎裂，根据碎裂谱图的离子峰信息进行数据库搜索来鉴定肽段，最后将鉴定的肽段进行组装、重新归并为蛋白质。该方法的优点是灵敏度高，覆盖范围广，可揭示蛋白质修饰情况，缺点是操作复杂，定量不准确。该方法适用于低丰度蛋白的检测，或者需要检测蛋白质修饰的情况。

（2）自顶向下（top-down）：“top”指的是完整蛋白质分子的质量测定，“down”则是指对完整蛋白的碎裂。这种方法无须酶解，通过完整蛋白质的质量及其碎裂谱图信息可以实现蛋白质鉴定，序列覆盖度较高，能保留多种翻译后修饰之间的关联信息。该方法适用于需要得到蛋白质结构信息的情况。

（3）非标记定量技术（label-free）：非标记定量蛋白质组学不需要对比较样本做特定标记处理，只需要比较特定蛋白肽段在不同样品间的色谱质谱响应信号便可得到样品间蛋白表达量的变化，通常用于分析大规模蛋白鉴定和定量时所产生的质谱数据。非标记定量方法操作简单，可以做任意样本的总蛋白质差异定量，但对实验操作的稳定性、重复性要求较高，准确性也较标记定量差。因此，非标记定量技术适合于大样本量的定量比较，以及对无法用标记定量实现的实验设计。

（4）核素标记相对和绝对定量技术（iTRAQ）：利用多种核素试剂标记蛋白多肽 N 末端或赖氨酸侧链基团，经高精度质谱仪串联分析，可同时比较多达 8 种样品之间的蛋白表达量，是近年来定量蛋白质组学常用的高通量筛选技术。iTRAQ 定量不依赖样本，可检测出较低丰度蛋白，且定量准确，适用于研究不同病理条件下或者不同发育阶段的组织样品中蛋白质表达水平的差异。

（5）细胞培养条件下稳定核素标记技术（SILAC）：指在细胞培养基中加入轻、中或重型稳定核素标记的必需氨基酸（赖氨酸和精氨酸），通过细胞的正常代谢，使新合成的蛋白带上稳定核素标签。等量混合各类型蛋白质，酶解后进行质谱分析。通过比较一级质谱图中核素峰型的面积大小进行相对定量，同时二级谱图对肽段进行序列测定从而进行蛋白鉴定。SILAC 属于体内标记技术，更接近样品真实状态，标记效率高达 100%，且标记效果稳定，适合于全细胞蛋白分析，以及膜蛋白的鉴定和定量，每个样本只需要几十微克的蛋白量。

（6）质谱多反应监测技术（MRM）：是一种基于已知信息或假定信息设定质谱检测规则，采集符合规则的离子信号，去除其他不符合规则的离子信号的干扰，从而得到质谱信息的一种数据获取方式，属于目标蛋白质组。该技术的关键在于首先要能够检测到具有特异性的母离子，仅将选定的特异性母离子进行碰撞诱导。MRM 技术通过两级离子选择，排除大量干扰离子，使质谱的化学背景降低，目标检测物的信噪比显著提高，从而实现检测的高灵敏度，并具有重现性好、准确度高等特点，特别适合于已知蛋白质序列的蛋白质表达量差异验证。MRM 可以检测较低丰度的蛋白，但一次实验只能检测到 20 个左右的目标蛋白。

（7）SWATH：是 MS/MSALL 技术的一种扩展。与传统的鸟枪（shot-gun）技术相比，SWATH 采集模式能够将扫描区间内所有的肽段母离子经过超高速扫描并进行二级碎裂，从而获得完整的肽段信息，是一种真正全景式的、高通量的质谱技术。采用该方法可以获得样品中所有可检测物质的完整 MS 和 MS/MS 图，无须重复运行或重新分析。

目前，应用较广泛的定量蛋白质组检测技术是 iTRAQ，该方法不限定样本，可以做任意样本的总蛋白质的差异定量，而且定量准确。虽然非标记定量技术同样不限定样本，但是定量准确度难以保障。SILAC 是细胞层次的蛋白质组定量，而对组织的定量难度较大，且费用高昂。MRM 和 SWATH 都是目标蛋白质组相关的定量模式，但是 SWATH 可以完成数千种蛋白的定量，准确度极高，通量远高于 MRM，对于亚细胞结构、细菌、真菌、细胞分泌物等样本，SWATH 效果非常好，但缺点是价格相对较高。

（二）代谢组及脂质组学检测方法

质谱分析是代谢组学和脂质组学分析中应用最广泛的技术，部分原因是它比磁共振具有更高的灵敏度。代谢组和脂质组学除提取方法外，其余工作流程相似。代谢物提取较简单，使用含有甲醇、乙腈和（或）水的溶剂混合物就可以获得小分子代谢物。而脂质提取则非常复杂，需要不同的有机溶剂系统来提取不同的脂质类别。在大多数情况下，脂质组或代谢组分提取物可直接用于液相色谱 - 质谱（LC-MS）分析，而微量化合物或处理复杂化学基质时，可能需要衍生化、固相萃取和富集。通常情况下，脂质组学或代谢组学分析技术可大致分为非靶向和靶向两大类。非靶向代谢组学也称为发现型代谢组学，适用于没有预期研究目标时选用，其特点是尽可能地定性出更多代谢物，覆盖更多的代谢通路；靶向代谢组学是对目标明确的代谢产物在样品中的绝对含量进行检测相对于全代谢组分析，靶向代谢组具有特异性强，检测灵敏度高和定量准确等特点。需要注意的是，由于靶向代谢组更有针对性，因此为提取出目标代谢物，通常对代谢物提取效率及提取选择性的要求会更高。同时针对不同类型的目标代谢物，样本预处理的方式也不同。而非靶向代谢组为后续检测时能检出更多的代谢物，样本前处理时，更注重普适性与无偏性、代谢物覆盖范围广等特点。

而在脂质组学中直接进样的鸟枪法是一种广泛使用的脂质组学分析方法。该方法快速、简单，但是会受到明显的离子抑制效应，同时，由于脂质分子众多并伴有大量同分异构体的峰重叠，从而使得精确辨认每一种脂质十分困难。正相和反相液相色谱与质谱联用也被广泛应用于脂质组学研究。液质联用方法可以根据脂类物质理化性质的不同对其进行分离，但建立一个能够同时检测较多类别脂质分子的定量方法仍然极具挑战。另外，定性分析方法比如数据依赖性扫描，由于分析重现性不佳也会导致定量结果不准确。利用高效液相色谱法结合三重四极杆质谱的多反应监测扫描模式能够提高数据采集的灵敏度和特异性。首先，液相分离是该分析方法的关键。经过液相分离，所有脂质按类别或亚类被逐渐洗脱分离。

此外，对细胞外囊泡进行传统的高通量质谱分析通常需要大量的样品并对样品进行后续纯化。表 3-1 为部分新型生物传感器及技术的运用，这些方法的关键优势在于可减少细胞外囊泡的样本量，这将有利于在样本量有限的临床样本中进行多分子验证。例如，珠基流式细胞术或 nPLEX 非常适合于高通量筛选，对其他方法具有更高的灵敏度。然而，这些方法价格昂贵，需要专门的仪器。

表 3-1　细胞外囊泡质谱分析的新技术比较

平台	感应机制	检测限	优势	缺陷
基于珠子的流式细胞术	EV 被珠子捕获并荧光标记	-	高通量，成熟技术	设备成本相对较高
小颗粒流式细胞术	散射和荧光	-	单 EV 分子表征	需要特殊设备，对单 EV 识别不敏感
ExoScreen	光敏球	-	无须洗涤，高通量	检测直径在 20nm 以下的囊泡
MicroNMR	核磁共振	约 10^4 EV	原生背景值低	低通量
nPLEX	表面等离子共振	约 10^4 EV	不依赖于标记的检测，高灵敏度，高通量	需要特定的等离子芯片
iMEX	电化学	约 10^4 EV	操作方便，仪器成本低	中通量

引自 Chemical Reviews，2018，118（4）：1917-1950.

二、细胞外囊泡核酸的高通量检测方法

细胞外囊泡含有特定成分的蛋白质、脂质、RNA 和 DNA。它们来自内吞膜，可以将信号传递给受体细胞，从而介导细胞间通讯的新机制。它们也被认为与细胞废物处理有关。细胞外囊泡在各种生物学功能中发挥着重要作用，包括 RNA、蛋白质、酶和脂质等生物分子的转移以及各种疾病中众多生理和病理过程的调节。由于这些特性，它们被认为是用于诊断和预后各种疾病的潜在生物标志物，并可能有助于微创诊断和下一代疗法的发展。细胞外囊泡的生物相容性可以增强成像探针和治疗剂的稳定性和功效。因其在临床应用中的巨大潜力，细胞外囊泡在生理病理过程中的作用引起了广泛关注。

细胞外囊泡 RNA 的提取及其质控检测

细胞外囊泡大量存在于体液中。因此，它们可以作为液体活检生物标志物，用于开发“精准医学”中的卓越、灵敏和微创诊断替代方案。为了促进细胞外囊泡 RNA 的临床应用，必须对许多分离方法进行比较和验证。目前，可以使用超速离心（ultracentrifugation，UC）、ExoQuick 或总细胞外囊泡分离试剂（total exosome isolation reagent，TEI）分离细胞外囊泡，并且可以使用 TRIzol 等试剂提取细胞外囊泡 RNA（exoRNA）。exoRNA 使用 NanoDrop、Bioanalyzer2100、定量聚合酶链反应和高通量测序进行评估。在 RNA 谱分析中，小 RNA 构成比、miRNA 含量和数量因方法学差异而变化。

1. 细胞外囊泡 DNA 的提取及其质控检测　细胞外囊泡 DNA 以单链和双链形式以及核蛋白组蛋白存在于细胞外囊泡中。使用免疫电镜观察单囊泡和多层囊泡中双链（dsDNA）的存在。基因组 DNA、线粒体 DNA（mtDNA）和质粒 DNA 都已在细胞外囊泡、微泡和凋亡小体中得到鉴定。DNA 可以被包含在细胞外囊泡里边，或者黏附在囊泡外表面。细胞外囊泡 DNA 几乎可以在所有体液中检测到，包括血液、尿液、唾液、胸腔积液、支气管肺泡灌洗液、腹水和胃液。细胞外囊泡中 dsDNA 的存在是公认的。然而，一些报告表明细胞外囊泡不携带 DNA。DNA 存在与否的结果不一致可归因于分离的细胞外囊泡的制备方法和大小。如果分离方法过于严格，可能会导致含有 DNA 的囊泡丢失，导致 DNA 检测率低。

2. 样品准备的注意事项

（1）RNA：提取全过程应在无 RNA 酶

的环境中进行。因此，在使用前从表面和设备上去除RNA酶并使用不含RNA酶的塑料制品和屏障移液器吸头非常重要。

（2）DNA：为了消除存在于细胞外囊泡膜上的污染DNA，建议DNA消化。细胞外囊泡使用DNase I（0.15U/μl）在30℃下处理30min，根据制造商的方案，在EDTA 0.5mol/L存在下，在70℃下热灭活5min。同时，同样数量的未经处理的细胞外囊泡作为阴性对照。酶处理后，用PBS 1×洗涤细胞外囊泡，100 000×g离心70min。洗涤后细胞外囊泡用PBS重悬。

第三节　细胞外囊泡研究的生物信息学工具

细胞外囊泡是由细胞释放到细胞外微环境的膜性小泡，携带母细胞来源分子，参与机体的生理和病理过程，鉴定其组成并研究其功能已成为当前的研究热点。目前对不同物种、不同组织和不同细胞来源的细胞外囊泡组分的研究，获得了大量的蛋白质、核酸、脂类和其他分子数据。为更好地使用这些数据，已有不同的研究机构建立了相应的数据库，为该领域的研究提供了便利。ExoCarta、Vesiclepedia、EVpedia、EVmiRNA、ExoRBase、Exo BCD数据库是目前收录数据比较全面的，最具影响力的细胞外囊泡数据库。本文将介绍这6个数据库的特点和应用，为研究者选择使用胞外囊泡数据库提供参考。

一、细胞外囊泡的在线数据库

（一）ExoCarta（http：//www.exocarta.org）

ExoCarta是建立于2009年的涵盖细胞外囊泡蛋白质、RNA、脂质的网络数据库在数据库的HOME页面上，用户可以看到ExoCarta收录数据包括研究286项、蛋白质条目41 860、蛋白质9769种；mRNA条目4946种、mRNA 3408种、miRNA 2838种、脂质条目1116种（图3-1）。该数据库

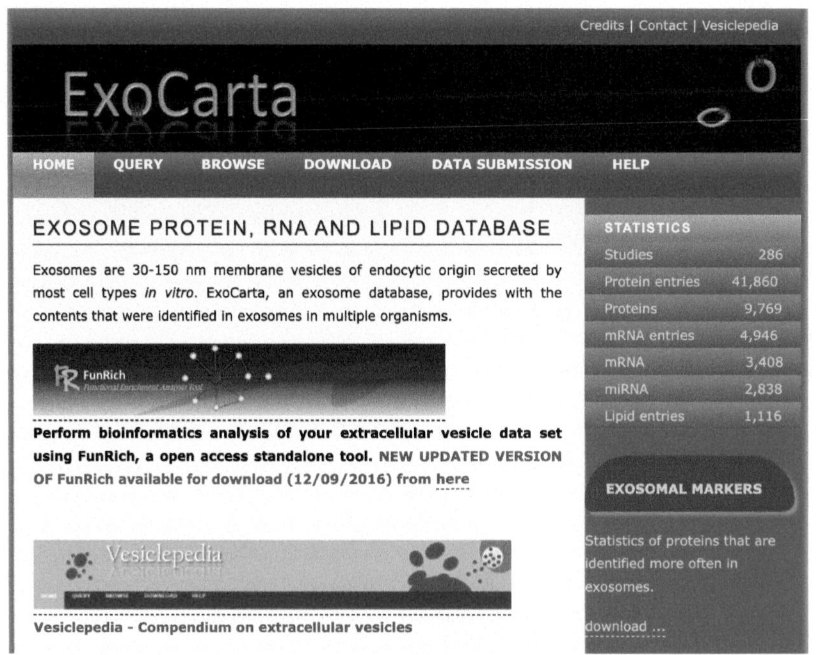

图3-1　ExoCarta网络数据库主页面

还统计了细胞外囊泡相关标志物，用户可以自主下载文件，文件列举了被证实的前 100 种相关标志物，包括 CD9、PDCD6IP、HSPA8、GAPDH、ACTB、ANXA2、CD63、SDCBP、ENO1、HSP90AA1 等。在页面下方，用户可使用开放访问的独立工具 FunRich 对细胞外囊泡数据集进行生物信息学分析。用户也可在 HOME 页面上找到 *Journal of Extracellular Vesicles*，国际细胞外囊泡协会（International Society of Extracellular Vesicles），exRNA Research Portal 的网站链接。同时，ExoCarta 数据库欢迎科学界将新的细胞外囊泡研究、未公布的 EV 蛋白质、RNA、脂质数据集（也可以不公开，直到出版）上传至网站上以便更新。

用户可在 ExoCarta 数据库查询页面通过输入基因、蛋白质名称以及 miRNA ID 来查询相关的内容，例如在 Gene Symbol 后方的框内输入 PDCD6IP 后，点击 Submit 页面可跳转至该基因相对应的蛋白名称及物种来源，点击蛋白名称可进入更详细介绍的页面，包含基因的基本信息、别名，目前已经在哪些组织或细胞的细胞外囊泡中检测到该基因，还有该基因的分子功能、生物过程以及亚细胞定位等内容（图 3-2）。

在浏览页面上，可以查询不同物种、不同来源的细胞外囊泡蛋白质和脂质的数据。我们可以看到 ExoCarta 数据库划分了三栏，包括物种（人、褐家鼠、小家鼠、白羊座、豚鼠、果蝇、马属、穴兔、家牛）、细胞外囊泡内容物（蛋白质、各种 RNA、脂质分子）以及组织或细胞来源（脂肪细胞、星形胶质细胞、B 细胞淋巴母细胞、B 细胞、羊水、房水等）。例如点击“人类”，页面可以跳转至已经检测到的人来源的细胞外囊泡所涵盖的蛋白、相对应的基因名称，继续选择某一蛋白，可跳转至详细介绍页面，该页面与查询页面进入后搜索到详细内容较为相似（图 3-3）。

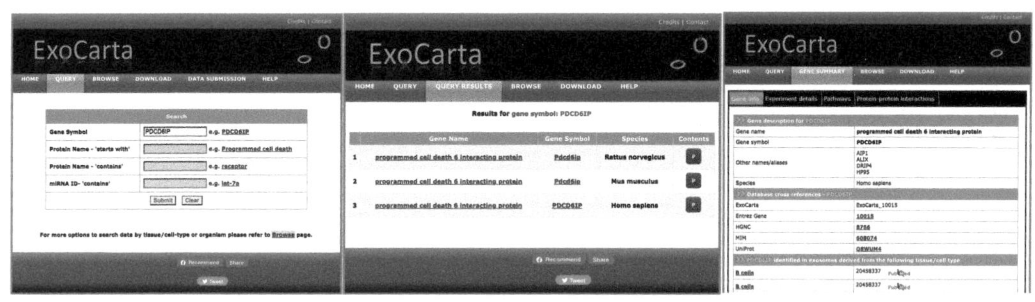

图 3-2　ExoCarta 网络数据库的查询页面

图 3-3　ExoCarta 网络数据库的浏览页面

在下载页面，用户可自主下载细胞外囊泡相关蛋白质、mRNA、miRNA、脂质、基因以及细胞外囊泡含量前100的蛋白质的文本文件。研究者也可以自主上传研究内容，需要自主下载并填写实验描述表格以及相关分子数据表格，发送给 Suresh Mathivanan 博士（图 3-4）。

使用从 ExoCarta 下载的数据，对鉴定至少 30 种蛋白质的 19 项蛋白质组学研究进行了分析，以获得细胞外囊泡的蛋白质组成。相反，除了一组保守的蛋白质外，细胞外囊泡还显示出包含组织特异性特征。组织特异性特征的存在使得细胞外囊泡在细胞间信号传导和疾病生物标志物的可能来源中变得重要。用户可以浏览基于 mRNA 和蛋白质的定量数据，以评估蛋白质的组织特异性，并且可以通过 ExoCarta 研究其在细胞外囊泡中的存在。

Welton 等使用从 ExoCarta 获得的数据集（仅限于质谱）进行了统计分析。该分析强调了与肿瘤发生有关的蛋白质的显著过度表达。

据报道，免疫亲和捕获可产生高质量的细胞外囊泡，前提是选择的细胞外囊泡膜蛋白存在抗体。上皮细胞黏附分子（EPCAM）、糖蛋白 A33（GPA33）、HER2（ERBB2）和 CD63 分子（CD63）是常见的被用于从细胞培养基或体液中分离细胞外囊泡的一些蛋白质。由于 ExoCarta 对来自各种细胞类型和组织的细胞外囊泡蛋白数据进行编目，因此研究人员可以选择可用于其感兴趣样本中细胞外囊泡免疫亲和捕获的膜蛋白。例如，GPA33 在神经元细胞中不表达，这使其无法用于分离神经元来源的细胞外囊泡。然而，神经元膜蛋白 L1 细胞黏附分子（L1CAM）或细胞外囊泡中发现的常见蛋白质（CD63）可用于将细胞外囊泡分离。

作为 ExoCarta 的新功能，各种细胞外囊泡研究中识别的脂质分子也添加到了数

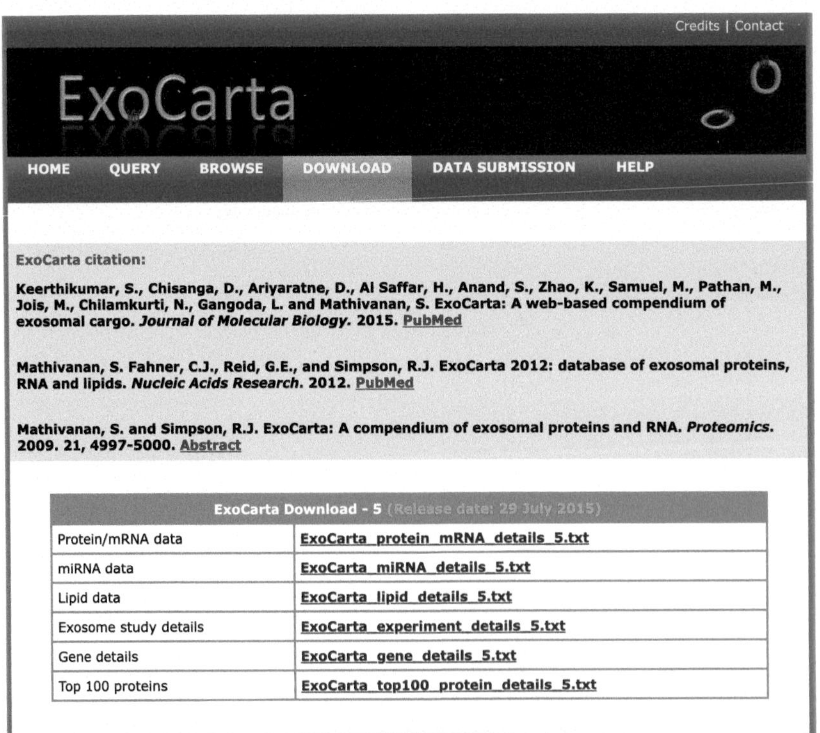

图 3-4　ExoCarta 网络数据库的下载页面

据库中。

（二）Vesiclepedia（http：//www.microvesicles.org）

Vesiclepedia 是手工整理的关于不同细胞外囊泡的分子数据（脂质、RNA 和蛋白质）（图 3-5）。数据库涵盖了研究 3481 项、蛋白质条目 566 911 种、mRNA 条目 27 692 种、miRNA 22 858 种、脂质 3839 种、DNA 条目 167 条、代谢物 192 种，以及 56 个物种的细胞外囊泡数据。

在浏览界面上可以查询有关不同生物、囊泡类型、内容物以及样品材料来源的囊泡具体信息，例如点击具体物种，可以跳转至该物种相关研究的包括囊泡百科 ID、医学 ID、囊泡类型、分离方法等内容（图 3-6）。在下载界面可以自主下载细胞外囊泡相关的蛋白质、mRNA 数据、miRNA 数据、脂质数据、实验研究详情、基因细节、PTM 详情、GPAD 1.1 蛋白质文件、GPAD 1.1 RNA 文件（图 3-7）。还可以直接找到细胞外囊泡中最常见的前 100 种蛋白的基因，点击基因可以进入详细界面（图 3-8）。研究者也可以自主上传研究内容，需要自主下载并填写实验描述表格以及相关分子

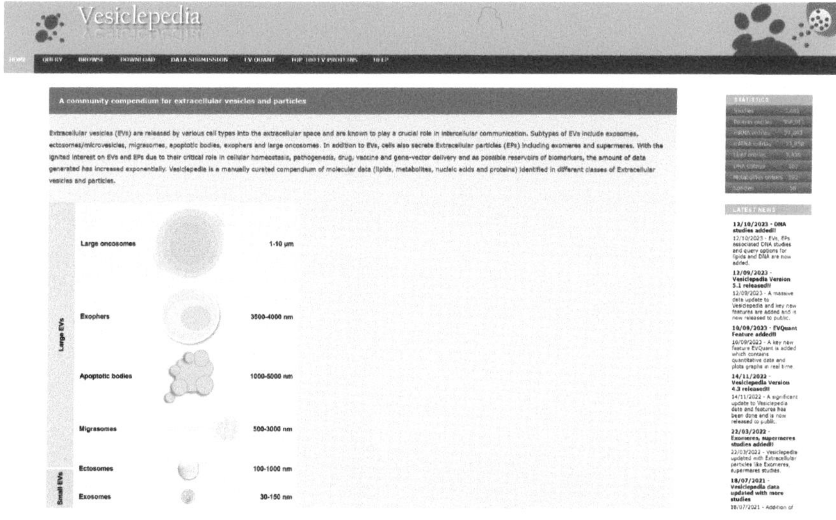

图 3-5　Vesiclepedia 数据库主页面

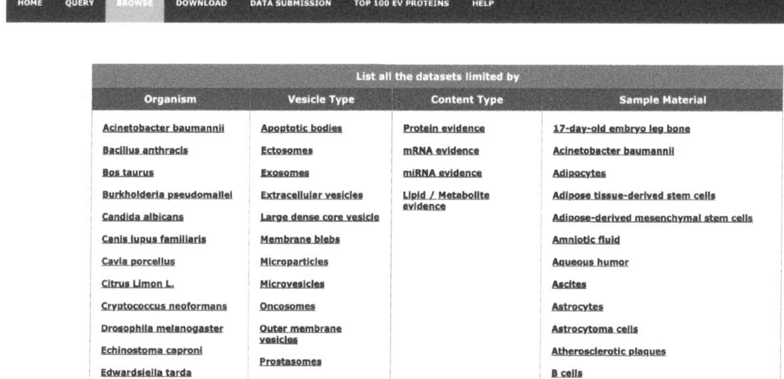

图 3-6　Vesiclepedia 数据库浏览页面

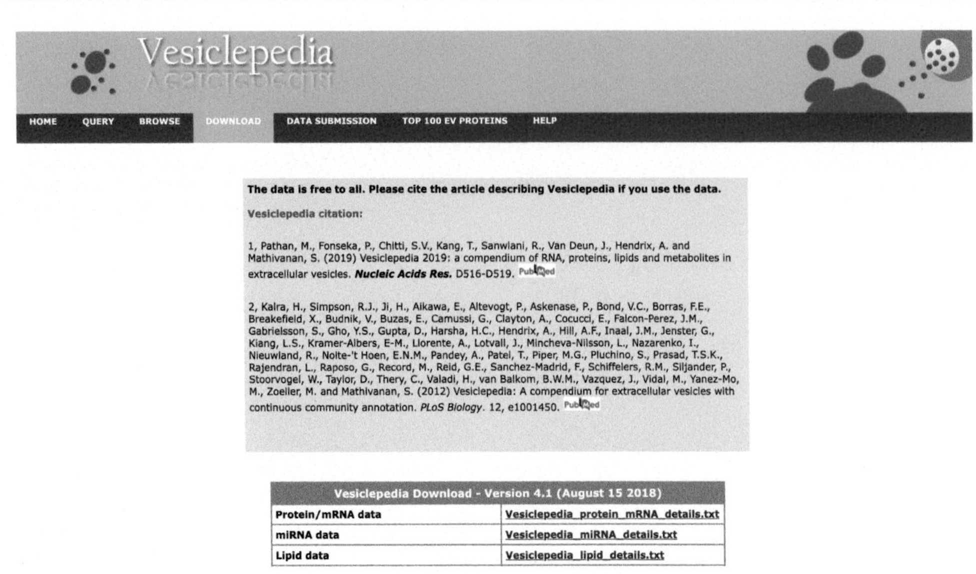

图 3-7 Vesiclepedia 数据库下载页面

Vesiclepedia

HOME QUERY BROWSE DOWNLOAD DATA SUBMISSION EV QUANT TOP 100 EV PROTEINS HELP

List of top 100 proteins that are often identified in EVs. DOWNLOAD HERE

	Gene Symbol	Number of times identified	EVQuant
1	CD63	1119	EVQuant
2	CD9	972	EVQuant
3	PDCD6IP	884	EVQuant
4	TSG101	847	EVQuant
5	CD81	704	EVQuant
6	GAPDH	593	EVQuant
7	FLOT1	549	EVQuant
8	ACTB	538	EVQuant
9	ANXA2	514	EVQuant
10	SDCBP	481	EVQuant
11	HSP90AA1	457	EVQuant
12	HSPA8	453	EVQuant
13	ANXA5	447	EVQuant
14	ENO1	441	EVQuant
15	PKM	436	EVQuant
16	HSP90AB1	422	EVQuant
17	YWHAZ	420	EVQuant
18	PGK1	408	EVQuant
19	FLOT2	405	EVQuant
20	YWHAE	404	EVQuant
21	ANXA1	400	EVQuant
22	VCP	396	EVQuant

图 3-8 Vesiclepedia 数据库前 100 种蛋白的基因页面

数据表格，发送给 Suresh Mathivanan 博士。下面还含有填写内容的要求。

在细胞外囊泡中鉴定的 RNA、蛋白质、代谢物和脂质可能有助于鉴定特定于细胞类型、刺激、激活状态或疾病状况的分子货物的子集。这类分子货物对于确定细胞外囊泡生物发生的潜在机制以及为细胞外囊泡中分子的分选提供线索至关重要。构建细胞外囊泡的蛋白质谱有助于鉴定与特定细胞类型相关的囊泡膜蛋白。通过这些特异性膜蛋白，我们能够使用亲和性免疫反应技术，从患者样本中提取出来源于特定细胞的囊泡。

用户可以查询或浏览细胞外囊泡中识别的蛋白质、脂质和 RNA 分子。选择感兴趣的基因会将用户引导至基因 / 分子页面，其中包含有关该基因的信息、其对其他主要数据库的外部参考、鉴定该分子的研究的实验描述、基于基因本体的注释、蛋白质 - 蛋白质相互作用以及与细胞外囊泡中识别的分子相关的此类网络的图形显示。从 Entrez Gene 检索分子功能、生物过程和亚细胞定位的基因本体注释并映射到细胞外囊泡中鉴定的蛋白质、mRNA 上。在实验说明下，向用户提供了研究中报告的样本来源，包括组织名称或细胞系名称、细胞外囊泡分离程序和浮选梯度密度。细胞外囊泡蛋白与蛋白质相互作用识别方法和 PubMed 标识符一起被映射到它们的蛋白质物理相互作用物上。

（三）EVpedia（https：//evpedia.info/evpedia2_xe/）

EVpedia 含有有关包含在原核、非哺乳动物真核和哺乳动物细胞外囊泡中的蛋白质、mRNA、miRNA 和脂质的信息。EVpedia 有 4 个功能模块：①高通量数据集数据库；②数据库搜索和浏览；③直系同源囊泡蛋白的识别；④囊泡成分的生物信息学分析（图 3-9）。

主页中提供了细胞外囊泡的一般介绍和细胞外囊泡的统计数据。在搜索界面可以对囊泡成分进行搜索和浏览，在“搜索”菜单中，可以输入词条，搜索生物学数据库，数据库后还包括该数据库涵盖的物种类型、数据类型等（图 3-10）。在浏览界面上可以根据国家或地区、机构、数据库、细胞外囊泡内容物以及来源进行直接筛选，选择后右侧可以出现具体信息，还包括引用次数及 Z 指数。此外，数据库中还列出了有关细胞外囊泡研究的出版物。

EVpedia 中的“分析”菜单提供了一系列生物信息学分析工具：①囊泡成分的基因本体富集和网络分析；②通过直向同源物鉴定对两组以上不同的囊泡蛋白或 mRNA 进行集合分析。通过“Analysis-Gene Ontology 富集分析”菜单中的 Gene Ontology 富集分析，可以获得囊泡成分。通过“分析 - 网络分析”菜单中的网络分析，可以将囊泡成分之间的功能关系绘制到生物网络中（图 3-11）。

（四）ExoRBase（http：//www.exoRBase.org）

ExoRBase 是细胞外囊泡长 RNA（exLRs）的数据库，来源于 4 种人体体液的

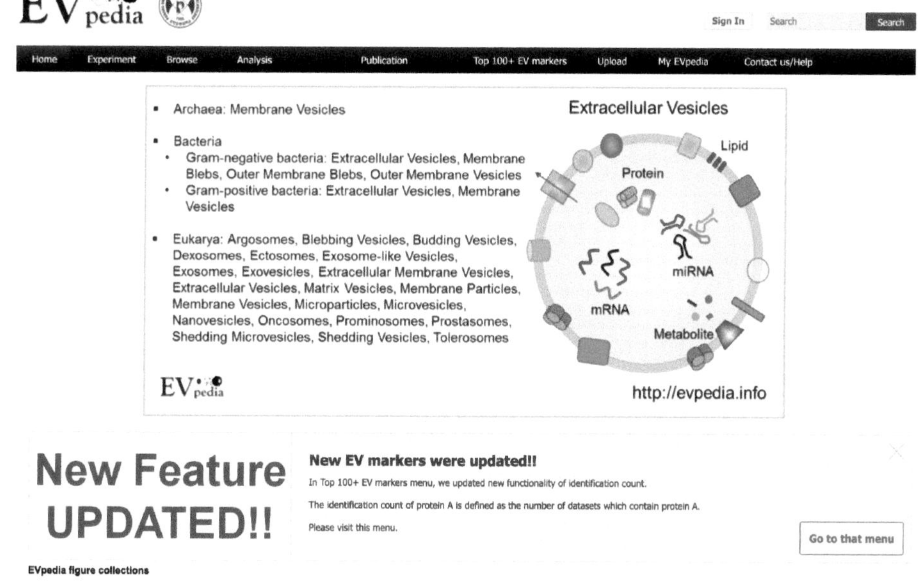

图 3-9　EVpedia 数据库的主页面

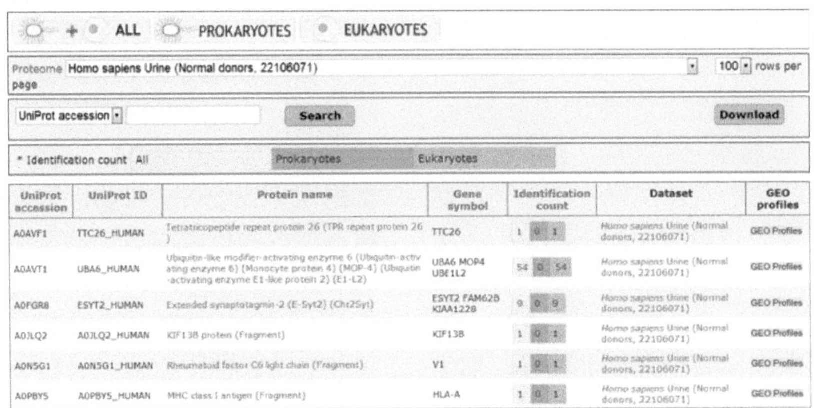

图 3-10　EVpedia 数据库的搜索页面

GO ID	GO term	P-value	Count	List total	Pop hits	Pop total	FDR
GO:0009987	cellular process	$< 1.00\times10^{-400}$	8701	11414	47622	86752	0.00%
GO:0016043	cell organization and biogenesis	$< 1.00\times10^{-400}$	2167	11414	7232	86752	0.00%
GO:0043170	macromolecule metabolism	$< 1.00\times10^{-400}$	5020	11414	23300	86752	0.00%
GO:0043283	biopolymer metabolism	$< 1.00\times10^{-400}$	4030	11414	17089	86752	0.00%
GO:0044237	cellular metabolism	$< 1.00\times10^{-400}$	5921	11414	30293	86752	0.00%
GO:0044238	primary metabolism	$< 1.00\times10^{-400}$	5794	11414	27692	86752	0.00%
GO:0050789	regulation of biological process	$< 1.00\times10^{-400}$	4048	11414	15828	86752	0.00%
GO:0050791	regulation of physiological process	$< 1.00\times10^{-400}$	3542	11414	13524	86752	0.00%
GO:0050794	regulation of cellular process	$< 1.00\times10^{-400}$	3660	11414	13910	86752	0.00%
GO:0050875	cellular physiological process	$< 1.00\times10^{-400}$	7929	11414	41668	86752	0.00%
GO:0051244	regulation of cellular physiological process	$< 1.00\times10^{-400}$	3312	11414	12270	86752	0.00%
GO:0008152	metabolism	1.15×10^{-319}	6257	11414	33216	86752	0.00%

A

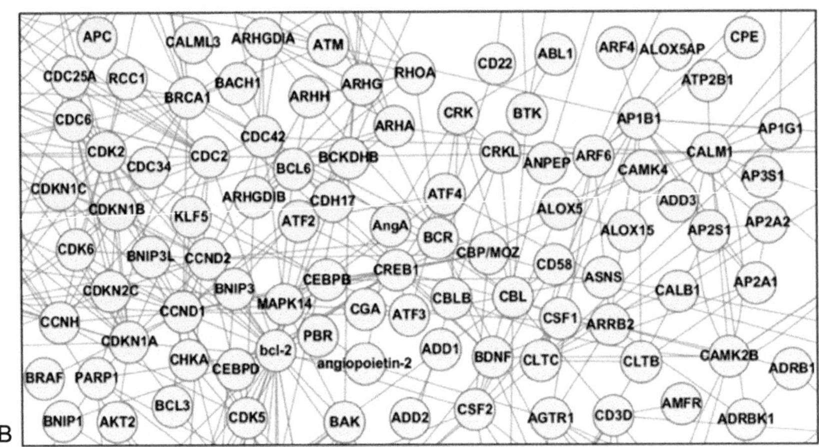

B

图 3-11　EVpedia 数据库的基因本体富集和网络分析

RNA-seq 数据分析。exLRs 包含信使 RNA（mRNA）、长链非编码 RNA（lncRNA）和环状 RNA（circRNA）（图 3-12）。

在浏览部分，有 4 个网页供用户浏览 mRNA、lncRNA、circRNA、Pathway 或 Tissue/Cell origin。用户可以使用不同的过滤条件浏览该数据库。以“mRNA 和 lncRNA”为例，可选择“血液”样本中检测到的 mRNA 和 lncRNA 基因，然后选择在正常“肝脏”组织中特异表达的 mRNA

和 lncRNA 基因，筛选“HCC”患者中上调的 mRNA 和 lncRNA 基因，快速搜索或下载过滤后的浏览表，点击链接到该条目的详细信息（图 3-13）。

通过单击顶部导航菜单上的“搜索”选项卡，用户将从任何页面跳转到搜索部

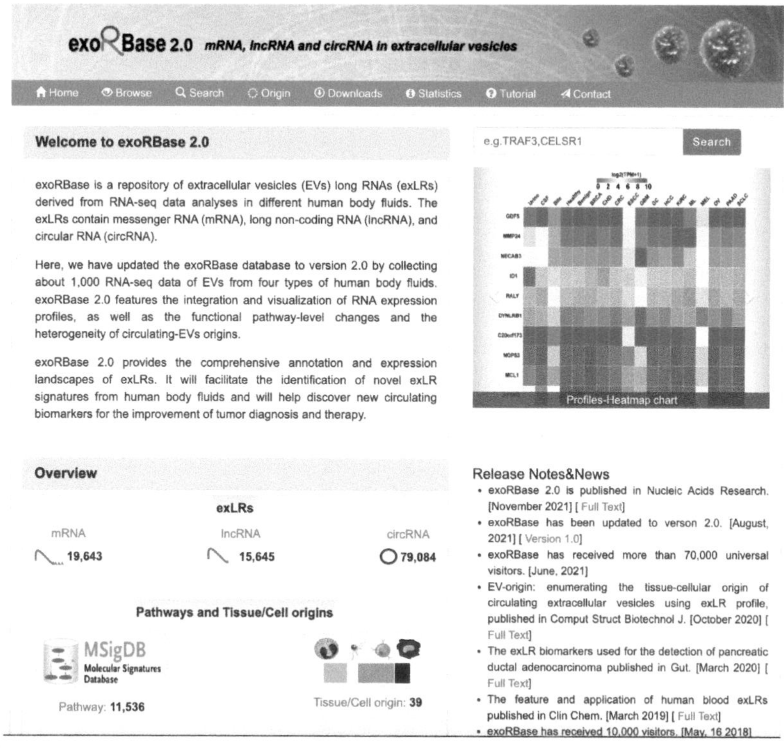

图 3-12　ExoRBase 数据库的主页面

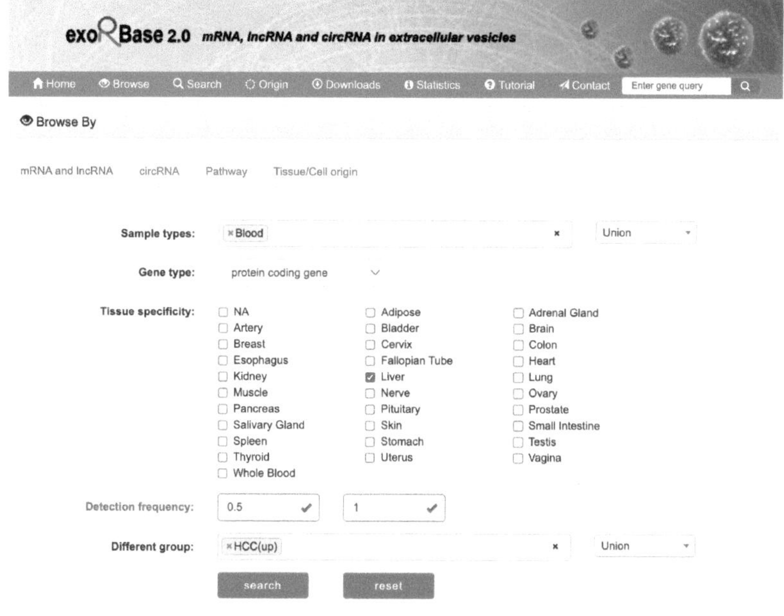

图 3-13　ExoRBase 数据库浏览页面

分。用户可以通过在相应的搜索页面上输入以逗号分隔的基因符号列表、circRNA ID、通路 ID/ 名称或组织 / 细胞名称来搜索它们的 mRNA、lncRNA、circRNA、通路或组织 / 细胞来源（图 3-14）。以 mRNA 和 lncRNA 基因的搜索和结果为例，首页简单搜索框只针对 mRNA 和 lncRNA 基因，其他页面的 mRNA 和 lncRNA 基因快速搜索框，搜索页面的 mRNA 和 lncRNA 基因搜索框，热图显示了所有队列中基因的标准化平均表达值，折线图显示了所有队列中基因的原始平均表达值，点击下载图表和数据（图 3-15）。

ExoRBase 支持组织 / 细胞来源的相对比例的直观可视化，以便在每个样本中的不同组织 / 细胞来源之间进行比较。单击导

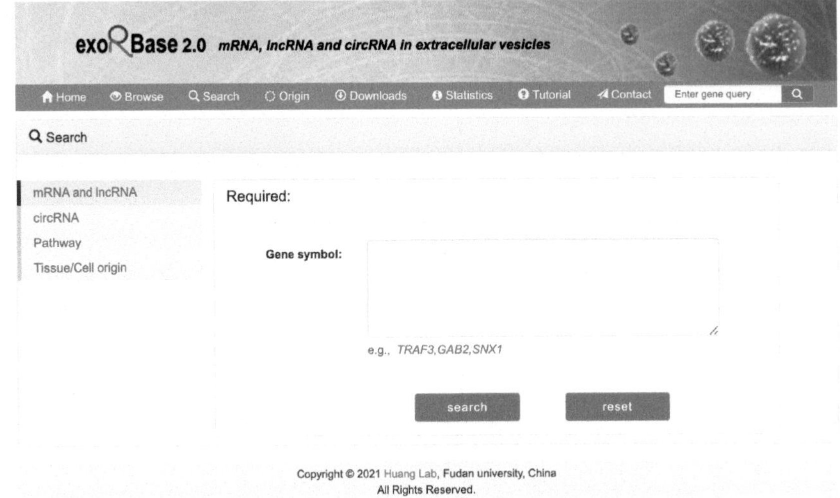

图 3-14　ExoRBase 数据库的搜索页面

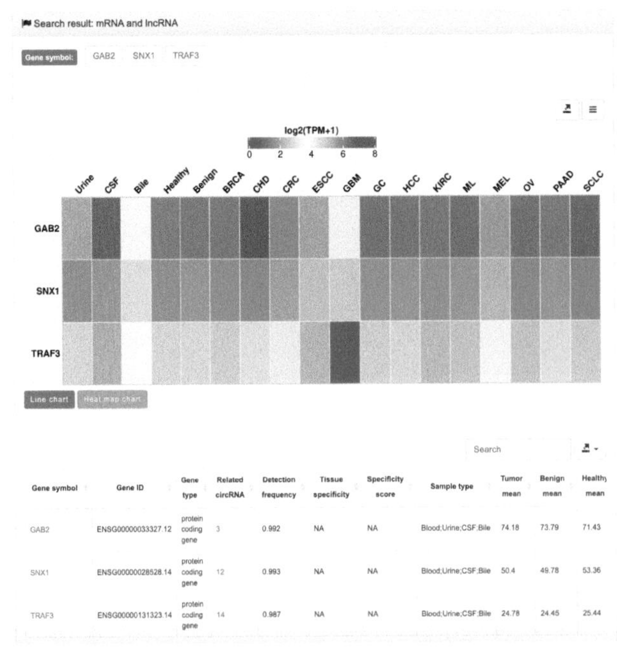

Gene symbol	Gene ID	Gene type	Related circRNA	Detection frequency	Tissue specificity	Specificity score	Sample type	Tumor mean	Benign mean	Healthy mean
GAB2	ENSG00000033327.12	protein coding gene	3	0.992	NA	NA	Blood;Urine;CSF;Bile	74.18	73.79	71.43
SNX1	ENSG00000028528.14	protein coding gene	12	0.993	NA	NA	Blood;Urine;CSF;Bile	50.4	49.78	53.36
TRAF3	ENSG00000131323.14	protein coding gene	14	0.987	NA	NA	Blood;Urine;CSF;Bile	24.78	24.45	25.44

图 3-15　ExoRBase 数据库的搜索结果页面

航栏上的“起源”或主页上的“组织 / 细胞起源”，选择感兴趣的数据集（如健康），前 20 个健康样本（或少于 20 个样本的一组样本）的 16 个组织来源和 23 个血细胞来源的相对丰度的累积百分比图，点击以玫瑰极坐标图显示组织来源的相对比例，点击以玫瑰色极坐标图显示血细胞来源的相对比例，点击链接到对应细胞外囊泡来源的详细部分（图 3-16）。

（五）EVmiRNA（http：//bioinfo.life.hust.edu.cn/EVmiRNA#!/）

EVmiRNA 是细胞外囊泡的 miRNA 数据库（图 3-17）。数据库内含 miRNA 表达谱和不同来源的细胞外囊泡的样本信息（如血、母乳等）；不同细胞外囊泡中特异性表达的 miRNA 有助于生物标志物的鉴定；

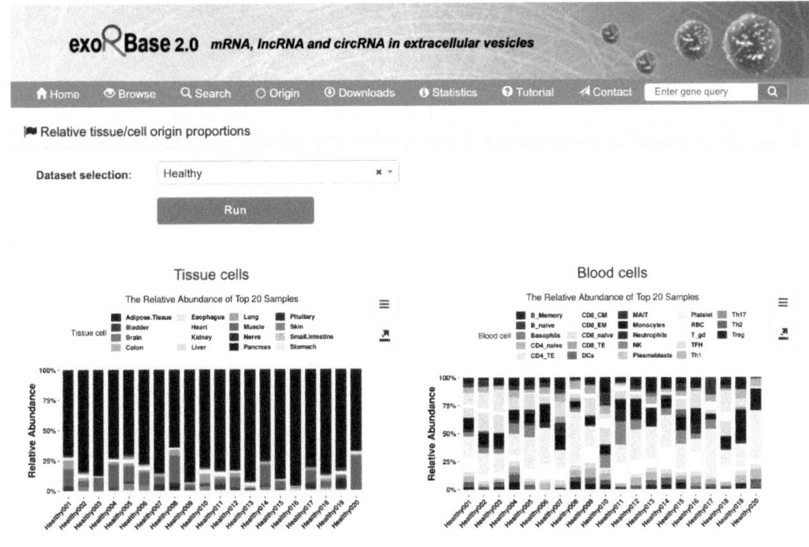

图 3-16　ExoRBase 数据库的搜索结果页面

EVmiRNA　Sample　miRNA　Specific miRNA　Search　Document　Contact　EVAtlas

EVmiRNA: The Extracellular Vesicles miRNA Database

Abstract figure

Extracellular vesicles (EVs) released by living cells include exosomes and microvesicles (MVs), which contain various molecules from parental cells and are potential sources for disease diagnostic and therapeutic biomarkers. miRNA is the most well-studied molecule type in EVs because of its important functions and biomarker properties. Thus, we build the Extracellular Vesicles miRNA database (EVmiRNA) to collect comprehensive miRNA expression profiles in EVs. In EVmiRNA database, we analyzed 462 smRNA sequencing datasets of EVs from 17 tissues/diseases. The miRNA expression profiles, miRNA regulated pathways, miRNA function, miRNA related drugs and publications are showed to support the miRNA biomarker discovery.

Exosomes
Multivesicular bodies
Microvesicles
Extracellular Vesicles
miRNA
Biomarker analysis
Target genes information
Pathway regulaton analysis
Small molecular drug regulations
Biological functions
Related publications

miRNA Search

miRNA ID　Search

Sample Search

Blood - exosomes　Search

Cite: Liu, T., Q. Zhang, J. Zhang, C. Li, Y. R. Miao, Q. Lei, Q. Li and A. Y. Guo (2019). "EVmiRNA: a database of miRNA profiling in extracellular vesicles." Nucleic Acids Res. link

图 3-17　EVmiRNA 数据库的主页面

miRNA 注释包括 miRNA 在细胞外囊泡和 TCGA 癌症类型中的表达，miRNA 通路的调控以及 miRNA 的功能和发表。

在数据库首页可看到样本、miRNA 和特定的 miRNA 三块内容。在样本浏览页面，可分为细胞外囊泡组和 MV 组（图 3-18）。当点击细胞外囊泡或 MV 来源的样本时，会打开一个页面，显示所选择样本的细胞外囊泡或 MV 的 miRNA 表达热图、每个 miRNA 的平均表达值、smRNA 测序段的分布，样本总结和样本详细信息（图 3-19）。在 miRNA 界面上（图 3-20），用户可以通过 miRNA ID 或 miRNA 表达水平和样本来源来搜索数据库。输入 miRNA ID 后，即可获得 miRNA 基本信息、miRNA 表达、miRNA 通路调控、miRNA 靶调控、发表情况及小分子药物对 miRNA 的影响（图 3-21）。在特定的 miRNA 界面上，可以通过点击不同的癌症类型查找细胞外囊泡或 MV 的特定的 miRNA，并获得其基本信息及相关研究。

如果要研究 B 细胞的细胞外囊泡 miRNA 表达谱，我们可以通过单击主页顶部的“样品”菜单进入样品页面，然后选择细胞外囊泡部分下的“B 细胞”。因此，我们将打开“来自 B 类淋巴母细胞的细胞外囊泡”页面，该页面显示了 B 细胞细胞外囊泡中前 40 个高表达 miRNA 的热图、样本摘要、读数分布、所有 B 细胞细胞外囊泡样本的平均表达和样品信息。用户还可以通过单击页面右上角的“下载”按钮下载所有 B 细胞样本的完整 miRNA 表达谱。Hsa-miR-155-5p 是 B 细胞的细胞外囊泡中表达量最高的 miRNA。通过点击 hsa-miR-155-5p，它将打开 miRNA 信息页面以显示其在所有细胞外囊泡中的表达和 TCGA 癌症类型。我们可以看到它在 TCGA 中 B 细胞的细胞外囊泡和两种血液系统恶性肿瘤弥漫性大 B 细胞淋巴瘤（DLBC）和急性髓系白血病（LAML）中高度表达。“miRNA 通路”部分的注释表明 hsa-miR-155-5p 可能调控 NF-κB 信号通路和 B 细胞受体信号通路。通过过滤 miRNA 功能通过“B 细胞”，将显示 B 细

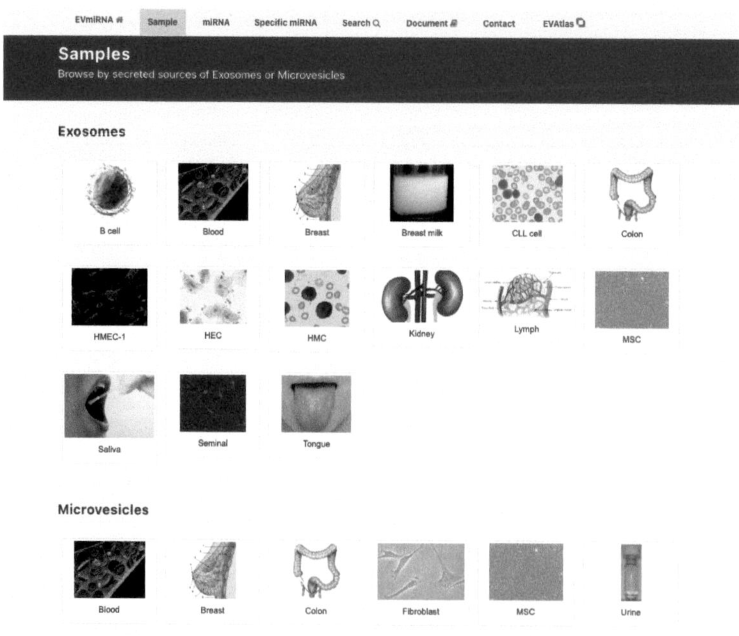

图 3-18 EVmiRNA 数据库的样本页面

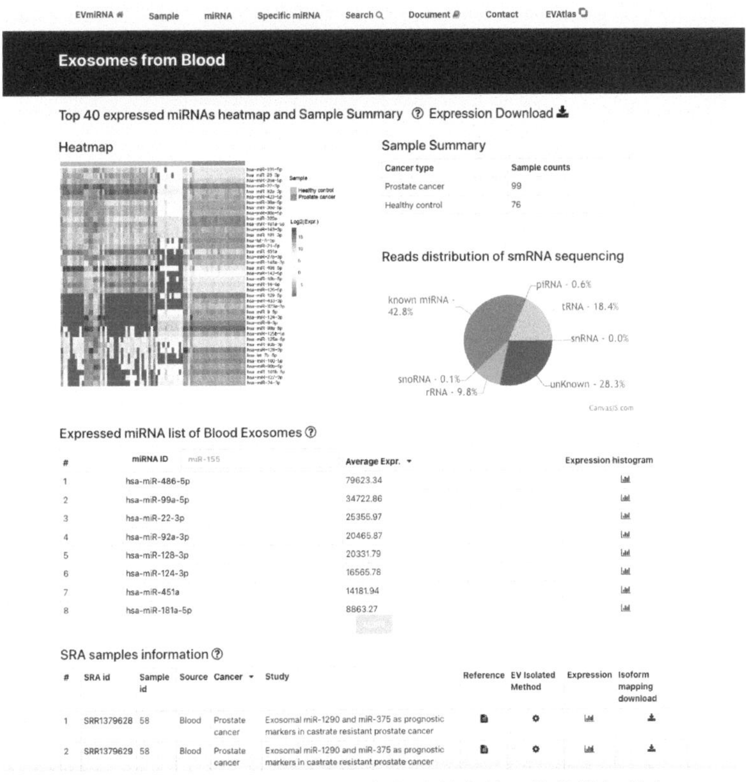

图 3-19　EVmiRNA 数据库中血液样本外泌体的详细信息

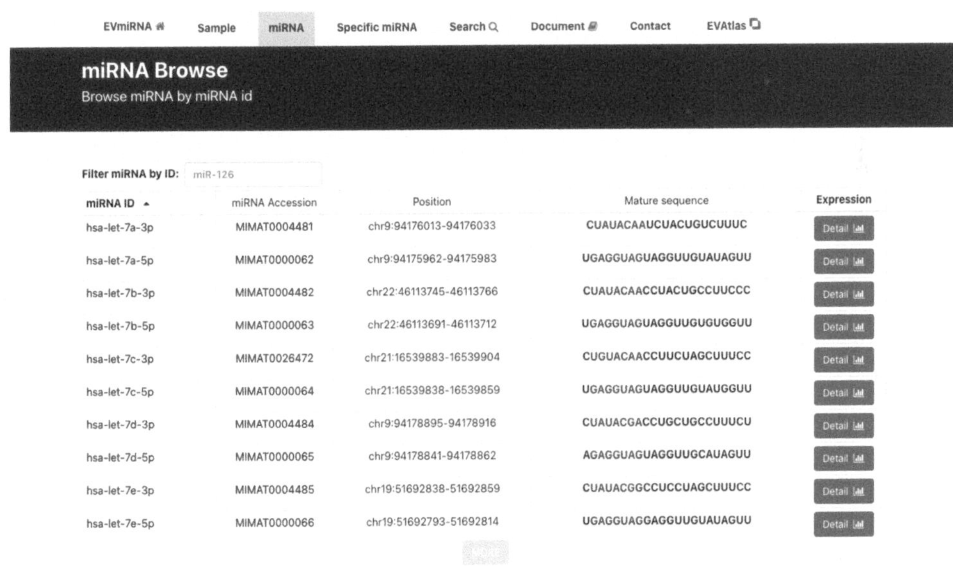

图 3-20　EVmiRNA 数据库中 miRNA 界面

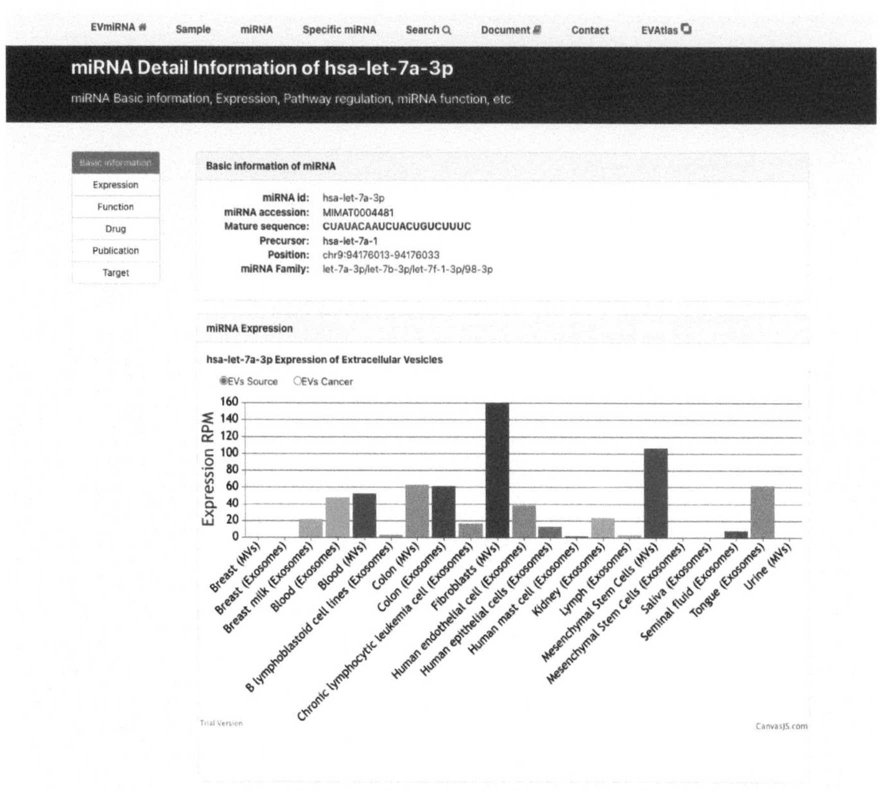

图 3-21 EVmiRNA 数据库中 miRNA（hsa-let-7a-3p）详细界面

胞中的 miRNA 功能及其出版物。这个例子表明 B 细胞的细胞外囊泡中 miR-155 可能是一个潜在的 B 细胞生物标志物。

（六）ExoBCD（https：//exobcd.liumwei.org/）

在 ExoBCD 中，约 20 900 个注释条目来自 25 个外部来源和 306 个细胞外囊泡分子（49 个潜在生物标志物和 257 个生物学感兴趣的分子）。后者可分为 3 种分子类型，包括 121 个 mRNA、172 个 miRNA 和 13 个 lncRNA。

在主页面上，出现了导航菜单和数据汇总块。信息数据汇总块显示了 3 种分子类型的 306 个分子和 15 种类型的注释（图 3-22）。

在浏览页面中，创建了“基本信息”和“证据信息”选项。在“基本信息”选项中，整合了基因符号、类型、来源和细胞来源等分子信息。输入基因符号或集合 ID 在搜索框中，搜索引擎返回详细信息（图 3-23）。此外，用户还可以通过筛选所选选项的结果来搜索感兴趣的基因。所有可用的证据包括公开文献中关于细胞外囊泡和乳腺癌的实验证据（以及其他癌症类型），不同细胞系的高通量表达谱，预后效应和丰富的功能。

在验证页面，在文献综述的基础上，整合了详细的实验信息，包括病例对照、细胞系、细胞外囊泡分离和验证方法的描述，以及功能、肿瘤分期和亚型、临床使用等条件信息（图 3-24）。下载页面提供 csv、txt 和 xml 格式的文献信息和功能注释。

SUMMARY 页面提供数据处理的结果可视化，包括总体生存的 Kaplan-Meier 图、KEGG 通路和 GO 项富集分析的气泡图、ceRNA 的调控网络和功能注释的和弦图

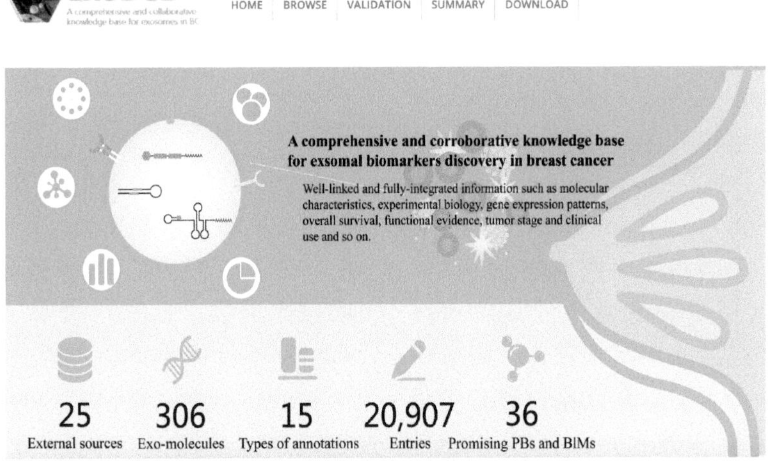

图 3-22　Exo BCD 数据库的主页面

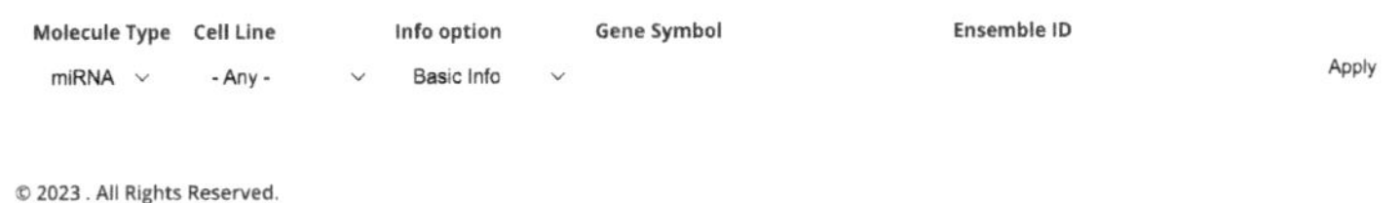

图 3-23　ExoBCD 数据库的浏览页面的基本信息

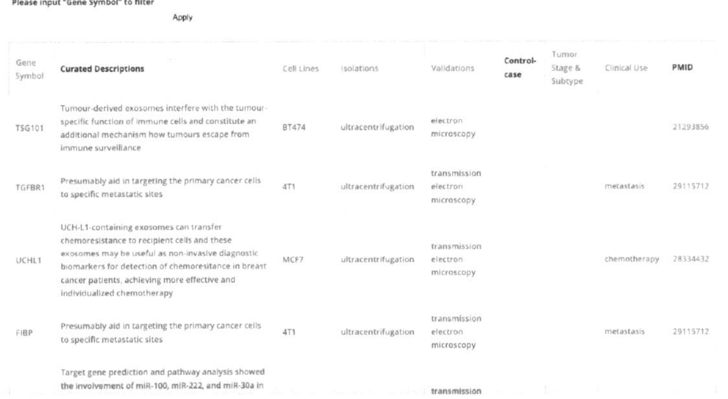

VALIDATION

Please input "Gene Symbol" to filter

Apply

Gene Symbol	Curated Descriptions	Cell Lines	Isolations	Validations	Control-case	Tumor Stage & Subtype	Clinical Use	PMID
TSG101	Tumour-derived exosomes interfere with the tumour-specific function of immune cells and constitute an additional mechanism how tumours escape from immune surveillance	BT474	ultracentrifugation	electron microscopy				21293856
TGFBR1	Presumably aid in targeting the primary cancer cells to specific metastatic sites	4T1	ultracentrifugation	transmission electron microscopy			metastasis	29115712
UCHL1	UCH-L1-containing exosomes can transfer chemoresistance to recipient cells and these exosomes may be useful as non-invasive diagnostic biomarkers for detection of chemoresitance in breast cancer patients, achieving more effective and individualized chemotherapy	MCF7	ultracentrifugation	transmission electron microscopy			chemotherapy	28334432
FIBP	Presumably aid in targeting the primary cancer cells to specific metastatic sites	4T1	ultracentrifugation	transmission electron microscopy			metastasis	29115712
	Target gene prediction and pathway analysis showed the involvement of miR-100, miR-222, and miR-30a in			transmission				

图 3-24　ExoBCD 数据库的浏览页面的验证界面

（图 3-25）。在 ceRNA 的调控网络中，用户可以通过鼠标移动点击或拖动节点来探索 lncRNA-miRNA-mRNA 之间的相关性。此外，可以从 ceRNA 网络中获得 lncRNA 在乳腺癌发生发展中的调控信息，这也有助于生物标志物的研究。

我们以 miR-1246 和 miR-222 为例，展示如何有效地从数据库中挖掘靶分子。首先，用户可以使用导航栏中的 BROWSE 菜单查看分子信息页面。在顶部，搜索框和选择的选项基本信息和证据信息是可用的。当在搜索框中输入 miR-1246 并选择 Basic Info 时，返回的表格信息包括 Gene Symbol、Ensemble ID、Cell Line、PMID 和 GEO ID。通过点击表格中 miR-1246 的超链接，可以查看 KEGG 通路、潜在靶基因、基因表达模式等更详细的信息。如果用户选细胞外囊泡 EV idence Info 选项并输入基因符号，将显示 miR-1246 作为潜在生物标志物的一些证据，其中包括其在癌症发展中的作用描述、高通量表达数据、存活曲线和 *P* 值、不同细胞系中的表达模式、纳入文献列表和 PubMed ID。结合来自“基本信息”和“证据”的信息提示 miR-1246 参与了肺癌、肝癌、宫颈癌、食管癌和胰腺癌中肌动蛋白骨架、p53、Wnt/β-catenin 信号通路等的调控。

二、命令行软件的使用

命令行软件通常在大学的服务器上使用，也可以在装有 Linux 系统的电脑上使用。如果是使用学校服务器，需要登录远程服务器，常见的登录方式如下：ssh username@hostname，登录成功后会显示 securely connect me to a shell on a remote machine。

基于 UNIX 操作系统使用一系列“语言”去描述程序。根据不同的规则，我们需要使用不同的命令和语言，其中有些很简单，有些则较为复杂。

例如，生物医学研究中使用的常见格式包括 FASTA、GFF 和 CSV 等。FASTA 格式用于储存基因组测序数据、GFF 格式用于储存序列的注释，而 CSV 格式则用于储存表格数据。

（一）常用命令

我们使用 Shell 对 UNIX 操作系统发布命令，在 Shell 上运行的程序叫作 Bash 程

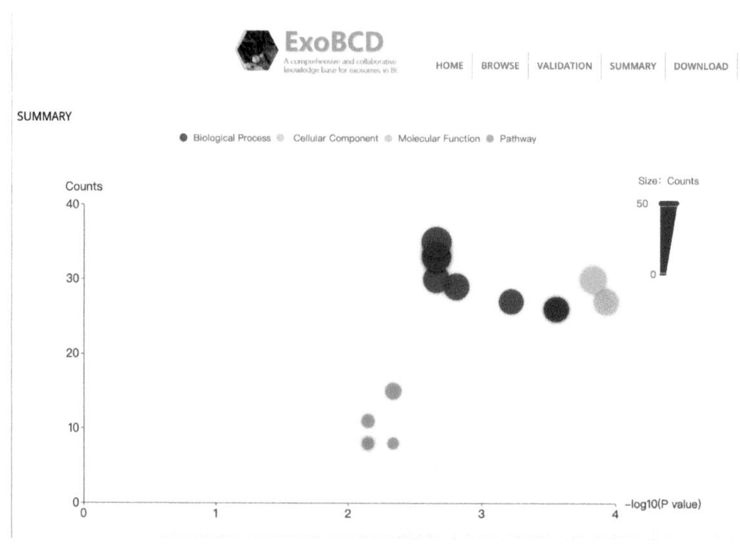

图 3-25　ExoBCD 数据库的 SUMMARY 页面

序，Bash 程序有自己的一套语言用于运行程序，最基本的一项规则是程序的参数之前要用空格来分隔。在 Shell 上运行的程序除了可以直接输出在屏幕上，还可以使用 > 符号输出到文件。在使用 Shell 程序时，我们可以先记住一些最常用的命令，例如使用 * 可以指代任意字符，使用 Ctrl-C 可以中断程序的运行，Ctrl-Z 可以将程序送入后台运行，kill 可以立即结束正在运行的程序。其他常用的命令包括：

创建新的文件夹：mkdir

删除文件夹：rmdir

更改当前的工作目录：cd

复制文件：cp

移动文件：mv

删除文件：rm

输出文件内容：cat，less

输出文件的前 *n* 行：head，tail

压缩或解压缩文件：gzip，gunzip，zcat，tar，zip，unzip

搜索文件内容：grep，sed

（二）基因组比对软件

我们使用二代测序得到的结果是一串串碱基序列，如何将这些碱基序列转换为有意义的生物学信息，就需要用到基因组比对软件。基因组比对软件通过对比测序到得到序列和参考基因组、转录组序列，将测到的序列“回贴”到基因组、转录组上相应的位置，就可以知道某一串序列中包含的是什么内容（如基因 CD8A 的第一个外显子等）。后期再通过计算某个基因的转录组上“回贴”的序列数量，就可以进行转录水平定量等分析。

常用的基因组比对软件包括 Bowtie、Bowtie2、HISAT2、STAR、NextGenMap、SHRiMP 等。常用的转录组比对软件包括 STAR、Kallisto（伪比对）等。

1. 建立不同物种基因组索引　寻找某个序列在基因组中的位置就好像拼一个有几百万个碎片的拼图一样，是计算量大且费时的工作，为了加快这一工作的速度，需要对基因组建立索引。索引就像是一本字典，通过部首偏旁等查询，可以快速定位序列在基因组上的位置。

不同物种的基因组需要单独建立自己的索引，下面以 STAR 建立索引的流程作为举例：

```
STAR—runThreadN 16 \
—runMode genomeGenerate \
—genomeDir chr1_hg38_index \
—genomeFastaFilesHomo_sapiens.GRCh38.dna.chromosome.fa \
—sjdbGTFfileHomo_sapiens.GRCh38.92.gtf \
—sjdbOverhang 149
```

—runThreadN 后边的数字表示使用多少个线程执行这项程序，线程越多执行速度越快。—runMode 显示运行的任务类型，genomeGenerate 表示建立基因组索引。—genomeFastaFiles 后边的文件表示使用的基因组文件，不同物种需要使用自己的基因组，另外，参考基因组会不时发布新的版本，需要使用相应版本的基因组。—sjdbGTFfile 后边的把文件表示使用的基因组注释文件，和参考基因组一样，注释文件在不断更新新的版本。—sjdbOverhang 后边的数字通常为测序读长－1。

2. 比对参数的选择　在建立了基因组索引之后，我们才能进行序列的比对。这里继续使用 STAR 作为例子：

```
STAR—runThreadN 16
—genomeDir ~ /index/hg38/ \
—readFilesIn 细胞外囊泡 _R1.fastq s 细胞外囊泡 _R2.fastq \
—outSAMtype BAM SortedByCoordinate \
—outFileNamePrefix 细胞外囊泡
```

3. 不同核酸类型的比对　除了 RNA-seq，我们还可以使用 BWA 软件对 DNA-seq 进行比对。使用 BWA 建立索引比较简单，只需要提供基因组参考序列文件即可。

bwa index hsa.chromosome.fa

接下来，就可以使用 bwa mem 进行序列比对

bwa mem hsa.chromosome.fa 细胞外囊泡 _R1.fastq 细胞外囊泡 _R2.fastq ＞细胞外囊泡 sam

（三）序列分析软件

1. *序列富集分析* 我们可以使用 Homer2 对比对的序列进行富集分析。若我们给出的是基因组位置信息，则提取出来的是对应的基因组序列，如果我们给出的是基因名，则需要选择适当的基因区域进行序列提取。常见的 Homer2 分析命令如下：

findMotifsGenome.pl ＜ peak/BED file ＞ ＜ genome ＞ ＜ output directory ＞ -size# [options]

Homer2 进行序列富集通常有几个步骤，包括背景选择、GC 含量矫正、核苷酸均一化等。为了获得真实有效的信息，我们需要选择正确的背景序列。如果是在全基因组上进行富集，我们需要选择全基因组核酸序列作为背景，如果是在某个特定的区域进行富集分析（如启动子区域），我们就需要提取所有启动子的碱基序列作为背景。如：

findMotifsGenome.pl ERpeaks.txt hg18 ER_MotifOutput -size 200 -mask

-mask ：该参数告诉 motif 分析程序，在得到一个可能的 motif 之后，在后续的 motif 分析中是否排除该 motif 的影响。有点类似于抽样调查中的无放回抽样。

-size：指定用于 motif 分析的片段长度，默认为 200；-size given 设置片段大小为目标序列长度。越大，motif 分析所需要的计算资源越多。

-bg ：指定自定义的背景序列。Homer 默认随机选取基因组序列作为背景。

-h ：findMotifsGenome.pl 脚本默认使用二项分布进行 motif 富集分析，这在背景序列多于目标序列时是十分有用的。但是有时我们使用 -bg 参数自定义背景序列时，其数目可能会小于目标序列，此时使用 -h 参数选择超几何分布会更加适合。

-len ：motif 的长度设置，默认 8、10、12，越大越消耗计算资源。

-N ：用于 motif 分析时所需的序列数目，通常当我们设置 -len 过大，内存不够时，会选择减小 -N 参数或者 -size 参数。

2. *核酸结合蛋白富集分析* 在 Homer2 输出的结果中，如果序列匹配某个核酸结合蛋白的结合序列，Homer2 也会将其列举出来（图 3-26）。

三、统计分析与绘图

（一）使用 R 进行统计分析

使用 R，可以进行一些基本的统计分析。例如：

计算平均数：mean（ ）

计算中位值：median（ ）

计算最小值：min（ ）

计算最大值：max（ ）

计算方差：var（ ）

计算标准差：sd（ ）

也可以使用 summary 函数同时进行多种分析：

计算描述性统计量 summary（ ）

（二）差异表达分析

RNA-seq 等高通量测序数据分析中的一个基本任务是进行差异表达的分析。表达值通常储存在数据表中，表的每一列为一个样本，每一行为一个基因。ChIP-Seq 或质谱数据等也表现为类似的形式。最常使用的差异表达分析包是 DESeq2。

使用 DESeq2 进行差异表达分析的一般步骤如下：

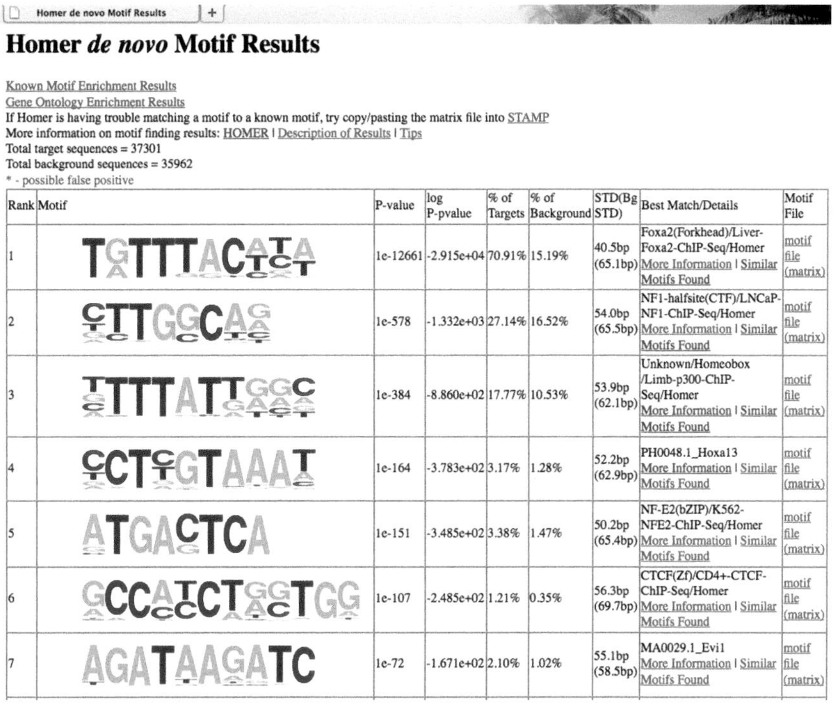

Homer de novo Motif Results

Homer *de novo* Motif Results

Known Motif Enrichment Results
Gene Ontology Enrichment Results
If Homer is having trouble matching a motif to a known motif, try copy/pasting the matrix file into STAMP
More information on motif finding results: HOMER | Description of Results | Tips
Total target sequences = 37301
Total background sequences = 35962
* - possible false positive

Rank	Motif	P-value	log P-pvalue	% of Targets	% of Background	STD(Bg STD)	Best Match/Details	Motif File
1		1e-12661	-2.915e+04	70.91%	15.19%	40.5bp (65.1bp)	Foxa2(Forkhead)/Liver-Foxa2-ChIP-Seq/Homer More Information | Similar Motifs Found	motif file (matrix)
2		1e-578	-1.332e+03	27.14%	16.52%	54.0bp (65.5bp)	NF1-halfsite(CTF)/LNCaP-NF1-ChIP-Seq/Homer More Information | Similar Motifs Found	motif file (matrix)
3		1e-384	-8.860e+02	17.77%	10.53%	53.9bp (62.1bp)	Unknown/Homeobox/Limb-p300-ChIP-Seq/Homer More Information | Similar Motifs Found	motif file (matrix)
4		1e-164	-3.783e+02	3.17%	1.28%	52.2bp (62.9bp)	PH0048.1_Hoxa13 More Information | Similar Motifs Found	motif file (matrix)
5		1e-151	-3.485e+02	3.38%	1.47%	50.2bp (65.4bp)	NF-E2(bZIP)/K562-NFE2-ChIP-Seq/Homer More Information | Similar Motifs Found	motif file (matrix)
6		1e-107	-2.485e+02	1.21%	0.35%	56.3bp (69.7bp)	CTCF(Zf)/CD4+-CTCF-ChIP-Seq/Homer More Information | Similar Motifs Found	motif file (matrix)
7		1e-72	-1.671e+02	2.10%	1.02%	55.1bp (58.5bp)	MA0029.1_Evi1 More Information | Similar Motifs Found	motif file (matrix)

图 3-26 Homer2 输出的结果

首先创建样本分类表 coldata，样本分类表是一个 data.frame，每一行代表一个样本，行名与表达值数据表中的列名相同，每一列代表一组分类，列名为该分类的名称，下边对应每一行的分类，例如：

coldata < - data.frame [样本类型 =c（“细胞”“细胞”“细胞”“细胞”“囊泡”“囊泡”“囊泡”“囊泡”）]。

基因编辑 = c（“Wild type”“Wild type”“shABC”“shABC”“Wild type”“Wild type”“shABC”“shABC”）。

rownames(coldata)< -colnames(countdata)

	样本类型	基因编辑
S01-1	细胞	Wild type
S01-2	细胞	Wild type
S02-1	细胞	shABC
S02-2	细胞	shABC
S03-1	囊泡	Wild type
S03-2	囊泡	Wild type
S04-1	囊泡	shABC
S04-2	囊泡	shABC

创建 dds 对象

dds <—DESeqDataSetFromMatrix（count-Data = countdata，

colData = coldata，

design = ~ 样本类型 + 基因编辑）

计算差异表达

dds <—DESeq（dds）

读取差异表达结果

resultsNames（dds）

res <—results（dds，name=” 样本类型 _ 细胞 _vs_ 囊泡”）

（三）降维分析

使用 DEseq2 中自带的函数，可以进行

PCA 降维分析：

pcaData < -plotPCA（vsd，intgroup = c（“condition”，“type”），returnData=TRUE）

percentVar < -round[100*attr(pcaData，“percentVar”）]

ggplot[pcaData，aes（PC1，PC2，color=condition，shape=type）]+

geom_point（size=3）+

xlab(paste0(“PC1：”,percentVar[1],“% variance”)) +

ylab(paste0(“PC2：”,percentVar[2],“% variance”)) +

coord_fixed（ ）

（四）聚类分析

使用 pheatmap，可以同时进行聚类分析和绘制热图。

library（“pheatmap”）

pheatmap（countdata，cluster_rows=FALSE，show_rownames = FALSE，

cluster_cols = TRUE)

第四节 小结与展望

在该章中，我们系统性地阐述了高通量测序技术在囊泡相关实验中的应用。细胞外囊泡通常通过其内容物（如蛋白质或核酸）发挥功能。因此，对不同生物学情境下囊泡内容的描述对于囊泡研究是至关重要的。高通量测序使研究者对一个样本中的核酸进行全面的检测成为可能。在囊泡研究领域，这一技术被用于研究囊泡中复杂的 RNA 内容物。研究者发现不同种类的细胞，或同样细胞的不同状态中存在着不同的囊泡核酸内物。除此之外，囊泡中的蛋白和核酸被证明是反映疾病状态的特异性生物标志。例如，在肿瘤患者的静脉血中，经常可以检测到含有肿瘤特异性 miRNA 的囊泡。

最近，单囊泡高通量测序技术的发展使全面描述单囊泡表面的蛋白质成为可能。研究者使用邻近标记技术（proximity barcoding assay，PBA）标记位于同一囊泡表面的蛋白，每个囊泡表面的蛋白会被标记上相同的 8 碱基标签，而不同囊泡上的蛋白具有不同的标签。接着，研究者使用滚环复制技术生成多达 4^{15} 种类的标签，这一标签数量可以轻松地标记大量的囊泡，从而进行高通量检测。

第 4 章　细胞外囊泡的生物标记

第一节　细胞外囊泡生物标记和示踪成像技术概况

对细胞外囊泡活体内生物学行为的有限认识阻碍了细胞外囊泡的临床应用。通过对细胞外囊泡的生成、释放、摄取以及代谢全过程的深入解析，可以针对性地发展新的干扰手段。此外，对于细胞外囊泡生命历程的动态追踪可为临床提供检测及评估指标。传统的细胞检测手段在面对细胞外囊泡的纳米级粒径时暴露出诸多缺陷，其主要体现在灵敏度以及分辨率的不足以及大分子聚合物的干扰。对细胞外囊泡的稳定、特异的标记以及持续、精准的观测是实现对细胞外囊泡生物学行为全面解析的基础。进一步针对细胞外囊泡单体而非群体的观察更利于了解细胞外囊泡的特征与其功能间的联系。由此预见发展成像方法和其他技术（如合成生物学工具）的联合应用，可以更好地研究体内细胞外囊泡的生物学功能。

细胞外囊泡示踪成像技术是指利用特定物质标记细胞外囊泡，并基于光学成像、磁共振成像、放射性核素成像等技术进行观察和测定，从而在亚细胞、细胞或小动物活体等水平对细胞外囊泡的生物学行为或功能等方面进行研究。细胞外囊泡示踪成像技术的核心流程包括标记、示踪成像和结果分析等。基于观察层面和测定指标的具体要求，选择或者构建合适的标记方案和成像平台等对取得可靠的研究数据至关重要。现有研究尝试了从体外细胞和活体动物两个层面对细胞外囊泡进行示踪成像。在细胞层面对细胞外囊泡进行示踪成像时，大多采用有机荧光染料、荧光蛋白、荧光素酶、无机荧光纳米材料如量子点（quantum dots，QD）等基于光学成像的标志物对细胞外囊泡进行标记，而在小动物活体内示踪细胞外囊泡时，除了上述基于光学成像的标志物外，许多基于磁共振成像或放射性核素成像的示踪物也常被采用。实时和高分辨率显微镜的发展与新的细胞外囊泡标记策略的结合使我们能够在活体的单囊泡水平上探究细胞外囊泡的组成和行为。新的报告基因也被用于在体内和体外评估细胞外囊泡所携带的蛋白和 RNA 的功能转移。这些技术的发展为细胞外囊泡生物学功能研究开辟了新的前景；为突破现有研究瓶颈，如评估细胞外囊泡在体内的寿命，提供了新的研究方法。

本章概述了用于细胞外囊泡标记的探针和最新技术。对不同标记探针的使用方法和常见的应用范围进行了介绍，同时比较了不同的标记探针及标记方法的优缺点，为细胞外囊泡的相关研究提供参考。

第二节　细胞外囊泡的标记探针

细胞外囊泡的示踪成像技术主要包括光学成像、磁共振成像及放射性成像。基于这些成像技术，发展了一系列对应的标记探针。可应用于光学成像的标记探针主要包括各种染料、荧光探针基团、荧光蛋白及荧光素酶。应用于磁共振成像的标记探针主要为各类金属螯合物。放射性成像的标记探针主要成分为放射性核素。

一、染料

目前用于细胞外囊泡标记的常见染料包括亲脂性染料（Di 系列、PKH 系列、麦胚凝集素等）以及可渗透标记化合物（羧基荧光素二乙酸琥珀酰亚酯，R18 和氟硼二吡咯等）。其通过与细胞外囊泡共孵育，嵌入细胞外囊泡的磷脂双分子层或者渗透并滞留于细胞外囊泡内部，实现对细胞外囊泡的高效快速标记。

染料的荧光强度均一且持续，稳定性较好。可供选择的染料众多，光谱范围广。但有机荧光染料相较于细胞外囊泡这种生物结构更不易被分解，因此其不适用于囊泡的长时间观测；它们还可以形成大小近似于细胞外囊泡的聚集体，从而导致假阳性信号的产生。

麦胚凝集素（wheat germ agglutinin，WGA）属于活染色剂，它是最重要、应用最广泛的凝集素之一，可以特异性结合膜表面的 *N*-乙酰氨基葡萄糖（N-acetylglucosamine）和 *N*-乙酰神经氨酸（唾液酸），显示膜结构的形态。有研究在移植前利用 WGA 对肾脏染色以进行风险评估，证实其是一种可行且安全的方法，提示 WGA 染色时可以较好地保持囊泡生物活性，可用于其生物过程的示踪标记。PKH 及 Di 系列的亲脂性染料的标记对象为脂性膜结构，它们与反应体系中的脂性杂质的非特异性结合会形成大小和荧光强度近似于标记有 PKH 的细胞外囊泡的纳米颗粒，并且这些纳米颗粒已证实可以被星形胶质细胞内吞至亚细胞区室。为了尽量减少这些缺陷对于实验结果的干扰，研究人员建议标记后的细胞外囊泡最好采用密度梯度离心法去除多余的染料及杂质。此外，亲脂性染料嵌入磷脂双分子层会改变细胞外囊泡的大小，从而影响细胞外囊泡的摄入效率，因此应避免将其用于组织分布和细胞摄取速率的相关实验研究。氟硼二吡咯（boron-dipyrromethene，BODIPY）荧光团的光谱特性通常优于其他染料，具有更长的波长，还可跨越可见光谱，其用途更为广泛。

由于染料是在囊泡分离后与其共孵育，因此主要用于观察细胞对囊泡的摄取情况。PKH26 标记后的细胞外囊泡与受体细胞共培养，可用于流式定量分析，以检测并比较受体细胞对细胞外囊泡的摄取膜。DiO（λex=487nm/λem=502nm；绿色）、DiL（λex=549nm/λem=565nm；红色）、DiD（λex=644nm/λem=665nm；NIR）和 DiR（λex=748nm/λem=780nm；NIR）标记可用于在荧光显微镜下观察细胞外囊泡被受体细胞摄取后在胞内的分布情况。羧基荧光素二乙酸琥珀酰亚酯（carboxyfluorescein diacetate succinimidyl ester，CFSE）标记则可同时用于流式细胞术及荧光显微镜观察。受限于组织自发荧光的干扰及组织穿透性和空间分辨率的不足，有机染料主要用于细胞外囊泡的体外标记示踪。但是部分有机染料，特别是近红外染料，也适用于细胞外囊泡的体内成像。由于生物组织对于近红外光的低吸收及低反射，近红外染料如 DiD、DiR 等的信号能自深部组织传出，背景信号干扰也相应降低，可用于观察细胞外囊泡在体内的器官分布及代谢情况。此外，DiD 也被用于标记母体细胞，以实现间接标记细胞外囊泡的效果。直接标记和间接标记对于细胞外囊泡在体内的检测和定位并无影响，但是后者得到的细胞外囊泡的信号强度较低。

二、荧光素

目前常见的荧光素包括 Cy 系列和 Alexa fluor 系列等。荧光基团也是一类有机荧光标记探针，它们能结合不同的功能基团，通过与膜表面结合位点共价结合实现对细胞外囊泡膜的特异性标记。荧光素的荧光信号强度高，稳定性好，但其光谱受常用的荧光基团限制。

荧光基团本身具有较高的信号强度，与之结合的功能基团则提供高效、特异的标记性能。常用的 Cy 系列荧光基团包括 Cy3（λex=550nm/λem=570nm）、Cy5（λex=649nm/λem=670nm）和 Cy7（λex=710 nm/λem=767nm）等。修饰了荧光基团的抗体可以通过与细胞外囊泡所携带的特定蛋白质的结合，直接标记特定亚群的细胞外囊泡。Alexa fluor 555（AF555）、Alexa fluor 750（AF750）等荧光素可以通过酰胺化学结合附着在细胞外囊泡表面，用于观察特定细胞外囊泡的摄取情况；Alexa fluor 也可以与近似配体的短肽结合，用于研究功能化细胞外囊泡的靶向性和生物活性，例如，在肺癌细胞中研究携带 siRNA 的叶酸功能化细胞外囊泡的抗癌活性。

三、荧光蛋白

常见荧光蛋白包括绿色荧光蛋白（green fluorescent protein，GFP）、蓝色荧光蛋白（blue fluorescent protein，BFP）、红色荧光蛋白（red fluorescent protein，RFP），以及番茄红蛋白 Tomato、增强绿色荧光蛋白（enhanced green fluorescent protein，EGFP）和 pH 敏感型荧光蛋白（pHluorin）等。乳凝集素（lactadherin）和四跨膜蛋白（CD37、CD53、CD63、CD81 和 CD82）是大量存在于细胞外囊泡表面而非内部的一类蛋白，通过作为细胞膜结合分子直接或间接地控制细胞相互作用，在调节信号转导、细胞活化、运动、黏附和组织分化等生理过程中发挥重要作用，也是细胞外囊泡的典型生物标志物。它们的跨膜结构域可以结合荧光蛋白，如 GFP 和 RFP 等，用于细胞外囊泡的体内成像。通过基因工程合成与细胞外囊泡标志物如四跨膜蛋白、乳凝集素等融合表达的荧光蛋白，可以使其靶向转运至细胞外囊泡，发挥示踪成像作用。

荧光蛋白的标记始于囊泡释放前，省略了体外孵育步骤，可以追踪到完整的细胞外囊泡释放过程。pHluorin 是一种 pH 敏感的绿色荧光蛋白，当其暴露于中性的细胞外液时会发光，可以用于囊泡转运的体内示踪成像。有研究者通过 CD63-EGFP 质粒转染 HEK293T 细胞获得 EGFP 阳性的细胞外囊泡，以用于细胞外囊泡注射后的体内分布检测。但是，此种方法获得的 EGFP 阳性细胞外囊泡仅占 20%，即荧光蛋白标记的转染率较低。此外，荧光蛋白的融合可能影响其他蛋白的正常表达。将棕榈酰信号融合至 EGFP，可以使其于膜内侧嵌入磷脂双分子层，避免了对细胞外囊泡有限群体的标记及对膜表面蛋白功能发挥的影响。除上述特性外，此种标记探针的缺点在于，细胞构建较为费时且昂贵，且基因改造操作可能改变细胞外囊泡的天然特性。

荧光蛋白适合于特定细胞外囊泡亚群的标记以及对于细胞外囊泡生成释放过程的研究，目前主要用于追踪完整的细胞外囊泡释放过程及细胞外囊泡在两种细胞间的转运过程。它们可以实现体内及细胞内对荧光蛋白标记的细胞外囊泡的动态观察，且其稳定表达可以维持恒定的标记效率及信号强度，提供了进行半定量分析的可能性。此外，通过对报告基因的修改可以弥补其原有缺陷，B.H.Sung 等开发了 CD63-pHluo_M153R 荧光蛋白，使其在转染细胞中具有更高更稳定的表达，从而能够持续 1 周对小鼠内源性细胞外囊泡生命周期的多个方面进行可视化。

四、荧光素酶

荧光素酶包括萤火虫荧光素酶（firefly luciferase，Fluc）、海肾荧光素酶（renilla luciferase，Rluc）、Gaussia 分泌型荧光素酶（Gaussia luciferase，Gluc）和深海虾来源的荧光素酶（NanoLuc）等。荧光素酶标记的成像属于生物发光成像，其检测的光信号来源于荧光素酶与其底物的生物化学反应。通过基因工程构建表达荧光素酶融合蛋白的母体细胞，可以获得相应标记的细胞外囊泡。针对该标记进行成像时需额外添加相应的反应底物。

由于不需要外加光源激发，生物发光成像拥有更低的背景及更高的灵敏度。生物发光成像需要先注入反应底物。底物降解速度快，因此需要配套更加快速精准的成像系统，极大地增加了使用费用。此外，与荧光成像相同，其组织穿透深度及空间分辨率的不足限制了其对深部组织清晰图像的获取。

Gluc 与乳凝集素进行融合表达可用于追踪细胞外囊泡的体内运动轨迹；NanoLuc 与 CD63 用于在单个细胞水平观察细胞外囊泡的行为；Rluc 标记可以实现囊泡体内器官分布的定位观察；此外，通过构建特定质粒成功实现转染细胞的膜生物素化，实现双重标记，可用于体内监测细胞外囊泡的分布、保留及清除情况，是一种新兴的多模态成像思路。总之，生物发光成像主要用于对活体内细胞外囊泡的实时观察。

五、无机纳米材料

无机纳米材料的种类广泛，其标记可分为量子点标记和氧化铁、金、锰、钆等金属元素标记。金纳米粒子（gold nanoparticles，GNP）、超小超顺磁性氧化铁（ultrasmall superparamagnetic iron oxide，USPIO）、锰、钆标记细胞外囊泡，可应用于计算机断层扫描（computed tomography，CT）和磁共振成像（magnetic resonance imaging，MRI）等核成像技术。通过共孵育、电穿孔等方法可将标志物载入细胞外囊泡，以获得标志物的三维图像位置。MRI 具备高空间分辨率，以及较低电离辐射损害。MRI 检测必须采用磁性造影剂对细胞外囊泡进行标记，通常使用 USPIO 和超顺磁氧化铁（superparamagnetic iron oxide nanoparticle，SPION）等作为囊泡标志物。CT 成像常使用 GNP 作为标记剂，Betzer 等利用葡萄糖转运蛋白 -1（glucose transporter，GLUT-1）在细胞外囊泡的细胞摄取中的作用，开发了用于细胞外囊泡标记的葡萄糖涂层 GNP。他们发现间充质干细胞分泌的细胞外囊泡可以通过 GLUT-1 介导的能量依赖性摄取机制主动摄取葡萄糖包被的 GNP，并将此标记方式应用于外源性细胞外囊泡的体内分布成像研究。相对于有机荧光染料标记，无机纳米标记避免了荧光淬灭和荧光强度不稳定的发生，更适于长时间的追踪成像。此外核磁成像可以实现目标的纵向成像，具有很高的空间分辨率，可以深入渗透组织并长期观察细胞外囊泡。但是，此方法只能间接提供细胞外囊泡的位置信息，且由于灵敏度不高，需要提供大量的纳米粒子和对比剂来增加灵敏度。更重要的是，与荧光标记类似，装载在细胞外囊泡中的纳米粒子也可能在循环过程中释放，从而产生影响细胞外囊泡的体内命运和细胞分布分析的误导性信号。

量子点是一类由Ⅳ、Ⅱ-Ⅵ，Ⅳ-Ⅵ或Ⅲ-V 元素组成的半导体纳米结构。通过改变量子点的直径可以获得从紫外到近红外的不同波长范围的发射光谱。类似荧光基团，量子点可以通过连接不同的功能基团标记细胞外囊泡的不同组分。

量子点具有优良的光稳定性；在近红外波长范围内拥有高量子产率且耐光漂白；激发光谱宽而发射光谱窄；多种量子点可以被一种光源同时激发，且各激发光之间互不干扰；相较于有机荧光探针，其荧光寿命较长。量子点可以支持长时间示踪，在应用于体内成像时能稳定地释放充足强度的信号，尤其适用于多色标记及成像，可以减少背景信号的干扰。

量子点相较于磁共振增强剂，其最大的优势在于可以实现多色及单分子水平成像。凭借其优良的光学性能，量子点被广泛应用于细胞外囊泡的可视化研究。其主要用于揭示细胞外囊泡的生成、分泌、转运及其与细胞相互作用的机制，也部分用于分析细胞外囊泡在体内的分布及转移。通过对量子点的修饰，可以进一步优化其性能。金-碳量子点可以降低量子点潜在的细胞毒性，曾用于观察细胞外囊泡被摄取后的亚细胞定位分布情况。硅量子点的荧光闪烁特性适用于活细胞单分子定位显微成像。铟量子点在对深部组织成像时，能保持良好的信号强度、稳定的信号输出及低背景荧光干扰。对于量子点的高度自由的优化方式注定了量子点作为标记探针的无限发展潜能。

六、放射性核素

核成像是一种非侵入性成像方法，已广泛应用于生物医学。核成像需要放射性核素作为发射辐射信号的物质，由带有特殊相机的仪器检测。目前广泛应用于标记的放射性核素包括锝-99m（^{99m}Tc）、碘-125（^{125}I）、铟-111（^{111}In）等。通过 γ 照相机成像、CT、单光子发射型计算机断层（single photon emission computed tomography，SPECT）及正电子发射型计算机断层（positron emission computed to-mography，PET）等可以检测其放射性信号，从而实现细胞外囊泡的示踪。具有高灵敏度、高时空分辨率和深层组织穿透性的核成像可以更深入地了解细胞外囊泡的体内生物学行为。放射性核素的标记效率和稳定性受放射性核素本身性质的影响，但总体较荧光探针高。但是，放射性核素孵育过程中产生的游离标志物可能会干扰最终成像的效果。此外，它还存在着电离辐射的问题。

放射性核素适用于对活体内细胞外囊泡的空间分布及其随时间变化的动态分析。亲脂性的 ^{99m}Tc-HMPAO 已被设计成一种膜渗透性标记探针进入细胞内，随后被包裹于人造细胞外囊泡类似的纳米囊泡中从细胞中排出，以观察囊泡的体内分布情况。^{99m}Tc 三羰基化合物与其类似，可以与细胞外囊泡膜表面蛋白的氨基酸结合，实现直接、高效、特异的标记。生物素化的碘（^{125}I-IBB）也被应用于放射性成像，其对细胞外囊泡的形态及理化性能无明显影响，且其标记效率可高达 95%（表 4-1）。

表 4-1　细胞外囊泡标记方法的比较

成像方式	标记探针	特异性	强度和灵敏度	组织穿透能力	持续时间	局限性	是否可用于内源性示踪	转化应用潜能
荧光成像	荧光蛋白	高	中	低	长	亚群标记 非特异性转移	是	受限
	亲脂性染料	中	中 / 高	中	长	非囊泡标记 荧光淬灭 结合效率	否	受限
	荧光素	中	中	低	中	荧光素残余 背景信号高 非特异性转移	否	受限
	AIEgen	中	高	高	极长	非囊泡标记 背景信号高 亚群标记	否	受限
生物发光成像	荧光素酶	高	低	低	短	细胞转染 需要特定底物	是	受限
核成像	放射性核素	高	高	高	短	放射性 缺乏规范化操作流程	否	具有
X 线成像	纳米颗粒	高	中	高	长	纳米颗粒结合效率 纳米颗粒的释放	否	具有

引自 Journal of Controlled Release，2020，328：141-159.

第三节　细胞外囊泡标记方法

细胞外囊泡是细胞分泌的膜性小泡，其具有与细胞相同的双层磷脂膜，并继承了细胞所含有的蛋白质、核酸、脂质、糖类等物质。因其与细胞相似的结构与成分，现阶段发展的针对细胞的标记方法大多可适用于细胞外囊泡。现有标记方法的主要原理为利用双层膜结构内的蛋白、脂质以及糖类提供标记探针的结合位点，或者利用双层脂膜的选择渗透性将标记探针导入膜内。此外，基于细胞外囊泡的物质传递功能还发展了依赖于母体细胞货物分选过程的间接标记策略。大量研究证实，母体细胞内的物质可通过特异性分选进入细胞外囊泡内。利用母体细胞向细胞外囊泡的物质转运过程，可将母体细胞内的标记探针传递给细胞外囊泡从而实现对细胞外囊泡的无损标记。针对细胞外囊泡的直接标记策略均可以发展为依赖母体细胞的间接标记策略。细胞外囊泡的直接标记操作较为简单，但是由于细胞外囊泡与标记探针相似的粒径，过量标记探针的去除以及细胞外囊泡的纯化面临较大困难，由此容易产生假阳性信号。此外，直接对细胞外囊泡的处理如电穿孔易导致细胞外囊泡结构的改变。借助母体细胞的间接标记策略则有效地避免了难以去除的标记探针对于细胞外囊泡信号的干扰，同时也保证了细胞外囊泡的完整性。然而，细胞的物质转运过程受多种因素调控，且具有一定随机性。这意味着标记效率的不稳定性以及标记强度的不均匀。同时相较于直接标记，其步骤更复杂，对标记探针的需求量更多。本节我们将对当前研究常用的细胞外囊泡标记策略进行概述。

一、靶向磷脂双层膜的直接标记

（一）基本原理

细胞及其分泌的细胞外囊泡膜内的磷脂、蛋白质以及多糖等大分子可以为标记探针提供对应的结合位点。当细胞外囊泡和亲脂性染料共孵育时，染料的疏水性结构能与磷脂双分子层形成稳定的非特异性结合。除了磷脂双分子层外，细胞外囊泡膜蛋白可被抗体特异性识别并标记，蛋白质结构中的二硫键还可为马来酰亚胺提供结合位点。

传统有机染料商业化程度高，使用较为简便，作为分子标记被广泛应用于体内外实验。常用于细胞外囊泡标记的传统有机染料包括亲脂性染料（如 PKH 染料、Di 染料和蛋白质染料等）。PKH 染料（如 PKH26 和 PKH67）和 Di 染料（如 DiI 和 DiD）是亲脂性羰花青染料，其分子结构上的长尾能插入暴露的磷脂双分子层并形成稳定的非特异性结合。马来酰亚胺以及三羰基偶联的标记探针可以通过与膜蛋白氨基酸结合实现对膜的非特异性标记。而靶向性抗体或适配体分子则是通过与特定蛋白的共价结合完成标记。

（二）操作步骤

以 DiR 为例，操作流程如下：

（1）取含 1μg 细胞外囊泡的 PBS 悬液，PBS 补充体积至 200μl。

（2）加入 5μg/ml 的 DiR 染料，充分混匀。

（3）37℃，避光反应 15min。

（4）120 000×g 4℃超速离心 70min，去除多余染料，沉淀用 PBS 重悬。

（三）注意事项

直接标记方法的操作步骤简单、快速、成本低，可以实现各种样本来源小细胞外囊泡的标记。但是除抗体及适配体的特异性标记，其余标记探针均可与除细胞外囊泡以外的结构如脂蛋白及脂质胶束结合，从而产生假阳性信号。标记探针也可形成聚合体，干扰细胞外囊泡的准确检测。因此，常需要对标记后的细胞外囊泡进行进一步纯化。此外，大多数游离染料在体内的半衰期较长，不能真实反映细胞外囊泡在活体内的代谢情况。标记探针与膜表面蛋白质特异性共价结合可以减少各类大分子杂质对细胞外囊泡标记的干扰，但是该种标记方式可能对被标记蛋白的结构或功能产生影响，从而改变细胞外囊泡与受体细胞的相互作用。已有研究报道，针对膜表面蛋白的修饰可能改变了细胞外囊泡的生物学分布。同时，也有实验表明亲脂性染料对于细胞外囊泡的分布也存在轻微影响（表 4-2）。

表 4-2　常见直接标记探针的孵育条件

染料名称	染料浓度	孵育条件
Di 系列	1 ～ 10μmol/L	37℃ / 室温，15 ～ 30min
PKH 系列	0.2 ～ 0.4μmol/L	室温，5 ～ 10min
ADIBO	1nmol/L	37℃，1h
C5-maleimide	体积比（1 ∶ 5 ～ 1 ∶ 20）	室温，1h
^{99m}Tc-tricarbonyl	–	室温，30min
荧光抗体	体积比（1 ∶ 5 ～ 1 ∶ 20）	4℃，1 ～ 2h

二、选择性渗透入膜的直接标记

（一）基本原理

细胞膜的选择渗透性是细胞摄取营养和代谢废物的重要途径。细胞内外的分子可通过细胞膜两侧的浓度差实现膜内外之间的转运。亲脂性标记探针可依赖于细胞膜内外的浓度差被动渗透进入膜内。有机染料琥珀酰亚胺酯（CFSE）能够直接跨越磷脂膜，随后经非特异性酯酶水解形成具有荧光活性的产物并与含胺分子共价结合而保留在膜内。高亲脂性的锝化合物跨越磷脂膜后可转化为亲水形式滞留于膜内完成标记。而特定糖类及核酸分子则可借助对应的转运蛋白跨越磷脂膜，通过在亲水性材料外包被糖类或核酸分子，可借助转运蛋白实现标记探针的跨膜转运。

（二）操作步骤

以 CFSE 为例，操作流程如下：

（1）取含 1μg 细胞外囊泡的 PBS 悬液，PBS 补充体积至 200μl。

（2）加入 1μg/ml 的 DiR 染料，充分混匀。

（3）37℃，避光反应 15 ～ 30min。

（4）120 000×g 4℃超速离心 70min，去除多余染料，沉淀用 PBS 重悬。

（三）注意事项

利用膜的选择渗透性进行标记并不具备特异性，对各种样本来源的细胞外囊泡均具备标记作用，也因此面临着各种有机大分子物质的干扰。此外，当亲脂性材料用于标记细胞外囊泡时，已被摄入的标记探针可能被重新释放。而利用转运蛋白进行标记时，其标记效率受到特定转运蛋白表达的影响，可能导致细胞外囊泡间的不均一标记。

三、膜通透性改变的直接标记

（一）基本原理

受阻于膜的选择渗透性，亲水性分子无法轻易跨越磷脂膜。电穿孔技术利用高强度的电场，瞬时提高细胞膜的通透性，从而促进周围大分子物质的跨膜转运。各种无机纳米材料如量子点及氧化铁磁性纳米颗粒可以通过该方式进入膜内。此外，超声等方式也可实现细胞膜通透性的提升。

（二）操作步骤

以 CFSE 标记为例，操作流程如下：

（1）将 50μl 细胞外囊泡与 50μl 1mg/ml 的量子点加入装有 150μl 电穿孔缓冲液（Bio-Rad）的 0.4cm 电穿孔比色皿中并混合均匀。

（2）将比色皿放入 Gene PulserXellTM 电穿孔系统（Bio-Rad），采用 250V/350 μF 参数的电压 / 电容持续时间 1s 的单次脉冲。

（3）完成电击后蔗糖密度梯度（15% ～ 60%）离心 1h 去除多余量子点。

（三）注意事项

研究表明，细胞外囊泡以及待装载材料在经历电穿孔过程后倾向形成聚集体，可影响细胞外囊泡的正常表征及功能。研究发现在电泳缓冲液中添加海藻糖能够减少细胞外囊泡的聚集。在母体细胞水平通过电穿孔导入的标记材料也可转运至细胞外囊泡，在实现细胞外囊泡标记的同时避免其聚集，保证其正常结构及功能。

四、基于磷脂交换的间接标记

（一）基本原理

除了利用磷脂膜原有的结构，还可以对膜结构进行人工修饰，形成所需的结合位点。磷脂双分子层与培养环境中的脂质分子存在持续交换作用，通过将携带标记位点的脂质类似物与磷脂膜共孵育，可将标记靶点修饰于磷脂膜表面。标记于细胞膜表面的靶点也可转运至细胞外囊泡膜表面。将生物素与 1，2 - 二硬脂酰 - 甘油 -3- 磷酸乙醇胺 - 聚乙二醇结合（DSPE-PEG），生物素可通过 DSPE-PEG 所携带的疏水脂肪酸尾部稳定地插入磷脂双分子层内，并随细胞外囊泡分泌。生物素化的细胞外囊泡可通过链霉素 - 生物素间的高效特异性结合，与各种标记探针如荧光基团、量子点和核素等偶联。

（二）操作步骤

以量子点标记为例，操作步骤如下：

（1）使用含有 10μg/ml 生物素修饰的磷脂酰乙醇胺（DSPE-PEG-biotin）的完全培养基培养细胞。

（2）培养 48h 后更换为无血清的培养基，培养 24 ～ 48h。

（3）收集细胞培养上清并分离、纯化细胞外囊泡。

（4）纯化后的细胞外囊泡与 2nM 链霉亲和素修饰的量子点混合，室温反应 30min。

（三）注意事项

脂质交换作为一种正常的生理过程对细胞无毒性作用。此外，磷脂双分子层的侧向流动能力有利于实现标记探针在膜表面的均匀分布。针对磷脂的标记策略也避免了对膜表面功能蛋白的影响，有利于后续对于细胞外囊泡功能的研究。但是受细胞脂质交换效率的影响，该方法的标记效率多不稳定，且常规低于 80%。

五、基于母体细胞代谢的间接标记

（一）基本原理

细胞不断地从培养环境中摄取各种营养物质。外源性添加的各类人工合成的代谢类似物，会借助细胞的主动摄取进入细胞内，通过对应的脂代谢、氨基酸代谢以及糖代谢插入磷脂双分子层中，形成膜表面功能性结合位点，随后通过点击化学反应，将标记探针结合至膜表面。现有研究已经发展出多种人工代谢物用于膜修饰，主要为各类叠氮化的代谢类似物。

（二）操作步骤

以叠氮糖 Ac4ManNAz 修饰为例，操作步骤如下：

（1）使用含 50μmol/L Ac4ManNAz 的完全培养基培养细胞。

（2）培养 72h 后，去除全部培养上清，更换为 40μM ADIOB-FITC 的培养基，37℃孵育 30min。

（3）去除全部培养基，更换为无血清培养基，培养过夜。

（4）收集细胞培养上清并分离、纯化细胞外囊泡。

（三）注意事项

人工代谢类似物可以进入细胞的正常代谢途径，从而避免对细胞自然代谢的影响，维持正常生理过程及代谢稳态。人工结合位点的添加避免了标记探针对于膜蛋白的功能发挥。点击反应具有反应快速、条件简单、结合效率高等特点。以代表性的叠氮 - 炔基间的环加成反应为基础，可以实现多种无机或有机材料的标记。然而与脂质交换策略相同，该方法的最终标记效率取决于细胞代谢情况，因此面临标记效率不稳定的问题（表 4-3）。

表 4-3　各代谢物修饰条件

人工代谢物	培养浓度	培养条件	功能性结合基团	标记浓度	标记条件
脂肪酸类似物	7μmol/L	37℃，5h	–	–	–
叠氮氨基酸类似物	50μmol/L	37℃，72h	DBCO	10μmol/L	室温，4h
叠氮胆碱类似物	–	–	DBCO	1μmol/L	37℃，1h
叠氮糖	50μmol/L	37℃，72h	ADBIO	10μmol/L 1nmol/L	37℃，30min 37℃，1h

六、基于母体细胞内吞的间接标记

（一）基本原理

细胞可以通过内吞作用主动地摄取培养环境中的物质，与细胞共培养的标记探针进入细胞内部后被细胞转运至细胞外囊泡内，从而完成对细胞外囊泡的间接标记。无机纳米材料如超顺磁性氧化铁及金颗粒可通过该种方式被细胞摄取。此外，利用细胞表面高表达的受体蛋白，可促进经对应配体修饰的纳米材料的摄取，从而提高细胞外囊泡的标记效率。

（二）操作步骤

以超顺磁性氧化铁为例，操作步骤如下：

（1）使用含200μg/ml超顺磁氧化铁纳米颗粒的完全培养基培养细胞。

（2）培养72h后更换为无血清的培养基培养24～48h。

（3）集细胞培养上清并分离纯化小细胞外囊泡。

七、基于基因工程的间接标记

（一）基本原理

借助基因工程技术可以对细胞内的特定蛋白质进行改造。通过表达携带结合位点或标记探针的膜蛋白，可提供特异性标记位点或直接生成标记探针。常用的标记蛋白为荧光蛋白及荧光素酶。有研究将生物素与膜结合蛋白的融合基因导入细胞内，成功将生物素修饰至细胞膜表面，随后传递至细胞外囊泡。

（二）注意事项

利用基因工程技术所构建的细胞系能够稳定表达融合蛋白，因此具备稳定的修饰效率，并且无须外源性添加修饰材料，操作简便；同时针对特征蛋白的修饰可以实现对特定亚群细胞外囊泡的标记，以及对其生物学行为或功能的研究。然而，稳定细胞系的构建耗时长、花费大；此外，基因水平的改造可能对细胞的原有生理状态或蛋白质功能产生影响，从而改变细胞外囊泡原有的生物学功能。

第四节　细胞外囊泡标记技术的发展现状及展望

近年来，细胞外囊泡的研究主要集中在两个方向，一是研究细胞外囊泡参与病理生理过程及其相关的分子机制；二是实现细胞外囊泡在疾病诊疗中的临床应用。细胞外囊泡的可视化一方面可以实现对细胞外囊泡生成、释放、转运、摄取以及最终转归等全过程的直接观察，为细胞外囊泡与细胞间的作用方式提供直观理论依据；另一方面为其作为治疗载体或诊断标志物在临床上的应用提供评估及检测基础。作为影响细胞外囊泡示踪与成像的关键因素，标识策略的不断完善是细胞外囊泡可视化研究发展的基础。现有的细胞外囊泡标记策略大部分依托于较为成熟的细胞标记策略发展而来。然而，细胞外囊泡的纳米级尺寸对其标记提出了巨大挑战。首先，为保持细胞外囊泡原本的生物特性，应保证细胞外囊泡的结构以及所携带的生物信息分子不受干扰。其次，为实现对细胞外囊泡的实时动态观测，获取其完整轨迹，需要具备较高的标记特异性、时空分辨率、信号强度及稳定性。再者，在活体示踪中，标记材料需要具有良好的组织穿透性和生物安全性。最后，在研究细胞外囊泡的具体类型或组成时，需要对其进行多组分标记，且各组分之间的标记应互不干扰。

近年来，针对小细胞外囊泡的多种新型的标记材料及标记方法被提出。主要手段为通过对现有标记材料的改造或修饰，以优化原有标记材料的性能或赋予其新的功能。量子点作为新型无机纳米材料，具有优良的光学及生物学性能，并且通过对其含元素和合成方法进行调整，可以对其性能进行改造，具备多样化的潜力。例如，通过静电作用将聚乙烯亚胺修饰至金碳量子点表面，以结合肿瘤特异性抗体形成特异性靶向肿瘤源性小细胞外囊泡的标记探针；通过硅的荧光闪烁特性提供更高的分辨率，实现对单个细胞外囊泡的示踪成像；以及通过与金属 Mn 的结合，赋予标记分子荧光以及磁共振的双模态成像特性，以实现更精确的高时空分辨率的成像。此外，也有研究在氧化铁纳米颗粒内添加金元素，以实现 CT 和磁共振的双模态成像。

随着检测方法的不断更新，新的标记材料也不断出现。新近研发的结合光声效应以及超声成像的光声成像技术在医学研究中日益兴起，其具有较高的组织浸润深度及空间分辨率。已有研究通过声光造影剂观察到红细胞来源的小细胞外囊泡在鼻咽癌中的累积。此外，有研究利用含氘代谢物的培养基培养细胞以收获氘标记的细胞外囊泡，并利用拉曼光谱对细胞外囊泡进行成像。

多种新型标记策略的研发正在不断推动针对细胞外囊泡的研究及应用。然而，随着对细胞外囊泡的深入研究，科学家们发现细胞外囊泡群体具有丰富的异质性，其表现在来源、大小、内容物及功能等多方面，现有的针对群体细胞外囊泡的研究无法精准反映其特异性的生物学行为及功能。因此对于细胞外囊泡的单颗粒分析需求日益增长。与之对应，发展高特异性、高灵敏的多色标记及单颗粒检测也成为当下亟待攻克的技术瓶颈。此外，鉴于细胞外囊泡所拥有强大临床诊疗潜能，其临床转化应用也是当前研究的焦点。安全、高效、准确、便捷的标记与检测将会极大地推动细胞外囊泡的临床转化。

第 5 章　细胞外囊泡的生物学功能研究

第一节　概　　述

早期研究认为细胞外囊泡是细胞丢弃的废物，随着研究的深入，大量证据提示细胞外囊泡是介导细胞间通讯的重要媒介。细胞外囊泡广泛参与体内多种生理或病理过程，如生长发育、免疫反应、肿瘤进展等。但是，目前对于细胞外囊泡的生理作用及其作为载体的活体内循环规律还知之甚少，这在很大程度上阻碍了基于细胞外囊泡的基础研究和临床转化。阐明细胞外囊泡的生物学功能是解析生理或病理性事件发生发展规律的关键，更是指导诊疗载体转化应用的理论基础。细胞外囊泡的生物学功能研究根据实验方法、实验对象等细节可分为体外试验和体内试验两个维度（表 5-1）。体外试验多从细胞分子层面阐述细胞外囊泡分泌的机制以及其对受体细胞的作用，体内试验则从动物模型层面进一步验证细胞外囊泡在活体内的生物学行为和作用，例如细胞外囊泡的分布、代谢、安全性等。

（一）细胞外囊泡的体外生物学功能研究

细胞外囊泡的体外生物学功能研究主要涉及细胞外囊泡的分泌过程，受体细胞对细胞外囊泡的结合和摄取，细胞外囊泡内容物对受体细胞的调控这三方面。细胞外囊泡，尤其是其中的重要亚型——外泌体，其生物发生过程由连续的多步骤组成，并且在不同物种间相对保守。其步骤可以分为早期核内体的形成，晚期核内体的成熟以及多囊泡体的形成释放。早期核内体由质膜内陷形成的杯状结构发展而来，其内包含细胞表面蛋白和与细胞外环境相关的可溶性蛋白，在某些情况下新形成的杯状结构可直接与先前存在的早期核内体合并。跨高尔基体网络和内质网也有助于早期核内体的形成。早期核内体进一步成熟为晚期核内体，并最终转变为多囊泡体。多囊泡体既可以与溶酶体或自噬体融合进入降解途径，也可以与质膜融合释放内含物作为外泌体。细胞外囊泡功能研究的另

表 5-1　细胞外囊泡的生物学功能研究方法对比

维度	实验目的	实验方法	实验对象
体外	分泌机制	免疫荧光，免疫共沉淀，纳米颗粒跟踪分析	亲本细胞
	携带标志物	免疫印迹，免疫电镜，酶联免疫吸附实验，纳米流式	细胞外囊泡
	与受体细胞互作	共培养，免疫荧光，动态示踪，流式细胞术	细胞外囊泡 + 受体细胞
	分布和代谢	活体成像，纳米流式，组织学分析	动物
体内	参与疾病进展	疾病模型，生化检测，组织学分析	动物，人
	诊疗载体转化	活体成像，生物检测，组织学分析	动物，人

一个热点问题是其经受体细胞的摄取过程，这一过程是理解细胞外囊泡内容物的转归以及其调控受体细胞表型和功能改变的前提。细胞外囊泡的摄取涉及其针对受体细胞的靶向性及其内容物的内化和转归。研究发现定位于细胞外囊泡和受体细胞表面上的多种蛋白，包括整合素、凝集素、T 细胞免疫球蛋白和含有黏蛋白结构域的蛋白 4（T-cell immunoglobulin and mucin domain containing protein-4，Tim4）参与细胞外囊泡的摄取过程。然而，目前仍不清楚特定的细胞外囊泡亚型与受体细胞的组合是否可以赋予特异的靶向性。利用亲脂性染料追踪细胞外囊泡在上述过程中的定位是当前常用的研究策略。既往研究主要集中于探索细胞外囊泡与靶细胞的融合过程而缺乏对细胞外囊泡内化终点的关注，如内容物向受体细胞内的传递及其降解或再分泌。全面解析这一动态过程以揭示细胞外囊泡介导的货物递送功能是当前的研究热点。

（二）细胞外囊泡的体内生物学功能研究

体外生物学功能研究在探索细胞外囊泡分子组成和潜在生物学功能方面具有独特的优势，有助于我们对细胞外囊泡的深入理解。然而，细胞外囊泡作为细胞间通讯的载体，广泛参与人体各种病理生理反应，时刻与体内细胞维持紧密的联系和相互作用。活体水平的研究有利于进一步探索细胞外囊泡在真实生理环境下的生物学行为。通过研究细胞外囊泡在活体内的生物学行为，如体内循环、组织分布、清除规律、组织靶向性等，为评估细胞外囊泡治疗潜能及安全性，探究细胞外囊泡调控疾病发生发展的机制提供了理论支持。体内生物学功能研究不仅有助于我们理解细胞外囊泡的基本生物学行为，更有助于揭示细胞外囊泡参与机体病理生理学过程的具体机制，从而为疾病治疗提供新思路或新方法。

细胞外囊泡的生物学功能研究在很大程度上需要综合运用体外及体内的研究手段，通过体内和体外研究之间的相互印证，确定细胞外囊泡在亚细胞水平及疾病模型水平之间的联系，以全面且真实地反映细胞外囊泡的生物学功能。

第二节　细胞外囊泡的体外研究策略

一、细胞外囊泡的形成与分泌机制

微囊泡（microvesicles，microparticles）是一类由细胞膜直接向外出芽发生质膜裂变而形成的囊泡。它的生物发生是磷脂再分布和细胞骨架蛋白质收缩之间动态互作的结果。蛋白质和磷脂在细胞膜上的分布是不均匀的，此种非对称分布模式受氨基磷脂转位酶（aminophospholipid translocases）调节。细胞膜出芽过程由磷脂酰丝氨酸向外膜易位触发，后续通过肌动蛋白 - 肌球蛋白相互作用使细胞骨架结构收缩完成。在黑色素瘤模型中，过表达 Rho 家族的 GTP 结合蛋白 GDP- 核糖基化因子 6（ADP-ribosylation factor 6，ARF6）可以促进微囊泡的分泌，这可能是 ARF6 通过磷脂酶 D 促进下游肌凝蛋白轻链的磷酸化激活而引起的。此外，微囊泡的内容物也呈现出一定的特异性。例如，来自黑色素瘤细胞的微囊泡携带有丰富的整合素受体 β_1 和囊泡相关膜蛋白 3（vesicle-associated membrane protein 3，VAMP3）等，而明显缺失在外泌体中高度富集的转铁蛋白受体。这些特异性的货物可能为研究微囊泡的形成与分泌机制提供更多线索。

外泌体的生成起源于质膜内陷。由早期内体向多囊泡体成熟的过程中，内体膜通过内向生芽作用生成腔内囊泡(intraluminal vesicles，ILV)，即外泌体的前体。细胞内生成多囊泡体后，降解型多囊泡体与溶酶体融合走向降解途径，而分泌型多囊泡体最终与细胞质膜融合，向胞外释放外泌体。多囊泡体和腔内囊泡的生成包括内吞体分选转运复合体（endosomal sorting complex required for transport，ESCRT）依赖和非 ESCRT 依赖两种机制。在外泌体分泌至胞外的过程中，Rab 家族（Rab11、Rab35、Rab27A/B、Rab9 等）和可溶性 NSF 附着蛋白受体（soluble NSF-attachment protein receptor，SNARE）家族同样发挥重要的辅助作用。Rab 家族是一种小 GTP 酶蛋白，控制着胞内囊泡的运输过程，如囊泡通过细胞骨架的移动和囊泡定位于细胞质膜上等，这提示 Rab 可能与外泌体的分泌有关。SNARE 作为一种由多种蛋白组成的蛋白复合体，可以使相互接触的质膜融合，成为促进囊泡膜与细胞质膜融合的“发动机”。调控上述过程中的任一关键点，即可影响外泌体的形成和分泌。

（一）确定调控细胞外囊泡分泌的候选蛋白

1. 通过文献学习，整理已报道的可能参与调控细胞外囊泡分泌的所有分子，结合这些分子在细胞中蛋白质水平和（或）mRNA 水平的变化筛选候选蛋白。

2. 通过质谱分析检测亲本细胞及其来源细胞外囊泡中 ECSRT 家族 /Rab 家族 / SNARE 家族等相关蛋白的含量变化，筛选候选蛋白。

3. 利用基于 CRISPR Cas9 技术的全基因组 sgRNA 文库筛选可能参与调控细胞外囊泡分泌的候选蛋白。

（二）候选蛋白的功能验证

1. 利用免疫荧光技术验证候选蛋白与细胞外囊泡关键标志物（CD63、Alix、CD9 等）及重要货物在胞内的共定位。

2. 利用基因转染技术干扰上述候选调控蛋白，检测细胞外囊泡分泌的影响。

3. 在干扰候选调控蛋白的基础上利用 Rescue 实验验证候选调控蛋白的作用。

（三）候选蛋白的作用机制研究

1. 利用蛋白质免疫印迹实验分析候选蛋白对 ESCRT 家族 /Rab 家族 /SNARE 家族等相关蛋白含量的影响。

2. 利用免疫共沉淀实验研究候选蛋白互作的复合物。

3. 对比敲除候选蛋白前后，细胞外囊泡携带关键货物的变化，研究候选蛋白对货物分选的影响。

二、细胞外囊泡与受体细胞的共培养

细胞外囊泡最关键的功能就是介导信息分子在细胞间的传递，因此共培养模型是揭示细胞外囊泡生物学功能的基础单元。体外的共培养模型应该尽可能模拟实际的生理环境以真实反映细胞外囊泡的特性。因此，针对不同的实验目的和研究对象，选择合适的共培养条件十分重要，对于常见共培养模型所需材料及优缺点总结见表 5-2。

（一）常见共培养模型

基于细胞培养皿的 2D 共培养模型是当前最常见的类型：将预标记的细胞外囊泡加入培养上清中至一定终浓度，与受体细胞共培养一段时间后进行后续检测。

共培养小室将同一培养环境分割为两个空间，利用微孔膜实现两空间之间特定成分的交通，这一特性使其适用于研究细胞外囊泡介导的细胞间通讯过程。如果将受体细胞与细胞外囊泡共同置于上室，可以连续观察细胞外囊泡与受体细胞共培养后，受体细胞迁移、侵袭能力的改变；如

表 5-2　常用共培养模型

共培养模型	材料	优点	缺点
2D 共培养模型	培养皿	廉价；易操作； 周期短；便于检测	无法检测细胞运动； 无法模拟疾病真实环境
共培养小室	Transwell 小室	观察细胞运动能力	受体细胞总量受限，限制后续功能分析
类器官	类器官模型	模拟疾病环境	构建复杂；周期长
微流控芯片	微流控阵列芯片	多区域细胞培养；高通量细胞分析；再现肿瘤微环境	昂贵；周期长；需要特殊仪器

果选择较小孔径（如 3μm）的通透膜，分别在上室接种受体细胞，下室添加细胞外囊泡，可以观察细胞外囊泡对受体细胞迁移、侵袭功能的诱导能力；如果选择较小孔径（如 3μm）的通透膜，将供体细胞和受体细胞分别接种于上室和下室，可以模拟细胞外囊泡介导的细胞间相互作用（图 5-1）。

类器官作为一种模拟细胞原生环境的工具，也可作为研究细胞外囊泡与受体细胞的共培养模型。类似于共培养小室，受体细胞形成的类器官结构也是一个较独立的系统。如果将细胞外囊泡直接加入培养液，或者将细胞外囊泡注射进类器官结构内部（图 5-2A、B），可以直接观察细胞外囊泡对受体细胞的作用。如果利用特殊标记（如 CD63-EGFP）的供体细胞和受体细胞构建细胞共培养模型（图 5-2C、D），可以利用这一仿生系统研究细胞外囊泡在介导细胞间通讯中的作用和动态过程。

微流控芯片也是构建细胞仿生环境的有力工具。微流控芯片将生物、化学、医学分析过程中的样本制备、反应、分离、检测等基本单元集成到一块微米尺度的芯片上，不仅可以在这一封闭系统内实现细胞外囊泡与受体细胞的共培养，而且通过集成生物传感器阵列可以自动完成精确且可重复的分析。此外，通过表面基质包覆，

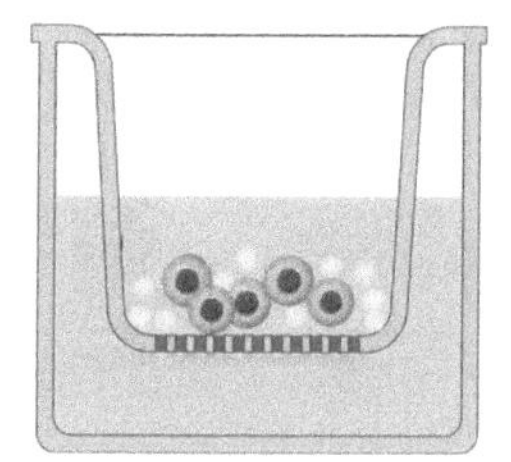
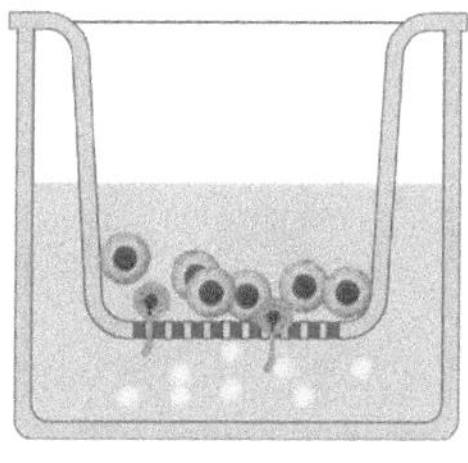
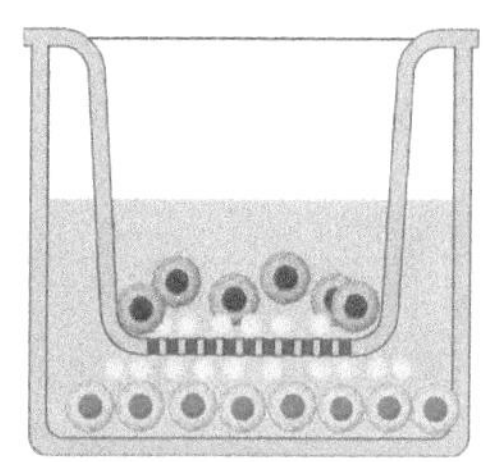

图 5-1　共培养小室模型

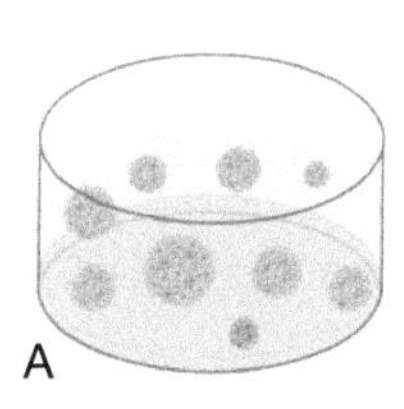

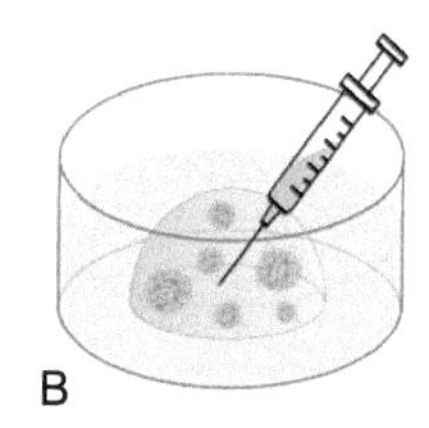

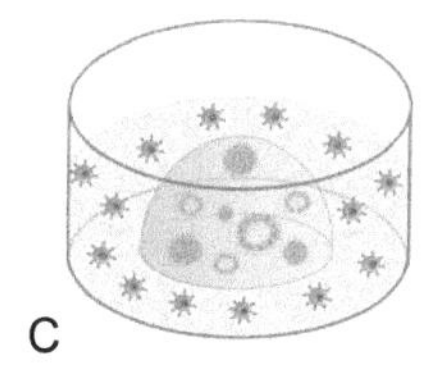

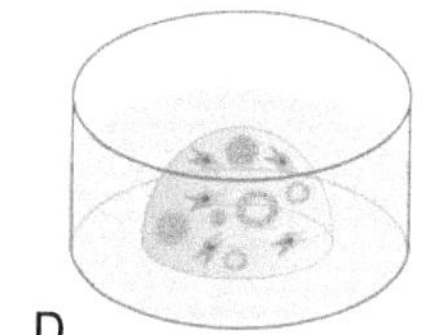

图 5-2　类器官共培养模型

微流控芯片还可以与类器官相结合，并通过泵送动力模拟正常体液循环，通过液流导引实现不同组分的接触控制，这些特征使微流控芯片在模拟正常生理环境方面具有更大优势，因而在基于共培养模型揭示细胞外囊泡的生物学功能方面具有巨大潜力。

（二）共培养模型中细胞外囊泡的浓度及共培养时间

见表 5-3。

三、受体细胞对细胞外囊泡的摄取

（一）摄取机制

受体细胞对细胞外囊泡的摄取可分为以下 3 种类型。

表 5-3　共培养模型中细胞与细胞外囊泡的常规用量及共培养时间

实验目的	受体细胞用量	细胞外囊泡来源及浓度	共培养时间	检测手段
细胞外囊泡安全性检测	CHLA-136 细胞，1×10^4/ 孔（96 孔板）	NK 细胞，4×10^{11} 颗粒数 /ml	6h	多模式微孔板检测仪
细胞摄取细胞外囊泡	CD8$^+$T 细胞，2×10^5/ 孔（96 孔板）	人 WM9 细胞，25μg/ml	2h	共聚焦显微镜或流式细胞术
	RAW264.7 细胞，10^5（35mm 皿）	MDA-MB-231 细胞，1×10^7 颗粒数 / 皿	12h	共聚焦显微镜
	Oct4alo 细胞，10^5（100mm 皿）	间充质干细胞，10^5 ～ 10^9 颗粒数	24h、72h	共聚焦显微镜
	RAW264.7 细胞，10^5/ 孔（6 孔板）	脂肪间充质干细胞，10^9 颗粒数 /ml	12h	共聚焦显微镜
	鼠结肠类器官	鼠鞭虫，（1.5 ～ 3）$\times10^6$ 颗粒数	3h	共聚焦显微镜
细胞增殖实验	HepG2 细胞，6×10^4/ml（12 孔板）	人类诱导多能干细胞，20μg/ml	48h	荧光显微镜
	人脐带干细胞，2×10^5/ 孔（96 孔板）	人角膜上皮细胞 /Hela 细胞，5μg/ml	48h	CCK-8 试剂盒
细胞迁移实验	骨髓间充质干细胞，5×10^4（上室）	脂肪间充质干细胞，10^8 颗粒数 /ml	18h	光学显微镜
细胞成骨实验	骨髓间充质干细胞，1×10^4	前列腺癌细胞，5×10^5 颗粒数	4d	WB 或 qPCR
	骨髓间充质干细胞，10^4/ 孔（48 孔板）	脂肪间充质干细胞，10^8 颗粒数 /ml	4d	光学显微镜
内皮通透性实验	人脐带间充质干细胞，2×10^4/ 孔（24 孔板）	人角膜上皮细胞 /Hela 细胞，5μg/ml	48h	微孔板计数仪
货物传递实验	GBM8-mT/mG，10^4/ 孔（6 孔板）	Cre 供体细胞，10 ～ 40ng/μl	过夜	荧光显微镜

1. 配体 - 受体接触　蛋白酶 K 预处理细胞外囊泡被证明可以显著减少卵巢癌细胞对后者的摄取，这提示膜蛋白在细胞外囊泡摄取途径中的作用。另外，多种细胞外囊泡蛋白已被证明可以与靶细胞上的膜受体相互作用。四跨膜蛋白是一类膜蛋白，参与细胞黏附、运动、活化和增殖等过程。四跨膜蛋白在细胞外囊泡表面含量丰富，可能介导细胞外囊泡与受体细胞的接触。细胞外囊泡在免疫反应中的作用也提醒研究者关注整合素、免疫球蛋白、免疫检查点等分子在上述过程中的角色，这些蛋白质参与包括细胞间粘连、信号传导、白细胞转内皮迁移、抗原呈递等在内的一系列生理活动。此外，蛋白聚糖和凝集素也可能调控细胞外囊泡与受体细胞之间的接触。

2. 膜融合　真核细胞中细胞内膜的融合涉及多个蛋白质家族，包括 SNARE、Rab 和 Sec1/Munc-18 相关蛋白（SM 蛋白）。SNARE 由小的、膜锚定蛋白质组成，具有约 60 个氨基酸的共同基序（SNARE 基序）。SNARE 可逆地组装成紧密排列的核心复合物，将接近的膜紧密地拉在一起，继而诱导融合。SM 蛋白由可溶性蛋白家族组成，与 SNARE 成员结合并阻止核心复合物的形成。Rab 蛋白是监管 GTP-GDP 周期的 GTP 酶，与特定的蛋白质（效应蛋白）相互作用。这些蛋白在细胞外囊泡与细胞膜融合中发挥重要作用。膜融合是细胞外囊泡膜与细胞质膜脂质双分子层在水性环境中合并的过程。脂质双层近距离接触，外小叶直接接触，形成具有融合外小叶的半融合柄，此后，茎膨胀产生半聚变隔膜双层，熔融孔从中打开。最终，两个疏水芯混合形成一个一致的结构。

3. 胞吞　多项研究表明，细胞外囊泡可以通过内吞途径被摄取。网格蛋白介导的胞吞（clathrin-mediated endocytosis，CME）是最常见的胞吞类型之一。网格蛋白在衔接蛋白辅助下包被于细胞膜内侧并诱发膜变形，继而引起膜塌陷形成囊泡芽，芽状突起成熟并融合，最后脱落的芽泡与内体融合，沉积其内容物。也有研究提示，真核细胞中存在大量与网格蛋白无关的内吞途径，比如小窝蛋白途径。小窝蛋白是质膜中的小洞穴状内陷，其像网格蛋白一样，也可以内化到细胞中。小窝蛋白寡聚化可以介导质膜中脂筏的形成。脂筏是质膜内的微结构域，磷脂组成改变会导致脂筏的改建，进而影响细胞外囊泡的摄取。还有一种内吞途径为大胞饮，涉及内陷膜褶皱的形成，继而收缩至细胞内。质膜的褶皱延伸从细胞表面突出并包含细胞外囊泡所在的区域，随后由膜突起本身与质膜融合，该区域完全内化。细胞外囊泡的摄取过程也可能通过受体细胞吞噬作用或者脂筏途径来实现。吞噬作用是一种特殊的胞吞途径，主要介导细菌和凋亡碎片等颗粒物的内化。也有研究提示，白血病细胞释放的细胞外囊泡可以被巨噬细胞高效摄取，但未被其他类型细胞内化。常见能够靶向受体细胞摄取细胞外囊泡的抑制剂如表 5-4 所示。

表 5-4　靶向受体细胞摄取细胞外囊泡的常用抑制剂

摄取途径	抑制剂	作用目标
膜融合	质子泵抑制剂	钠重吸收（调节 pH 值）
	肝素	硫酸肝素蛋白聚糖
	α- 二氟甲基鸟氨酸（DFMO）	硫酸肝素蛋白聚糖

续表

摄取途径	抑制剂	作用目标
	Asialofetuin	半乳糖凝集素 -5
	人类受体相关蛋白质（RAP）	CD91
	RGD 肽	纤连蛋白
	EDTA	钙离子
	Cytochalasin D	肌动蛋白
	Cytochalasin B	肌动蛋白
	Latrunculin A	肌动蛋白
	Latrunculin B	肌动蛋白
网格蛋白介导的胞吞	Chlorpromazine	多巴胺受体，血清素受体，组胺受体，α_1- 和 α_2-肾上腺素能受体，M1 和 M2 毒蕈碱乙酰胆碱受体
小窝蛋白依赖的胞吞	NSC23766	Dynamin
	Dynasore	Dynamin-2
脂阀介导的胞吞	Methyl-b-cyclodextrin（MbCD）	胆固醇
	Filipin	胆固醇
	辛伐他汀	胆固醇
	伏马菌素 B1	鞘糖脂
	U0126	ERK1/2
大胞饮	EIPA	钠 / 质子交换泵
	阿米洛利	钠 / 质子交换泵
	巴菲霉素 A、莫宁辛和氯喹	H（+）－ ATP 酶活性
吞噬作用	Annexin-V	磷脂酰丝氨酸
	Wortmannin	PI3Ks
	LY294002	PI3Ks

（二）细胞外囊泡与受体细胞共定位

利用不同研究方法（表 5-5）阐明细胞外囊泡与受体细胞在空间和时间维度上的相对关系，有助于理解细胞外囊泡与受体细胞互作的精细过程。

1. 受体细胞对细胞外囊泡的摄取　流式细胞术，荧光显微镜，共聚焦显微镜（层扫），超薄切片的免疫电镜。

2. 细胞外囊泡在受体细胞中的转运　单颗粒动态示踪，超薄切片的免疫电镜。

3. 细胞外囊泡在受体细胞中的目的地　流式细胞术（分析降解时间），多色免疫荧光（共定位标注物），荧光蛋白辅助的动态示踪，超薄切片的免疫电镜。

（三）细胞外囊泡介导的生物信息传递

细胞外囊泡最引人关注的作用即介导细胞间的信息传递，亲本细胞可以藉由细胞外囊泡将多种类型的信息分子靶向传递

表 5-5　受体细胞亚结构的特异性标记

亚结构	标记材料	标记原理	备注
细胞膜	PKH26 探针	PKH26 是一种膜标记探针，结构上带有一长脂肪族尾巴，能稳定插入细胞膜脂质区域	
	DiO	细胞内质膜中逐步扩散	
	DiR	亲脂性碳氰酸酯 DiR 在水中发弱荧光，但在掺入膜中后会发出极其明亮且稳定的荧光	
细胞质	羧基二乙酸荧光素琥珀酰亚胺酯（CFSE）	FDA 和它的衍生物无荧光，分子进入细胞后被胞内无特异性的酯酶所水解产生荧光	仅积聚在具有完整细胞膜的细胞中
	7- 氨基 -4- 氯甲基香豆素（CMAC）	与肽段末端羧基缩合反应生成多肽 -2 香豆素的荧光底物	
细胞核	DAPI	与 DNA AT 区结合发蓝色荧光	高浓度下也会进入活细胞
	Hoechst	与 dsDNA 结合发蓝色荧光	适用于活细胞
	CellLight® Nucleus-CFP	表达融合到 SV40 核定位序列的 GFP	
微丝	CellLight®Actin-GFP	表达与人肌动蛋白融合的 GFP	phalloidin，Lifeact
微管	CellLight® Tubulin-GFP	表达融合到人微管蛋白的 GFP	paclitaxel
早期内体	CellLight® Early Endosomes- GFP	表达融合到 Rab5a 的 GFP	
晚期内体	CellLight® Late Endosomes- GFP	表达融合到 Rab7a 的 GFP	Rab9
溶酶体	CellLight® Lysosomes-GFP	表达融合到 Lamp1 的 GFP	Lyso-tracker
高尔基体	CellLight® Golgi-GFP	表达与 N- 乙酰半乳糖氨基转移酶融合的 GFP	C5-ceramide，C6-Ceramide
内质网	CellLight® ER-GFP	表达融合到钙网蛋白和 KDEL（ER 保留信号）的 GFP	glyburide，DiOC6（3）
线粒体	CellLight® Mitochondria-GFP	表达融合到 E1α 丙酮酸脱氢酶的 GFP	Benzoxazolium，Rhodamine 123，JC-1

至局部或者远处的受体细胞中，以调节受体细胞的表型和功能。因此，细胞外囊泡所携带信息分子的释放是细胞外囊泡发挥生物学功能的最后，也是最关键的一站。

1. RNA 类　PCR 方法验证 RNA 释放后在受体细胞内的富集，WB 验证传递的 RNA 保留了正常生物学功能，还可以利用荷载有荧光素酶 mRNA 或人工合成的特定序列 RNA 的细胞外囊泡揭示上述变化是由直接释放还是调控受体细胞转录引起。

2. 蛋白质类　受体 - 配体接触活化下游信号，荧光蛋白辅助的动态示踪可视化追踪释放过程，WB 验证传递效率，标签蛋白排除调控受体细胞转录 / 翻译的可能性。

3. 脂质类　磷脂检测试剂盒，脂质组学。

四、细胞外囊泡对受体细胞的生物学作用及检测

细胞外囊泡的异质性除体现在细胞来源、粒径、产量等特征上，还包括细胞外囊泡对受体细胞的功能调控。细胞外囊泡生物学功能的差异主要受到两方面因素的影响，一是不同类型细胞外囊泡所携带蛋白质、核酸等生物信息分子在种类和含量上可能存在很大差异，这表明存在与细胞外囊泡生物发生和（或）内容加载相关的特定货物分选机制；二是细胞外囊泡对特定细胞类型或器官的靶向性，这一靶向性由细胞外囊泡和受体细胞的特征共同决定。上述因素的多样组合可能进一步导致细胞外囊泡功能的复杂性和异质性。据此，针对细胞外囊泡生物学功能研究，要根据细胞外囊泡和受体细胞的异质性制订个性化的检测方案。

检测受体细胞生物学功能的常用手段

受体细胞受到细胞外囊泡刺激后，可以利用多种不同的细胞实验检测受体细胞的功能性改变，并为后续的机制探寻桥梁与方向。以下将从细胞的增殖、周期、凋亡、迁移、侵袭等方面介绍常用的一些细胞功能检测手段。

1. 细胞增殖　细胞总数和细胞活力的检测。细胞悬液，用台盼蓝染色，在计数板上计数透明未着色的细胞，计数每孔总的细胞数。活细胞率（%）= 活细胞总数 /（活细胞总数 + 死细胞总数）× 100%。此外，MTT 法和 CCK8 法也是常用的检测细胞增殖能力的方法。

2. 细胞迁移　划痕实验观察细胞的迁移能力。当细胞呈单层生长状态且融合度达 80% ～ 90% 时，人为地划出一个空白痕迹，作为“划痕”。随着孵育时间延长，划痕附近的细胞逐渐迁移至划痕重新铺满愈合，以此观察特定作用条件对细胞迁移能力影响。Transwell 迁移实验观察细胞变形迁移的能力。

3. 细胞侵袭　Transwell 侵袭实验观察细胞降解细胞外基质成分的能力。将细胞接种于培养小室上室，细胞在一定条件诱导下就会穿过聚碳酸酯膜上的小孔迁移膜下方。若在膜上铺一层基质胶，在上室培养的细胞能够分泌蛋白酶，溶解侵袭基质胶，进而穿透膜。因此，通过 Transwell 侵袭实验可反映细胞侵袭能力，细胞侵袭能力越强，分泌蛋白酶越多，穿透膜的细胞就越多。

4. 细胞周期　流式细胞术分析细胞周期的原理：在细胞周期的不同时期，DNA 含量存在差异，用 DNA 染料进行染色（如 PI），DNA 含量多，荧光强度高，DNA 含量少，荧光强度低，因此可以根据 DNA 荧光强度的变化来判断细胞处于哪个时期。

注意事项：

① PI 是通过插入双螺旋结构中叠加在一起的碱基对核酸进行染色的，并且它可以插入所有 DNA 和 RNA 的双链区，PI 不是 DNA 特异性的，所以需要加入 RNase 消除 RNA 的影响。

②不同于蛋白染料和细胞之间的牢固结合，DNA 与染料的结合是一种结合态和游离态之间松散的平衡，不是很牢固，所以洗涤步骤会造成染料丢失，降低核酸的特异性荧光，造成测量值变小，因此，DNA 染色时一定不要洗涤。

③ PI、7-AAD、TOTO-3 和 YOYO-1 等染料不能透过完整的细胞膜，在染色

时，一般需要用 70% 乙醇固定、通透细胞膜，从而使这些染料进入细胞核内与 DNA 结合，可以选择特殊细胞周期检测试剂盒，不仅可以检测固定细胞，也可以检测活细胞。

5. *细胞凋亡*　Annexin V-PI 双染法流式细胞术检测细胞凋亡。通过流式仪检测，正常细胞状态时 PS 位于胞膜内侧，不能与 AV 结合，即 AV^-P^- 代表正常细胞。当细胞发生早期凋亡时，细胞膜稳定性下降而部分外翻使膜内侧的 PS 外露并与 AV 结合，即 AV^+P^- 代表早期凋亡细胞。当细胞发生晚期凋亡时，胞膜进一步外翻使 PS 更多外露与 AV 结合，同时细胞膜选择透过性丧失，PI 染料入核与 DNA 结合，即 AV^+P^+ 代表晚期凋亡细胞。而当细胞坏死状态时，胞膜破裂而使胞外 PI 进入胞内并与核内 DNA 结合，即 AV^-PI^+ 代表坏死细胞。

6. *细胞转录*　将目的基因转录调控元件构建入带有荧光素酶（firefly luciferase）的表达载体，构建成报告基因质粒，使这段序列调控 luciferase 的转录表达。然后将报告基因质粒转入细胞，给予其相应处理后裂解细胞，并加入底物荧光素（luciferin），luciferase 可催化 luciferin 发出荧光（最强波长在 560nm）。检测得到的荧光值高低可以判断不同处理对该转录调控原件的影响。为避免由于质粒转染细胞时效率差异所造成的误差，通常会转入 Renilla luciferase 的报告基因质粒作为内参（最强波长在 465nm 左右），即双荧光报告系统。实验注意事项：①为保证荧光素酶检测试剂的稳定性可以采取适当分装后避光保存的方法，以免反复冻融和长时间暴露于室温。②为取得最佳检测效果，同一批样品最好保证相同的测定时间，通常为 10s。

7. *细胞分泌功能*　受体细胞分泌物主要存在于细胞培养上清液中，可分为囊泡、蛋白质、RNA、代谢产物等。针对不同的分泌物，首先进行纯化及富集，再选择相应的检测手段。主要检测手段包括 NTA、电镜、纳米流式等。

不论是细胞外囊泡膜蛋白还是游离的蛋白质，提取后均可利用 WB 验证。此外，可通过质谱分析了解全部分泌蛋白的表达情况，并筛选出目标蛋白。酶联免疫吸附法测定（ELISA）法也可以定量分析分泌性蛋白的含量。对于分泌性 RNA，通常选择 qPCR 检测目标 RNA 的表达丰度，也可以利用高通量测序方法获得上清中全部 RNA 的种类和含量信息，还可以利用各类试剂盒对细胞代谢产物进行检测。

第三节　细胞外囊泡的体内研究策略

一、增加细胞外囊泡含量的方法

（一）细胞外囊泡的增补途径

为进一步探究细胞外囊泡在活体内的作用，常常需要开展动物实验，以观察细胞外囊泡在真实生理环境中对机体功能、代谢及形态的影响。实现这一目标的干预方法有两种，一是通过外源性途径将细胞外囊泡注入动物体内，以增加其在体内的浓度及相应组织器官的分布含量，这种方法较为常用。而注射的途径和方法是多种多样的，在目前的肿瘤相关研究中主要以静脉注射、腹腔注射和瘤内注射为主。当然也可根据具体的实验目的、实验动物种类、肿瘤类型选择其他的注射途径，例如皮下注射、口服灌胃、鼻饲给药、脑内给药等，下面将简要陈述以上细胞外囊泡注射途径的方法和注意事项。另一种体内增加细胞外囊泡含量的方法是对细胞外囊泡的分泌和耗竭进行生理上的调控。

1. *静脉注射* 小鼠静脉注射，通常利用鼠尾侧静脉。鼠尾静脉有3根，分布于左右两侧及背侧。左右两侧尾静脉比较容易确定，约在时钟2：30和9：30的位置，沿着尾纵轴在皮下走行，多被采用。操作时先将小鼠固定在鼠筒内，露出鼠尾，注意保持其呼吸通畅，防止窒息。尾部用45～50℃的温水浸润30s或用酒精擦拭，随后用手轻揉鼠尾，使血管扩张。通过尾静脉注射仪的透射光源观察鼠尾侧静脉，选择较充盈的一支进行注射。注射器针尖平面朝上与静脉平行，从尾下1/4处（距尾尖2～3cm）处进针，此处皮薄易于刺入。先缓注少量细胞外囊泡溶液，如无阻力，表示针头已进入静脉，可继续注入。注射完毕后把尾部向注射侧弯曲以止血。如需反复注射，应尽可能从末端开始，以后向尾根部方向移动注射。尽力保证每次尾静脉注射成功，防止因注射失误导致鼠尾尾端坏死，影响后续实验。药代动力学研究表明，注射的囊泡很快从血液中循环至组织器官，主要位于肝脏、肺和脾脏，随后也可在肾脏和骨髓检测到。

2. *腹腔注射* 使用大鼠和小鼠进行实验时，以左手固定动物，使腹部向上，右手持事先吸取好细胞外囊泡溶液的注射器，针尖平面朝上，平行扎入皮下后，沿皮下向前推进3～5mm，然后将注射器针头与皮肤成45°刺入腹腔，穿过腹肌，此时有落空感，固定针头，回抽无血液和尿液，缓缓注入细胞外囊泡溶液。注射完毕后，缓缓拔出针头，并轻微旋转针头，防止漏液。为避免刺伤内脏，可使动物处于头低位，使内脏移向上腹，同时穿刺部位不宜太深或太近于上腹部。为防止在下腹中间注射时伤到膀胱，最好是从下腹部两侧注射。通过腹腔注射的细胞外囊泡在3h后即可以在循环中被检测到，随着时间的延长广泛分布于全身，如肝、脾、胃、肠、肾和肺等多组织器官。

3. *皮下注射* 使用大鼠和小鼠进行实验时，一般选择背侧进针，提起注射部位皮肤，使皮下形成空隙，注射针自头部向尾部方向插入被提起的颈背侧皮肤形成的三角区。将注射针沿皮肤推进5～10mm，针头可轻松左右摆动，表明针头在皮下。轻轻回抽无血，缓缓注入细胞外囊泡，出针后按压注射部位，防止注射液外溢。皮下注射的吸收比其他途径（如静脉注射或腹腔注射）要慢。

4. *口服灌胃* 灌胃时将灌胃针头按在注射器上，吸入药液。左手抓住鼠背部及颈部皮肤将动物固定，右手持注射器，将灌胃针插入动物口中，沿咽后壁缓缓插入食管。动物应固定成垂直体位，针插入时应无阻力。感到阻力或动物挣扎时，应立即停止进针或将针拔出，以免损伤或穿破食管以及误入气管。灌胃体积过大而超出小鼠胃可承受的限度（如40ml/kg以上），会导致药物直接进入小肠或发生食管反流。牛奶来源的细胞外囊泡对胃肠道中的恶劣降解条件具有极强的抵抗力，可通过此种方法进行消化系统疾病的细胞外囊泡给药研究。

5. *鼻饲给药* 将小鼠固定在手中，用移液枪或注射器吸取少量药物，滴在小鼠鼻孔处。观察到液滴被小鼠吸入后，如此反复操作，直至特定体积的药物被吸收完毕。鼻内给药通常用于将药物或样品引入肺部，这种方法相较气管滴注法更为自然。由于鼻黏膜血管丰富，鼻内给药的效果有时可以类似于静脉注射。然而，大剂量给药易导致小鼠呼吸困难。

6. *瘤内注射* 体内成像观察到的荧光信号集中在肿瘤局部，并随着时间逐渐减弱（每日成像）。在注射72h之后标记信号在瘤内仍可以检查到，但是在全身其他部位无显著富集。此方法可以提高细胞外囊泡被肿瘤组织中的细胞摄取的效率。

7. 脑内给药　此法常用于微生物学动物实验，将病原体等接种于被检动物脑内，然后观察接种后的各种变化。小鼠脑内给药时，选套有塑料管、针尖露出 2mm 深的针头，由鼠正中额部刺入脑内，注入细胞外囊泡。注射速度一定要慢，避免引起颅内压急骤升高。

8. 内源性途径　耐力运动期间，生理激活状态会引起急性应激反应，促进循环中细胞外囊泡的快速大量释放，这可能和细胞内钙离子含量的升高有一定的关系，而增加的细胞外囊泡主要迁移至肝脏中，经历进一步的清除。抗癌药物多柔比星经静脉注射 24h 后，可显著提高小鼠血清中细胞外囊泡的含量。推测是多柔比星激发了免疫细胞衍生的细胞外囊泡释放。光动力治疗中 Foscan 光敏剂可显著增加循环细胞外囊泡的含量，推测是 Foscan 进入癌细胞后，经过轻微的光动力损伤触发癌细胞的可逆性凋亡和细胞外囊泡的释放，证实了抗癌治疗过程中引发的癌细胞囊泡的大量释放。

根据文献报道，无论所研究的疾病模型如何，使用高剂量的全身给药途径比局部给药途径具有更明显的结果趋势。

（二）细胞外囊泡的增补剂量

将细胞外囊泡注射到实验动物体内是本领域非常重要的研究方法，但是目前关于细胞外囊泡的增补剂量和增补频率参差不齐，没有明确的标准。大多研究根据疾病模型、给药途径、细胞外囊泡细胞来源和培养条件、提取纯化方法等来决定细胞外囊泡的有效注射剂量。推荐每千克动物体重使用 0.001 ～ 100mg 的细胞外囊泡蛋白，颗粒数量在 1.6×10^{7} ～ 3.3×10^{12} 个。

（三）细胞外囊泡的增补频率

细胞外囊泡在体内的药代动力学和药效学相关指南尚未建立，关于补充外源性细胞外囊泡的频次尚缺乏具体标准。整理现有的文献发现，间隔较短者可在前次注射后 4h 进行第二次注射，间隔较长者为每周 2 次的频率，但是多数研究使用间隔 1d 的频率注射细胞外囊泡。增补细胞外囊泡的总次数可根据具体实验周期确定。现有文献中可供参考的外源性补充细胞外囊泡剂量及频率整理见表 5-6。

表 5-6　外源性补充细胞外囊泡的常用剂量和频率

疾病模型		细胞外囊泡来源	实验动物	注射途径	注射剂量	定量方法	注射频率
恶性肿瘤	AML 异体移植	人红细胞	小鼠	腹腔	3.3×10^{12} 颗粒数	NanosightZetasizer	间隔 1d，共 5 次
	胰腺癌	人成纤维细胞	小鼠	腹腔	0.15 ～ 0.20μg	Nanosight	间隔 1d
	骨髓瘤	J558 骨髓瘤细胞	小鼠	皮下	30μg	Bradford 测定法	1 次
	淋巴瘤	K562	小鼠	尾静脉	600μg	NanoSight LM10-HS	间隔 1d，共 4 次

续表

疾病模型		细胞外囊泡来源	实验动物	注射途径	注射剂量	定量方法	注射频率
炎症性疾病	溃疡性结肠炎	牛奶	小鼠	口服灌胃	200μg	Exocet 96A-1-SBI	每天，共 4 次
	败血症	脂肪组织来源干细胞	小鼠	尾静脉	200μg	NanoSight LM14	疾病诱导后，1 次
神经系统疾病	帕金森病	RAW 264.7	小鼠	鼻饲	1.2×10^9 颗粒数	NanoSight 500，V2.2	间隔 1d，共 2 周
	脑外伤	hBM-MSC	小鼠	尾静脉	30μg	Nanosight LM10	疾病诱导 1h 后，1 次
心血管系统疾病	心肌梗死	人 PBMC	小鼠	心肌内	100μg	NanoSight LM10	疾病诱导后，1 次
	心肌梗死	心脏祖细胞	大鼠	心肌内	300μg	NanoSight LM10	疾病诱导 1h 后，1 次

二、减少细胞外囊泡含量的方法

（一）基因编辑

KIBRA 主要在肾脏和与记忆相关的大脑区域中表达，其作为稳定 Rab27a 的类似适配器的蛋白质，通过抑制 Rab27a 的蛋白酶体降解来控制细胞外囊泡的分泌。小鼠体内实验表明，KIBRA-KO 小鼠与野生型小鼠相比，无论是在血清内还是在脑和肾脏组织中，细胞外囊泡的含量均有显著的降低，而细胞外囊泡的大小几乎没有受到影响。

（二）小分子抑制剂

细胞外囊泡生物发生的复杂性和异质性给利用单一药物抑制其产量的应用带来了挑战。根据作用机制可以将这些药物分为两大类：一类是影响细胞外囊泡运输的药物，例如，钙肽酶、ManumycinA 和 Y27632 等；另一类是影响脂质代谢的药物，包括泛硫乙胺、丙米嗪和 GW4869 等。

1. **钙肽酶** 通过结合被激活后，可以活化多种细胞生理过程，包括细胞迁移、细胞侵袭以及微囊泡的形成和释放。体内研究表明，先以 10mg/kg 的剂量注射在裸鼠的 PC3 肿瘤中注射钙肽酶，1h 后再使用多西紫杉醇或甲氨蝶呤进行治疗，比单独使用化疗药物效果要好。钙肽酶对微囊泡释放的抑制作用促使多西他赛和甲氨蝶呤在细胞内积累，导致细胞增殖显著降低且细胞死亡增多，进而抑制肿瘤生长。

2. ManumycinA 是一种从细小链霉菌中提取的细胞渗透性抗生素，是参与细胞外囊泡释放有关的 Ras 转移酶的有效抑制剂。研究显示 250nM 的 ManumycinA 可导致前列腺癌细胞系细胞外囊泡的分泌减少 50% ～ 60%。除此之外，用 5μM ManumycinA 预处理大鼠背根神经节 F11 细胞，可减少 CD63 阳性细胞外囊泡的数量。

3. Y27632 是 Rho 相关蛋白激酶 ROCK 的竞争性抑制剂，通过阻断这些蛋白质可以抑制微囊泡的释放。目前已知体外研究的推荐浓度范围为 0 ～ 30μM。

4. **泛硫乙胺** 是一种泛酸衍生物，作为辅酶 A 的中间体。它在脂质代谢和降低总胆固醇水平方面发挥着重要作用。已经证明泛硫乙胺可抑制培养的皮肤成纤维细胞中的胆固醇和总脂肪酸的合成。由于细胞膜的流动性是膜脂双层重组过程中的基础，因此泛硫乙胺可能发挥抑制微囊泡的脱落的作用。小鼠在腹腔注射感染伯氏疟原虫 ANKA 的红细胞后第 7 ～ 8 天可出现脑综合征，对这种小鼠连续 5d 注射泛硫乙胺（30mg/d），可预防脑型疟疾的发生，这与泛硫乙胺阻止内皮细胞释放微囊泡有关。

5. 丙米嗪　是一种三环类抗抑郁药，因其对酸性鞘磷脂酶 aSMase 的抑制活性而备受关注。微囊泡脱落与 aSMase 的快速激活和易位到细胞膜的外小叶有关，而丙米嗪可防止 aSMase 的易位，抑制微囊泡和细胞外囊泡的分泌。将丙米嗪给予去卵巢小鼠 45d，股骨密度测定结果显示，与未用丙米嗪治疗的小鼠相比，实验组小鼠矿物质密度有所提高，支持微囊泡参与破骨细胞分化，进而促进骨吸收的推论。

6. GW4869　是一种可渗透细胞的对称二氢咪唑并酰胺化合物，可作为膜中性鞘磷脂酶 nSMase 的有效、特异性、非竞争性抑制剂。据报道 GW4869 可显著减少细胞外囊泡的释放。在利用血管紧张素 Ang-Ⅱ，成功诱导 C57BL/6N 小鼠心肌肥大和心脏纤维化模型后，进行小鼠腹腔注射 2.5mg/kg 鼠重的 GW4869，可观察到心肌肥大和心脏纤维化在治疗后显著减少，该研究支持细胞外囊泡治疗心脏病理性肥大的作用。在另一项研究中，与单独使用吉西他滨治疗体内携带肿瘤相关成纤维细胞和转移胰腺癌 ASPC1 细胞的 NOD/SCID 小鼠相比，使用吉西他滨和 GW4869 的联合治疗组在治疗后 10d 内肿瘤的生长速度显著降低，表明 GW4869 在阻断细胞外囊泡释放过程中发挥作用。

除了以上两大类抑制剂，还有多种药物也被证实具备抑制细胞外囊泡产量的作用，例如双炔基马来酰亚胺 I、U0126、氯吡格雷、伊马替尼、NSC23766、二甲基阿米洛利、格列本脲、吲哚美辛、氯咪唑和磺胺嘧啶等，其作用机制不尽相同。

三、细胞外囊泡的分布与代谢

分子成像技术使我们能够观察细胞外囊泡的吸收、分布、代谢、排泄，例如荧光成像、磁共振成像、单光子发射计算机断层扫描（SPECT）和正电子发射断层扫描（PET）。荧光标记策略是细胞外囊泡可视化研究的关键技术，因为我们可以在特定波长的激发光下检测荧光发射，时间高效且无创。目前已发表的细胞外囊泡相关研究中，多数使用亲脂性染料进行标记，随后开展体内和体外成像。亲脂性染料主要分为两大类，第一类是 PKH67（绿色荧光）/PKH26（红色荧光），它们可以与外细胞外囊泡的脂质双层膜稳定结合，染色效果较好，应用较广泛。第二类是 Di 系列的亲脂性染料，包括 DiI（橙色荧光）、DiO（绿色荧光）、DiD（红色荧光）、DiR（深红色荧光）。其中 DiR 的红外荧光可穿透细胞和组织，在活体成像中用来示踪。慢病毒介导的荧光蛋白标记也是一种应用较广泛的研究策略，将细胞外囊泡的标志蛋白（如 CD63）和荧光蛋白（如 EGFP）的表达元件构建成质粒再包装后生产慢病毒，随后用此慢病毒感染细胞，构建可稳定分泌携带荧光蛋白的细胞外囊泡的细胞系。

细胞外囊泡在给药部位被吸收并转移到体循环后，通过血液组织屏障到达各组织。注射到小鼠静脉的细胞外囊泡主要分布在单核吞噬细胞系统（mononuclear phagocyte system，MPS）的器官中，如肝脏、脾脏、肺和肾脏，因此巨噬细胞来源的细胞外囊泡可以提高 MPS 的靶向性。在帕金森病小鼠模型中，细胞外囊泡的分布是由于与大脑微血管内皮细胞的相互作用，在炎症的大脑中增强。细胞外囊泡的组织分布与其治疗疗效和安全性问题有关，如在组织中的积累和副作用。当将未经修饰的细胞外囊泡静脉注射到4T1肿瘤细胞荷瘤小鼠体内时，它们主要在肝脏和脾脏中积累，在肺和肾脏中积累有限，在肿瘤组织积累很少。大量的静脉注射研究表明肝脏和脾脏可以快速清除细胞外囊泡。

四、细胞外囊泡的生物安全性评估

细胞外囊泡作为治疗剂或药物递送载体已有许多成熟的研究范例，但相关的安全性评估仍不容忽视。现有研究常使用小鼠、小型猪等动物模型进行疗效和安全性评估。在实验中，可通过观察动物体重变化和行为举动来初步判断是否受到细胞外囊泡的一般毒性作用。除此之外，血液成分和血液生化也是非常重要的观察指标，下颌下采血、断尾取血、内眦采血等是较常见的获取小鼠外周循环血的方式。其中红细胞、白细胞、血小板、中性粒细胞、淋巴细胞和单核细胞计数，或血细胞比容、血红蛋白、碱性磷酸酶、丙氨转氨酶、天冬氨酸转氨酶以及血尿素氮、钙、胆固醇、肌酐、球蛋白等含量是评估动物模型状态的重要指标。动物处死后，可通过大体尸检和组织病理学方法观察动物的重要组织器官（胸腺、心脏、肺、肝脏、脾脏、肾脏、肾上腺、卵巢和子宫和脑）是否受到影响。有研究报道，连续3周经尾静脉或腹腔向C57BL/6小鼠体内注射HEK293T细胞来源的细胞外囊泡，小鼠并未出现明显的中毒迹象或免疫反应。

五、活体水平的功能检测

红细胞衍生的细胞外囊泡可用于递送RNA药物，在人类细胞和异种移植小鼠模型中显示出强大的microRNA抑制和CRISPR-Cas9基因组编辑能力，并且没有观察到明显的细胞毒性。肿瘤细胞对肿瘤坏死因子相关的凋亡诱导配体（TNF-related apoptosis-inducing ligand receptor，TRAIL）介导的细胞凋亡具有选择性敏感，利用携载TRAIL的细胞外囊泡全身给药，可检测到肿瘤细胞的凋亡和癌症生长减少。牛奶中细胞外囊泡通过灌胃的方式一方面可以用来改善杯状细胞活性和MUC2产生，另一方面细胞外囊泡携带的microRNA可能会改善炎症和肠道屏障功能。细胞外囊泡具有跨越血脑屏障的内在能力，可以将过氧化氢酶剂递送至脑内，有可能成为治疗炎症和神经退行性疾病的通用策略。细胞外囊泡抑制剂与化疗联合使用时，通过抑制细胞外囊泡的释放，减少化疗药物的外排，增加其对肿瘤细胞的杀伤作用。此外，对肿瘤组织直接注射抑制剂，也可起到抑制肿瘤组织生长的作用。细胞外囊泡抑制剂抑制肿瘤细胞外周细胞外囊泡的释放，可减少肿瘤细胞的迁徙、远处转移和定植。

第四节　展　　望

细胞外囊泡研究蓬勃发展，尤其是在疾病诊断、治疗载体转化等领域频频出现突破。相关研究技术的发展将推动细胞外囊泡领域由基础向临床转化的跨越式发展，下面将从几个关键领域出发对研究方法进行总结和展望。

一、疾病诊断

人体几乎所有类型体液中都存在细胞外囊泡，如尿液、血浆、精液、鼻分泌物、眼房水、支气管肺泡灌洗液等。与血液中的游离核糖核酸（RNA）或蛋白质相比，来源于细胞外囊泡的生物标志物更加稳定和可靠，并且与人体（病理）生理变化的联系更密切。在文献中，许多不同的临床样本已被证明含有细胞外囊泡相关的生物标志物，具有疾病诊断 / 预测价值和疾病监测潜力。因此，对细胞外囊泡内容物，即蛋白质、微小核糖核酸（miRNA）、信使核糖核酸（mRNA）进行更详尽的研究是非常有意义的，因为它们提供了一个便捷的窗口期来监视分泌细胞的状态。在这方面，利用比较组学研究是发现新的生物标志物的基础。例如，研究发现，与健康受试者相比，膀胱癌患者的尿液中有 8 个细胞外囊泡相关蛋白表达上调，又比如在肺癌患者的筛查试验中血浆源性细胞外囊泡的 miRNA 谱中发现了 4 种肿瘤特异性 miRNA。Shi 等对健康人和帕金森病患者血浆中阿尔法 - 核蛋白（α-synuclein）水平进行了测定，当对主要在中枢神经系统表达的 L1 细胞黏附分子（L1 cellular adhesion molecule，L1CAM）阳性血浆细胞外囊泡进行定量时，帕金森病患者的 α-synuclein 水平显著升高。此外，对细胞外囊泡的群体分析忽略了单个囊泡的特定表型所赋予的诊断价值，这可以提供补充并发掘疾病相关的额外信息，因此，能够在单囊泡水平上进行分析的技术是未来重要的发展方向之一，另外出于诊断目的，疾病相关的细胞外囊泡相对于整体而言数量极少，这种方法将需要检测庞大数量的细胞外囊泡。因此，未来检测技术的发展方向是通过修改流式细胞仪设备 / 协议来检测单个纳米级别的细胞外囊泡。迄今为止，流式细胞术还不能检测到较小粒径范围的细胞外囊泡，并且需要抗体（因此也需要对特定疾病标志物的认识）的辅助标记，结合高检测灵敏度和高采集速度的抗体检测技术目前还很少见。一种新的依赖表面增强拉曼光谱（SERS）的策略，最小采集时间为 500ms，提供了一种单细胞外囊泡识别技术。基于获得的拉曼光谱，可以区别来源于红细胞和黑色素瘤细胞的细胞外囊泡。针对目前细胞外囊泡在疾病诊断中的应用，目前在 NCT 网站上登记注册的临床试验如表 5-7 所示。

表 5-7　正在进行的和已完成的涉及细胞外囊泡的临床试验

临床试验名称	项目编号
晚期非小细胞肺癌患者免疫治疗效果预测	NCT04427475
PD-L1 在肿瘤组织和血浆外泌体中一致性分析的临床研究（RadImm01）	
放射治疗前后 PD-L1 在肿瘤组织和血浆外泌体中一致性分析的临床研究（RadImm02）	NCT02869685
通过尿液外泌体生物学标志分析经过洛伐他汀、维达格列汀治疗的间变性甲状腺癌和滤泡性甲状腺癌的队列研究	NCT02862470
外泌体在黑色素瘤疾病发生中的分子机制研究	NCT02310451
外泌体在对肉瘤患者监测中的研究	NCT03800121
非霍奇金 B 细胞淋巴瘤中的外泌体和免疫治疗	NCT03985696
血液净化联合帕博利珠单抗在头颈肿瘤中的应用	NCT04453046
植物外泌体向正常及结肠癌组织递送姜黄素的临床研究	NCT01294072
恶性复发性神经胶质瘤的初步临床试验研究	NCT01550523
新诊断恶性神经胶质瘤免疫治疗初步临床试验研究	NCT02507583

国际上专注于细胞外囊泡液体活检的生物医药公司如雨后春笋般涌现，其中 Exosome Diagnostics 公司的多款基于细胞外囊泡技术的液体活检产品已经面市。2016 年，细胞外囊泡诊断行业的第一款产品 Exo DX Lung（ALK）推出，旨在对非小细胞肺癌患者间变性淋巴瘤激酶基因突变情况进行筛查；其第二款产品 Exo DX Prostate Intelli Score（EPI）则针对前列腺癌进行辅助诊断，并被美国食品药品监督管理局授予检测突破性医疗器械认定。国内多个科研单位对细胞外囊泡临床检测同样反响热烈：复旦大学的研究人员则开发了一种微流控拉曼生物芯片用于前列腺癌诊断；国家纳米科学中心的研究人员报道了热泳适体传感器用于富集与适体共轭的细胞外囊泡从而检测肿瘤的发生；重庆医科大学的研究人员利用基于表面等离子体共振成像的生物传感器对非小细胞肺癌相关细胞外囊泡的 miRNA 进行检测。这些研究成果无一不在临床检验工作上展现出巨大的应用前景。

二、治疗潜能及载体转化

载药细胞外囊泡根据其成分来源可分为天然细胞外囊泡和基因工程细胞外囊泡。由于细胞外囊泡的“内源性”，基于细胞外囊泡的药物递送系统可以降低免疫原性和毒性至最小；同时其纳米级别和膜结构有助于药物跨越重要的生理屏障如血脑屏障等。近日，*Nature Biotechnology* 杂志发布新闻，报道了多家制药公司宣布开发治疗型细胞外囊泡作为基因 RNA 药物的递送载体，这意味着多项科研成果正在走向应用转化。此前，有研究团队利用人源红细胞生产细胞外囊泡，利用电穿孔技术将干扰 RNA 导入细胞外囊泡并在体内靶向递送至肿瘤细胞，成功抑制肿瘤生长，此项研究同样提示细胞外囊泡的规模化生产是极具前景的。此外，多项基于工程化细胞外囊泡的临床研究正在开展，应用于肺癌、慢性肾脏病、肠癌、黑色素瘤等多种疾病中。在国内外各大生物医药公司的推进下，多项小型的 Ⅰ 期临床试验已完成。Aegle Therapeutics 是 FDA 批准的首家基于细胞外囊泡开展人体临床试验的公司；Codiak Biosciences 公司公布了 exo IL-12TM 临床 I 期的初始阳性结果，表现了良好的安全性，同时 exo STINGTM 公司的工程化细胞外囊泡也已进入临床 Ⅰ / Ⅱ 期试验。MD Anderson 中心日前也启动了第一个治疗性细胞外囊泡的临床试验，在胰腺癌患者体内利用携带靶向突变 Kirsten 大鼠肉瘤病毒癌基因（KRAS）的小干扰核糖核酸（siRNA）工程化细胞外囊泡阻断突变的 KRAS 活性。在疫苗开发领域，尽管尚不成熟，但细胞外囊泡同样有广阔的发展空间。有研究利用一种简单高效的细胞外囊泡功能化方法，获得了免疫原性更强的树突状细胞疫苗，在中晚期肝细胞癌、胰腺癌和乳腺癌中介导高效的免疫应答和抑瘤作用。国家纳米科学中心的研究员利用生物工程细菌衍生的外膜囊泡作为多功能抗原展示平台，可通过即插即用技术进行肿瘤疫苗接种。类似的，还有研究开发了一种嗜中性粒细胞 - 细胞外囊泡（NEs-Exos）系统，可装载并递送阿霉素类药物，NEs-Exos/DOX 作为针对神经胶质瘤的潜在疗法，可以克服传统化学疗法的局限性。生物公司 Capricor Therapeutics 近期公布了细胞外囊泡 SARS-CoV-2 疫苗的早期研究数据，细胞外囊泡 mRNA 疫苗比脂质纳米颗粒疫苗具有更好的安全性和保护效果。综上所述，细胞外囊泡的应用前景是光明而充满希望的，利用细胞外囊泡向特定组织高效且靶向性递送核酸或蛋白质，将开启基因治疗的新时代。

三、示踪成像

（一）示踪标志物的局限性

不同激发和发射波长的脂质染料（例如 PKH67、DiR/DiD、MemGlow）已被广泛应用于标记细胞外囊泡，具有操作简便、标记效率高、信号强和寿命长等特点。其中位于红外波段的脂质染料已广泛应用于体内研究。然而，亲脂性染料在细胞外囊泡研究中的应用因游离染料、聚集体或胶束、非细胞外囊泡的混杂标记、较长的半衰期等固有缺陷受到限制。

另一种常见的标记策略是通过荧光蛋白标记细胞外囊泡，可直接标记细胞外囊泡外膜或其内容物，通过荧光信号原位研究细胞外囊泡生成及分泌，追踪细胞外囊泡携带内容物释放等生物学过程。但其标记效率低、操作步骤复杂，并且只能标记单一组分，在研究高度异质性的细胞外囊泡群体时有较大局限性。

（二）细胞外囊泡生物生成、释放和分布成像

对多囊泡体中的囊内小泡形成成像以研究特定的细胞外囊泡生物发生过程具有挑战性，因为大多数活体方法缺乏单囊泡分辨率。通过过表达三磷酸鸟苷酶缺陷的小 GTP 酶（Rab5）诱导增大的囊内小泡提高了分辨率，但改变了多囊泡体的成熟和功能。

未来的发展方向需要追踪囊内小泡的生成，细胞外囊泡释放和胞膜出芽这一连续的动态过程，例如使用高速 3D 成像技术。利用可视化蛋白质转运的方法已经揭示了来源于核内体和胞膜的细胞外囊泡蛋白质组的差异，为我们了解细胞外囊泡亚型生成和释放的具体机制，探索体内细胞外囊泡亚型的特定功能提供了宝贵的证据。

（三）细胞外囊泡的高分辨率成像

在过去，细胞外囊泡动态示踪成像主要是基于传统的光学显微镜，受限于光学显微镜的分辨率，所有细胞外囊泡在视野下都是“荧光点”。然而，细胞外囊泡大小是高度异质性的，为 30 ～ 1000nm，作为研究重点的外泌体，其尺寸更是小于 150nm，远低于光学显微镜分辨率。因此，小尺寸的细胞外囊泡都无法“成像”展示，尤其是在活细胞水平对单囊泡行为的成像分析。目前已有多个开展细胞外囊泡研究的示踪成像平台，总结如表 5-8 所示。

了解细胞外囊泡的体内特征，如半衰期、生物分布和靶向机制，有助于其作为生物标志物、药物载体或生物调节剂的临床应用。高分辨率体内成像方法可揭示细胞外囊泡亚型释放的时间和位置以及它们在体液中的分布。这种“热点”追踪策略可以及时获得与诊断或疾病监测最相关的细胞外囊泡亚群。用于药物递送的细胞外囊泡高分辨率成像同样可以实时揭示细胞外囊泡药代动力学（半衰期、生物分布、清除率）、内容物转归和对受体细胞的影响，这有利于工程化给药方案的开发，以便在临床实践中实现高效的生物分布和靶向策略、最小的清除率和较高的药物递送效率。因此，高分辨率体内成像方法不仅将为细胞外囊泡体内循环策略提供重要见解，还将有利于基于细胞外囊泡的药物递送系统的临床开发。

表 5-8 细胞外囊泡示踪成像平台

成像设备	分辨率（XY）	分辨率（Z）	光照系统	探针	成像时间单位	图像后处理单位	适用对象
标准荧光显微镜	250nm	500nm	辐射荧光，共聚焦，全内反射荧光	常规荧光探针	s	无	活 / 固定
结构照明显微镜	80 ~ 150nm	250 ~ 350nm	明场	常规荧光探针	s	傅里叶变换	活 / 固定
受激发射减损显微镜	30 ~ 80nm	150nm	激光扫描	有限的激光选择	s	无	活 / 固定，最适宜固定
冷冻透射电镜	25 ~ 40nm	30nm	宽视野	无		无	固定
光激活定位显微镜	20nm	50nm	宽视野（辐射荧光，全内反射荧光）	激活型荧光蛋白	min	点扩散函数映射	活 / 固定
随机荧光重构显微镜	20nm	50nm	宽视野（辐射荧光，全内反射荧光）	激活型荧光染料	min	点扩散函数映射	活 / 固定
晶格层光显微镜	100 ~ 200nm	400nm	多贝塞尔光束照射	常规荧光探针	s/min/h	非必要，可跟踪动态进程	活 / 固定，更适合活
透射电子显微镜	< 1 nm	70nm	电子束	造影剂，抗体	s	无	固定
光镜电子显微镜	< 1nm/150nm	5nm	电子束，宽域	造影剂，纳米点和荧光蛋白	min	无	活 / 固定

第 6 章　细胞外囊泡诊疗标志物的临床转化应用

第一节　概　　述

细胞外囊泡广泛存在于多种体液中，这是发展基于细胞外囊泡的液体活检技术的基础，将为疾病诊断及动态监测病情发展提供更为便捷的途径。细胞外囊泡富含母体细胞的生物活性物质（核酸、蛋白质和脂质），可以较好地反映母体细胞的分子组成及生理状态。细胞外囊泡携带的生物信息分子与疾病的发生发展关系密切，相比传统标志物更具代表性。研究表明，体液中存在含量丰富的特异性标志物，且疾病状态下携带特殊标志物的细胞外囊泡在体液中的水平常显著升高。此外，细胞外囊泡在不同疾病状态下的异质性也引起了学界探索细胞外囊泡标志物的兴趣。概括而言，细胞外囊泡不仅是诊疗标志物的特殊载体，其本身的浓度等特征也有助于疾病的精确诊断。

更重要的是，细胞外囊泡的双层脂质膜结构可有效将其内部携带的蛋白质、核酸等生物信息分子与外界环境隔离，保护其免受外源性核糖核酸酶、蛋白酶等活性物质的降解，从而增强了细胞外囊泡所携带信息的稳定性。与基于新鲜提取组织样本进行即刻检测的活检方式相比，细胞外囊泡的来源更为稳定，且可长时间储存。从检测手段方面来看，细胞外囊泡的检测分析降低了生物基质复杂性和整体分析噪声，具有更高灵敏度，有助于实现对细胞外囊泡中低丰度生物大分子等的检测。因此，分析体液来源细胞外囊泡内的标志物，有望增强临床检测标志物稳定性和简化样品检测操作流程。目前，以细胞外囊泡为基础的液体活检已逐渐开始服务于临床。

潜在细胞外囊泡标志物的筛选验证主要包括 5 个阶段：实验设计、标志物筛选、初步验证、临床确证、临床评价。其中，细胞外囊泡诊断标志物研究的前期实验设计和筛选环节至关重要。筛选后的潜在标志物须经大量临床标本验证，证明其具备较高的灵敏度、特异度、预测能力、风险 / 效益比以及临床可操作性等，最终才能应用于临床诊断。

在筛选开始前，研究者首先要充分了解疾病诊疗现状，明确临床问题和需求，确定细胞外囊泡标志物的应用范围和使用方法，选择合适的研究人群和标本采集方案。进入对细胞外囊泡标志物的筛选阶段后，可基于生理学、病理学、生物化学等基础研究或各种组学技术所揭示的疾病症状背后分子通路的改变来进行筛选，目前并无标准的流程。在初步验证阶段，可以使用小样本量，主要用于建立合适的检测方法。而在临床确证阶段则需要采用大规模、多中心的样本对候选细胞外囊泡标志物进行验证，为广泛临床应用提供坚实的数据支撑。在细胞外囊泡标志物应用于临床之前，还需在研究人群中对潜在诊断方法进行必要的临床效益与风险评估，确保其在显著改善临床诊疗能力的同时，利于患者健康管理和医疗决策。

第二节　细胞外囊泡诊疗标志物的选择

一、用于诊疗的细胞外囊泡来源选择

体液含有丰富的生物信息分子，可作为疾病诊疗标志物的来源。与独立存在于血液或尿液等体液中的生物信息分子相比，细胞外囊泡稳定的脂质体样结构能保护其货物免受外界环境的干扰，保障了生物标志物检测的稳定性和可靠性。人体内几乎所有类型细胞都可以分泌细胞外囊泡，目前已从人体多种类型的体液，如尿液、血浆、精液、鼻腔分泌物、母乳、眼房水、脑脊液、腹腔液、支气管肺泡灌洗液、胆汁等成功分离出细胞外囊泡。但由于各类细胞外囊泡所携带生物标志物的含量、稳定性和功能特性等存在差异，在临床实践中确定使用哪一类体液来源细胞外囊泡作为辅助诊疗的生物标志物尚需全方位的权衡。

目前血浆来源细胞外囊泡携带的生物标志物在疾病预测和诊断领域的应用最为广泛。主要原因之一在于血浆来源的生物标志物种类较多，但在尿液、唾液等其他类型体液中含量较低；另一原因在于血浆不仅储备循环系统分泌的细胞外囊泡，还容纳有其他远隔器官、组织所分泌的细胞外囊泡。有研究表明，与传统标志物相比，血浆来源的细胞外囊泡可以更早地监测到疾病变化。例如，对于急性心肌梗死患者，在出现胸痛症状后的4h内，所有患者血浆来源的细胞外囊泡中均能检测到某些miRNA含量的异常上升，而此时肌钙蛋白、肌酸激酶等传统标志物尚未发生显著变化。然而，由于血浆中含有大量基质蛋白、游离核酸和与疾病没有直接关系的细胞外囊泡，因此如何纯化目标细胞外囊泡也是转化血浆来源细胞外囊泡的重难点之一。此外，有研究认为肝癌患者血浆中的细胞外囊泡含量在手术后会降低，在胶质瘤患者血浆样本中观察到了类似现象，代表性生物标志物是多聚酶I（Polymerase I）和转录物释放因子（polymerase I-transcription release factor，PTRF）。这一现象提示不能只通过单纯分析样本所携带货物总量来判断细胞外囊泡生物标志物的敏感性和特异性，还要根据患者接受治疗的情况进行综合分析，这对临床研究提出了较高要求。

相较于血浆，其他类型体液中的细胞外囊泡可能会对某些疾病的特异性更高。尿液来源的细胞外囊泡常用于泌尿系统疾病的诊疗，具有无创、便捷、患者易于接受等优点，但却受到如下技术层面的影响：①使用常规的超速离心法分离效率较低，尤其是检测蛋白类的生物标志物时，临床敏感性较差，可能是因为尿液中含量较多的可溶性蛋白质会与细胞外囊泡发生非特异性关联，从而干扰尿液细胞外囊泡蛋白类生物标志物的检测。②有研究表明，经超速离心后约有40%的细胞外囊泡仍滞留于尿液上清中，这一因分离效率导致的损失将影响临床检测的灵敏度，该缺点有望通过应用其他分离方法进行改善。③使用蔗糖密度梯度分离尿液中的细胞外囊泡时，可能因为细胞外囊泡密度的异质性而丢失部分携带目标生物标志物的亚型，损害了该生物标志物的敏感性。针对同种泌尿系统疾病，可同时使用血浆和尿液进行细胞外囊泡生物标志物的对比，如前列腺特异性抗原（prostate specific antigen，PSA），该指标可用于前列腺癌的辅助诊断。但这类抗原类的生物标志物在基于细胞外囊泡的应用中需要对技术细节进行优化，如使用免疫亲和方法分离细胞外囊泡时，所用抗体的反应性和敏感性以及反应体系中抑制剂的存在都可能干扰结果的准确性。

唾液和血清的生物标志物存在重叠，研究表明唾液和血清的蛋白质组有约 30% 的相似性，但某些细胞外囊泡生物标志物在唾液中的含量可能显著高于血液。此外，收集唾液细胞外囊泡并检测其中生物标志物这一流程还具有无创、便捷、便于保存、不会凝固等优点。唾液来源细胞外囊泡的应用同样存在一些缺陷：①唾液中存在细菌、真菌等微生物，其成分可能影响细胞外囊泡生物标志物的检测。②受进食影响较大，对患者口腔卫生清洁工作要求较高。③相比尿液、血液等体液，唾液单次可采集量较少，尤其是口腔疾病（如舍格伦综合征、口腔癌）患者。④相比血液，唾液细胞外囊泡用于诊断的疾病较为局限，主要适用于口腔疾病，但目前也有研究报道唾液中的 Apbb1ip、ASPN、Daf2 等 miRNA 可用于胰腺癌的早期诊断。一项临床研究纳入了 23 名口腔癌和咽癌患者的组织和唾液，确定了头颈部癌症中微卫星异常高发的 8 个微卫星标记，在 22% 的肿瘤样本中发现了微卫星不稳定性，但唾液样本中的微卫星不稳定性高达 80%，这提示唾液细胞外囊泡生物标志物的特异性可能强于组织内的特异性。

乳汁作为乳腺的分泌物，有望用于乳腺癌的诊断，但获取乳汁时机有限，且其细胞外囊泡生物标志物的可参考数据不足，与疾病之间的特异性和敏感性有待进一步调查。

虽然基于体液来源的细胞外囊泡开发生物标志物用于疾病预测和诊断已成为相关领域的重要方向，但在实际操作中仍面临一定的困境：①体液中混杂有多种来源的细胞外囊泡及游离生物标志物，相互间的干扰增加了识别起源组织的难度。②当不同类型的细胞外囊泡生物标志物可以由多种组织分泌产生时，特定组织的释放程度、灵敏度和特异度成了必要指标，需要留意可能存在的漏诊率和误诊率。③当组织产生的细胞外囊泡因其所在部位或周围组织的影响而无法顺利进入体液循环时，会影响生物标志物的检测结果，降低结果可信度。④即使能检测出体液中特定细胞外囊泡生物标志物存在，但如果浓度不高，依然无法有力说明其与疾病的诊断和预测存在必然关系，因为细胞外囊泡的含量可能决定其功能。⑤清楚识别细胞外囊泡生物标志物的起源组织对生物检验技术提出了更高要求。

近年来，越来越多的研究把目光投向了组织来源细胞外囊泡（Ti-EV）及其生物标志物的应用，相较于体液来源细胞外囊泡，组织来源细胞外囊泡的优点包括：①组织来源细胞外囊泡的产生微环境能够更真实地反映病理情况，包括但不限于组织的三维空间、多种细胞的相互作用、局部的病理生理特点和动态行为等。②减少了细胞外囊泡及生物标志物进入体液循环后受环境影响发生改变的可能性，确保检验结果更加可靠。③避免了从体液循环细胞外囊泡及生物标志物反向寻找起源组织这一步骤。然而组织来源细胞外囊泡的提取存在有创、步骤复杂等缺点，这要求我们在探索利用何种来源的细胞外囊泡生物标志物进行疾病预测及诊断的过程中需要平衡利弊，才能做出最佳选择。这部分的内容总结可见表 6-1。

二、细胞外囊泡诊疗标志物的潜在指标

细胞外囊泡作为细胞间通讯的关键载体，在维持细胞功能和组织稳态以及调控疾病进展中起着重要作用，因此病变组织释放到血液、尿液和腹水等体液中的细胞

外囊泡在疾病诊断、进展监测和预后预测中作为循环生物标志物具有广阔的前景。细胞外囊泡的物理及生物特征是其作为诊疗标志物的重要指标。

（一）物理特征

浓度是体液细胞外囊泡的重要物理特征之一。研究表明，在病理情况下，细胞会释放更多的细胞外囊泡，正常人血液中约含有2000万亿个细胞外囊泡，而癌症患者血液中细胞外囊泡的含量约为正常人的2倍。Skog等发现肿瘤患者血清细胞外囊泡含量显著高于健康人，且在肿瘤切除后循环细胞外囊泡水平降低。在非肿瘤性疾病，如肝硬化、糖尿病及心血管疾病患者中，体液细胞外囊泡的浓度也显著上升。Zhong等的研究表明口腔鳞状细胞癌患者唾液细胞外囊泡的数量明显高于健康人，且唾液细胞外囊泡的浓度还与患者的预后有一定的相关性。这些研究均表明体液细胞外囊泡的数量可以作为疾病诊断、监测及预后判断的指标之一。与传统的组织活检相比，体液来源细胞外囊泡具有操作无创且操作简便等优点。其次，体液中的细胞外囊泡是由多种细胞分泌的，而不是仅仅来源于某一类型的细胞，因此能更好地反映疾病的整体情况。类似于体液中细胞外囊泡总体的数目及浓度这种物理性质的指标，它作为一种比较直观的指标，在多种疾病均可呈现出变化，对某一特定的疾病并无明确的指向性，在临床上实用性并不高，可能仅仅用于一些粗浅的筛查。

（二）生物特征

与细胞外囊泡浓度这种物理性指标相比，学者们多认为细胞外囊泡所携带的蛋白、核酸、脂质及糖类等生物分子在疾病诊疗中更具有特异性及灵敏性。但是由于细胞外囊泡中包含了大量的分子，因此需要先通过高通量检测方法获得细胞外囊泡的分子谱，目前，细胞外囊泡中核酸类标志物筛选的常用技术包括二代测序及基因芯片技术，而细胞外囊泡蛋白质和脂质标志物的筛选常通过质谱结合生物信息学和文献调研的方式，筛选出的标志物最后需利用大量临床病例进行验证。但是细胞外囊泡的异质性，样本的差异及研究者的筛选与验证方法的差异性等因素都将影响其验证效果，这也是细胞外囊泡的生物特征分子作为诊疗标志物需要攻克的重难点之一。

细胞外囊泡中蛋白含量丰富，蛋白质组学研究表明，外泌体具有较多依赖于分泌细胞类型的特定蛋白质，因此对于多种疾病都具有极佳的作为生物标志物的潜力。尤其是在癌症进展及对其治疗的耐药相关研究中，外泌体独特的生物起源及其生物学特性使其作为癌症生物标志物的潜在用途具有非常大的吸引力，也是诸多学者研究的重点之一。当然不仅仅限于肿瘤，如Laura M. Doyle等发现血浆中疾病相关的蛋白可以用来诊断及预测帕金森疾病，Hua Zhou等也发现可以通过尿外泌体蛋白质可以作为生物标志物诊断急性肾损伤，并预测肾结构损伤。

细胞外囊泡中还积累了大量核酸，2016年第一个上市的临床外泌体产品是“ExoDx® 前列腺（IntelliScore）”前列腺癌检测试剂盒，便是通过分析从尿液中分离出来的外泌体中的RNA生物标志物来进行诊断，也显示了细胞外囊泡中特定的核酸作为生物标志物的巨大应用前景。

与传统体液游离核酸及蛋白等标志物相比，细胞外囊泡在疾病的诊断及治疗中具有多种优势。诸多研究均表明细胞外囊泡中携带的物质与各种疾病及其预后显著相关。细胞外囊泡的双层磷脂膜结构可保护腔内容物免受酶降解，储存稳定。此外，细胞外囊泡具有显著的靶向性、检测基质的干扰小、易于分析。但是细胞外囊泡也易受到体液中游离蛋白、核酸、脂蛋白等的污染，需要纯化后进行检测。当前针对细胞外囊泡的纯化方法较为复杂，成本较高，临床上较难获得大量高质量的细胞外囊泡标本。同时，目前对于细胞外囊泡诊疗标志物的潜在指标还是需要使用高灵敏度、高通量的方法进行分析，这也导致其较难应用至临床。

（三）细胞外囊泡的动态变化

几乎所有细胞无时无刻不在分泌囊泡，而细胞外囊泡作为细胞间通信的重要信息物质，其组分随着细胞的变化而变化，因此能很好地从细胞层面反映疾病的进展状况，有可能用于跟踪疾病进展的纵向取样研究。研究发现通过肿瘤患者外周血中的 PD-L1 阳性外泌体的浓度水平及其在 PD-1 单抗治疗早期的变化趋势和幅度能够评估该患者对治疗的反应性，为早期预测 PD-1 单抗治疗的疗效提供了目前最准确有效和简便快捷的方法。也有研究发现，在反流性食管炎大鼠模型中，循环血细胞外囊泡的部分 miRNA 在急性期，亚急性期及慢性期呈现波动性变化。上述研究表明相比于单一性比较某一指标的变化情况，监测体液中细胞外囊泡的动态变化能更好地诊断并监测疾病。但是目前尚缺乏针对临床标本来源细胞外囊泡的快速、简便、稳定、高回收率、临床可操作性强的纯化方法，以及对于临床标本来源细胞外囊泡样本的标准保存和质控方案，这些都阻碍了细胞外囊泡动态性监测在临床诊疗中的应用。

不可否认的是细胞外囊泡作为“液体活检”的重要对象，在疾病的精确诊疗方面具有巨大的应用前景，其作为目前的研究热点，在各方面都取得了巨大突破。但由于技术和其他物质条件的限制，细胞外囊泡相关研究成果与临床应用的对接转换仍有一定难度，这部分内容总结可见表 6-2。无论如何，随着细胞外囊泡纯化检测技术和基础研究的发展，相信细胞外囊泡将会更广泛、便利地应用于临床诊疗。

三、结合本课题组研究经验

从准确性、可行性、现有研究深度层面对上述来源和指标进行总结和评价，以图表形式呈现（表 6-1、表 6-2）。

表 6-1　不同来源细胞外囊泡的总结评价

体液来源	优点	缺点
血液	取样方便	取材需专业医护人员操作
	蛋白，核酸等含量丰富	有创
	可作为有大多数疾病的生物标志物	基质蛋白及游离核酸多
	患者易于接受	纯化困难
唾液	无创	易污染
	便捷	纯化困难
	患者易于接受	受进食影响较大
		唾液单次可采集量较少
		用于诊断的疾病较为局限，主要用于口腔疾病的诊断
尿液	无创	易污染
	便捷	纯化较为困难

续表

体液来源	优点	缺点
	患者易于接受	用于诊断的疾病较为局限，主要用于泌尿系统疾病
其他体液来源（如乳液、精液、鼻腔分泌物、脑脊液、腹腔液、支气管肺泡灌洗液等）		研究较少
	对特定疾病的特异性较好	取材较为困难
组织来源	更能反映当下的局部组织病理生理特点和动态行为	应用较为局限
	减少进入体液循环后大环境对其影响和作用	有创、入侵式检验方法
	准确反映病理生理状态	采样源有限
	分析相近背景下的细胞外囊泡	抽样偏差

表 6-2　不同细胞外囊泡检测指标的总结评价

检测指标		检测方法	优点	缺点
细胞外囊泡物理特征	浓度	纳米颗粒跟踪分析技术 动态光散射技术 可调电阻脉冲传感技术等	无特异性指标，较为方便	需要专用的仪器自身稳定性差 特异性差
细胞外囊泡化学特征	细胞外囊泡蛋白	蛋白组学技术	体液中稳定存在 含量丰富 半衰期长 灵敏度及特异性更好	纯化方法复杂 体液中蛋白污染 检测成本较高
	细胞外囊泡核酸	二代测序及基因芯片	稳定性好 取材方便 易于检测 灵敏度及特异性更好	纯化方法复杂 体液中核酸污染 检测成本较高
	细胞外囊泡脂质	脂质组学技术	脂质富集更多 不受生物学因素的影响 稳定存在	纯化方法复杂 体液中脂质污染 检测成本较高 临床应用有限
	代谢产物	代谢组学技术	稳定性好 取材方便 灵敏度及特异性更好	纯化方法复杂 体液中代谢产物污染 检测成本较高
细胞外囊泡的动态变化		根据指标选择相对应的检测方法	更连续、全面、准确监测疾病变化 能更好地预测疾病预后	纯化方法复杂 检测成本更高 患者依从性要求高

第三节　细胞外囊泡在疾病诊疗中的应用

细胞外囊泡与母细胞具有相似的成分，通常通过携带蛋白质和核酸等物质在细胞间发挥通讯作用，并参与多种疾病的免疫调节和炎症反应等过程。鉴于此，其在疾病诊断和疗效预测领域的生物标志物潜力受到了越来越多的关注。接下来，我们将从疾病诊断、预后评估、动态监测三部分，对细胞外囊泡作为诊疗标志物的临床应用进行介绍。

一、诊断作用

（一）恶性肿瘤

不同于正常细胞，肿瘤细胞会释放更多的细胞外囊泡。基于此，循环系统中的细胞外囊泡含量可作为生物标志物，用以区分肿瘤患者与正常人。在脑胶质瘤的研究中，研究人员比较了常见标志物分子（如EGFR、MGMT、PTEN、P53 等）在肿瘤组织与正常组织中的表达情况，结果发现这些标志物的表达强度不能很好地区分癌症患者和正常人；而在循环细胞外囊泡的数目和粒径的研究中，研究人员发现癌症患者的循环细胞外囊泡显著高于正常人。该研究表明基于细胞外囊泡的液体活检相对于传统组织活检具有一定的优越性，细胞外囊泡数目作为肿瘤标志物的具有一定可行性。近年来，随着质谱分析、核酸测序、蛋白质芯片和核酸芯片等技术对肿瘤患者细胞外囊泡内容物的分析，多种肿瘤的特异性标志物被发现。研究人员对乳腺癌肿瘤细胞系与非肿瘤细胞系所分泌的细胞外囊泡进行质谱分析，筛选出一种高表达于乳腺癌和胰腺癌患者的膜蛋白分子 GPC1。通过标记了抗体的磁球对 GPC1 阳性的细胞外囊泡进行抓捕，利用流式检测的手段分析了正常人和胰腺癌患者的细胞外囊泡 GPC1 水平。随后，研究者设计两组临床样本分析，证实细胞外囊泡 GPC1 相对于传统肿瘤标志物 CA19-9，可以更有效地区分胰腺导管癌患者和健康人，其特异性和敏感性可以达到 100%。有趣的是，细胞外囊泡 GPC1 对于胰腺导管癌患者的早期诊断和转移筛查同样显示了良好的作用。在恶性肿瘤的诊断中，细胞外囊泡的重要内容物——核酸，也被广泛研究。如在食管癌的研究中，研究人员发现 25 个富集于肿瘤细胞外囊泡上 miRNA。通过 RT-PCR 手段对 51 名食管癌患者、41 名良性疾病患者的细胞外囊泡 miRNA 进行扩增，发现 miR-21 在食管癌患者中显著升高，可以显著区分食管癌患者和良性疾病患者($P < 0.001$)。尽管脂质也是细胞外囊泡的主要内容物，但是在肿瘤的诊断中鲜有研究。

（二）心血管和代谢疾病

细胞外囊泡在心血管和代谢疾病的发生发展中也扮演着重要的角色，如血管紧张素Ⅱ可以促进心脏成纤维细胞释放细胞外囊泡，通过调控心肌细胞的基因表达来导致心肌肥厚。细胞外囊泡可以作为生物标志物用于心血管和代谢疾病的诊断。在一项冠心病发病风险的前瞻性研究中，研究人员将受试者按照发病风险由低到高分为 4 组，并分析血液中内皮细胞（CD144）分泌的细胞外囊泡数量。结果发现细胞外囊泡的含量随着冠心病发病风险程度增加而增加，并且将全部受试者按照细胞外囊泡数量的高低进行分组后，同样证实细胞外囊泡数量高的受试者，其冠心病的发病率较高。在细胞外囊泡内容物的研究中，研究者比较了急性冠脉综合征和正常人血液中细胞外囊泡的多基因免疫蛋白受体、胱抑素、补体等蛋白，发现以上蛋白与急性冠脉综合征明显相关，而且存在明显的性别差异。此外，细胞外囊泡与脉管疾病的发生发展也具有密切的联系。笔者课题组的早期研究曾发现，在脉管畸形（婴儿血管瘤、静脉畸形等）中，患者的细胞外囊泡数量同样升高，而且其所携带的miRNA也呈现规律性的变化。

（三）其他疾病

细胞外囊泡在其他良性或慢性疾病（如神经系统疾病、炎症性疾病等）中，其作用与在癌症中的作用具有类似的特征。当组织中细胞出现功能异常引起疾病进展时，组织也会分泌大量的细胞外囊泡。因此，细胞外囊泡含量的升高可以作为潜在的生物标志物用于非肿瘤疾病的诊断。不仅如此，非肿瘤疾病中细胞外囊泡所携带的异常蛋白在疾病的诊断中发挥了重要潜力。如在神经退行性疾病中，过度磷酸化的Tau蛋白是阿尔茨海默病的重要标志物，研究人员比较了不同阶段阿尔茨海默病患者脑脊液的细胞外囊泡Tau蛋白水平，发现细胞外囊泡Tau在早期阶段即可被发现且随着疾病的进展而增加。另外，miRNA作为细胞外囊泡的重要内容物同样可以在非肿瘤疾病中发挥诊断作用。同样在阿尔茨海默病的研究中，研究人员通过二代测序技术对血液中的细胞外囊泡RNA进行测序，结果发现17个异常的miRNA。通过逆转录定量检测这些miRNA的拷贝数，使用随机森林等方法进行预测，筛选出miR-16可以作为阿尔茨海默病的特异性标志物，受试者工作特征曲线表明，其敏感性和特异性可高达87%和77%。

二、预测疗效作用

细胞外囊泡预测疗效的作用主要聚焦于恶性肿瘤领域。恶性肿瘤具有抵抗细胞死亡、逃避免疫监视等特征，可通过调控细胞外囊泡在肿瘤微环境中的分泌，并进入循环系统促进肿瘤向邻近组织侵袭和远处器官转移。循环系统中的细胞外囊泡可被用于预测疾病的预后和评价治疗的疗效。

（一）预测疾病的预后

与肿瘤组织中多种生物标志物的作用相似，细胞外囊泡内容物的高表达或者低表达同样可以用于评价肿瘤患者的生存预后。相比于传统的组织活检，循环细胞外囊泡几乎可以无创获取。同时，用于评价疾病预后的细胞外囊泡检测指标可以从传统的组织评价指标直接“嫁接”而来。如头颈部癌症中CD44v3突变可以引起肿瘤的增殖、迁移，并和患者的不良预后显著相关。进一步研究发现血液中细胞外囊泡CD44v3的水平同样与疾病的临床分级、淋巴结转移以及免疫功能异常等指标相关。此外，在一项156例多发性骨髓瘤的研究中，研究人员通过分析外周血细胞外囊泡携带的可能参与肿瘤侵袭转移的22种miRNA，并将其与患者的无进展生存率和总体生存率进行比较，发现let-7b和miR-18a的高表达可以提示更好的生存预后。在胰腺导管癌的研究中，细胞外囊泡PD-L1的流式检测结果虽然不能像c-Met可以区分胰腺恶性肿瘤和良性疾病，却能和c-Met一样提示胰腺癌患者的不良预后。

（二）预测药物的疗效

近年来免疫治疗特别是抗PD-1/PD-L1单抗免疫治疗在多种恶性肿瘤中广泛应用，但其治疗应答率仅有10%～40%，寻找可以有效预测免疫治疗疗效的生物标志物成为当下的研究热点。如前所述，细胞外囊泡携带大量的RNA，在对恶性黑色素瘤和非小细胞肺癌的小样本量研究中，不同免疫应答结果的患者循环细胞外囊泡携带的PD-L1 mRNA在治疗前后2个月出现规律的变化：出现应答的患者经过治疗后，细胞外囊泡 PD-L1 mRNA 拷贝数显著降低；疾病进展的患者 PD-L1 mRNA 拷贝数显著升高；疾病无明显变化的患者 PD-L1 mRNA 拷贝数无明显变化。而细胞外囊泡 PD-L1 的蛋白水平同样对免疫治疗具有预测作用。如我们的研究利用传统 ELISA 定量检测细胞外囊泡 PD-L1 的蛋白水平，从两个方面预测抗 PD-1 单抗对恶性黑色素瘤的治疗作用：首先，我们比较了免疫应答和非应答患者接受免疫治疗前的细胞外囊泡 PD-L1 水平，发现治疗前细胞外囊泡 PD-L1 表达水平低者更容易从免疫治疗中获益；其次，对基线期、治疗后 3 周、6 周、9 周、12 周的患者外周血细胞外囊泡 PD-L1 水平分析发现，治疗后 6 周内的细胞外囊泡 PD-L1 表达水平升高 2.43 倍以上的患者，其客观缓解率、无进展生存率、总体生存率均高于治疗前后变化水平低者。目前选择多久的时间间隔作为预测治疗疗效，尚没有形成共识，而不同的时间间隔可能获得不同的结论。如在另外一项同样接受免疫治疗黑色素瘤的研究中，有学者选择了更长的时间间隔来评价免疫治疗的疗效，结果发现接受免疫治疗 4.5 个月后细胞外囊泡 PD-L1 升高超过 100pg/ml 的患者，其治疗效果较差。

三、监测（时间点）

循环细胞外囊泡的一大重要优点就是可重复性，因此对疾病的不同时间点的动态监测有助于及时了解疾病的状态和评价耐药性的产生。而时间点的选择大多是以治疗前的细胞外囊泡水平作为基线对照，通过对治疗后短期和（或）长期多个时间点的细胞外囊泡的水平变化，实现疾病状态的动态监测。

（一）监测疾病的复发 / 转移

很多恶性肿瘤在手术后会发生复发和转移，而残余的肿瘤细胞在初期呈隐匿性进展，待发现时大多已经失去了手术机会。所以，如果能在恶性肿瘤复发或转移的早期及时发现隐匿性肿瘤，将拯救无数的生命。细胞外囊泡在疾病诊断特别是恶性肿瘤的早期诊断中展现了巨大的潜力，其作为诊断标志物同样可以用于监测疾病的复发或转移。如之前所述脑胶质瘤的诊断中，循环细胞外囊泡的颗粒浓度在手术后直线下降，但是随着肿瘤的复发循环细胞外囊泡的颗粒浓度重新升高，甚至比术前浓度还要高出 40%。同样地，在胰腺癌细胞外囊泡蛋白质 GPC1 的检测中，研究人员证实 GPC1 浓度在出现远处转移的患者中明显升高。而研究人员比较了手术后 7d 与手术前的细胞外囊泡 GPC1 水平，发现 GPC1 水平不但在手术后直线下降，而且含量降低越多者其生存时间越长。该结果提示细胞外囊泡 GPC1 可以作为胰腺癌复发或转移的动态监测指标。

（二）检测药物耐药性的产生

已有多项研究证实，细胞外囊泡可以通过多种途径参与肿瘤耐药机制，如细胞外囊泡在外周血中直接结合单克隆抗体，或通过将药物转运出肿瘤细胞、调节肿瘤微环境等方式耐药。并且，已有多种恶性肿瘤的研究证实细胞外囊泡的药物抵抗，如乳腺癌、前列腺癌、肺癌、卵巢癌等。研究发现阿霉素耐药的人乳腺癌 MCF7 细胞通过分泌携带 UCH-L1 的细胞外囊泡，可以将耐药表型传递到其他细胞中。进一步发现在乳腺癌患者的血液样本中，携带 UCH-L1 的细胞外囊泡水平与患者预后呈显著负相关，因此 UCH-L1 阳性细胞外囊泡可以作为评价乳腺癌患者化疗耐药性的标志物，指导患者实现更有效和个性化的治疗。

第四节　细胞外囊泡诊疗标志物转化应用流程

一、实验分析验证阶段（目的是验证细胞外囊泡标志物指标的临床可行性）

（一）临床指标初步判定

在对具有标志物特征的细胞外囊泡指标进行临床检测前，评估该指标的临床可行性对指导临床验证具有重要意义。理想的具有临床转化潜能的细胞外囊泡指标应当具备可操作性强、精准度高、灵敏度高、特异性强的特征。

（二）实验分组设计

细胞外囊泡应用于临床前需经临床样本验证，通常采用病例对照研究的统计学方法，在本质上可分为病例组和对照组两组。但实际上对照组的选择很有讲究，并不是简单的仅健康志愿者对照。分组的选择取决于三个方面：疾病的实际进程、数据分析的侧重点、收集样本的实际情况。

对照组除了健康对照外，作为阳性对照的患者组也是必不可少的。以肝癌为例，如果探讨细胞外囊泡标志物对于肝癌的早期诊断效能，那么就可以设置肝硬化组和早期肝癌组，这便符合分组设计的前两条原则。另外，有的研究将患者组分为实验组和验证组两个亚组，这是由于其中有部分病例没有随访结果，符合收集样本的实际情况原则。

具体而言，如果要分析肝癌分级与细胞外囊泡标志物的关系，病例组就要设置有不同肝癌分级的亚组；如果要研究肝硬化或肝纤维化，对照组就设置为肝炎组和健康组，但病例组可能要分层设置，如不同的纤维化阶段；如果研究肝炎，那么对照组就设置为健康组即可，病例组根据具体情况设置成肝炎不同阶段的患者。对于其他的疾病的细胞外囊泡标志物研究，分组情况以此类推，一般都是按照疾病进展和分级进行设置。

（三）实验样本量的确定

各分组的样本量的选择有严格的计算方法，这是为了保证在得出具有统计学差异数据的同时使用最少量样本。对于前瞻性研究来说，分组后的样本量的选择十分重要，也是在临床研究注册时明确需要填写的信息。在可能的情况下，样本量应该足够大，并合理分散，以确保有足够的能力评估细胞外囊泡标志物和预期结果之间的临床相关性。样本量可以通过单个研究或综合考虑多个研究来确定，在某些特殊临床情况下（如罕见疾病）可以变通样本量的大小。

以发现胰腺癌标志物的研究为例，相关的研究一般采用较小的样本量，每组仅有 10 ～ 20 个或更少的癌症与非癌症患者。在一项回顾性研究中，38 项研究只有 8 项（针对不同的临床用途）采用了每组≥ 20 个样本的设计。另外需要注意的是，在初步验证阶段采用小样本量的研究，将增加结果假阴性（未能检测到真正的标志物）和假阳性（未能复制的候选物）的风险。

这里介绍一个专门计算样本量的网站：http：//powerandsamplesize.com/Calculators。只需输入设计的参数，就能得出每组需要的样本量。网站还提供利用 R 语言计算的代码和相关文献。

（四）临床样本的采集和保存

尽管包括细胞外囊泡在内的液体活检具有巨大的应用前景，但大多数液体活检仍然缺乏临床效用和有效性的证据，其中一个重要原因是缺乏标准化的操作步骤，导致液体活检检测结果往往缺乏可重复性。

样本在检测分析前的采集和保存等因素会对实验结果产生影响，有学者对细胞外囊泡检测产生影响的11种因素进行了总结(图6-1)。由于细胞外囊泡的分离和纯化已经在前面章节中做了介绍，在此主要介绍临床样本的采集和保存方法。

（五）实验样本的检测方法（来源、设备、测试软件的确定及指导说明的制定）

在开发细胞外囊泡标志物的背景下，传统的细胞外囊泡分离（如超速离心法、蔗糖密度梯度离心法）和表征 [如纳米颗粒示踪、ELISA、流式细胞术和逆转录酶聚合酶链反应（RT-qPCR）] 的方法已经被用于细胞外囊泡及其成分的分析。

现大多数研究使用超速离心法进行细胞外囊泡分离，但由于超速离心法运行时间长，仪器耗材成本高，需要专业技术，以及不理想的性能特征，包括低纯度和高变异性，因此对于高通量检测或临床环境来说并不实用。然而，目前还没有分离和分析细胞外囊泡的黄金标准方法。最近对1742 个已发表的细胞外囊泡实验的调查发现，有超过 190 种不同的分离方法和 1038 种不同的协议用于从液体中分离细胞外囊泡。这些实验中的大部分（45%）使用超速离心法，但采用了不同的参数。尽管尚未有关于具有临床应用潜能的细胞外囊泡的物理性能标志物，在未来的研究中，可使用纳米颗粒示踪、纳米质子增强散射、纳米流式等较为简便的方法进行检测。对于细胞外囊泡的核酸成分分析，大多数 miRNA 研究采用 RT-PCR 方法进行检测，同时也可考虑利用高通量的转录组测序方法检测。其他检测方法，例如 ELISA、交流电动力学微阵列、流式细胞仪、质谱、基于局部表面质子共振（LSPR）的传感器和免疫蛋白印迹分析等，也被大量研究用于细胞外囊泡的蛋白分析。

不同的研究采用不同的方法来分析相同的细胞外囊泡指标，也可能导致细胞外囊泡标志物的检查结果不一致。例如，在不同的研究中，采用 ELISA、流式细胞术、免疫蛋白印迹、质谱来检测细胞外囊泡中 PD-L1 的表达，这些检测结果的多样性将使可重复性降低。除了使用不同的方法外，这些研究还采用了不同的研究设计、患者群体和样本量，这些因素都会影响检测结果。

然而，许多研究只进行了基本的标志物发现或验证研究，使用了非常小的患者群，这些研究中有 60% 没有进行或报告任何数据分析参数。此外，许多研究提供的技术细节非常少，这可能导致很大一部分已发表的发现研究缺乏可重复性。有研究人员建议对计划用于标志物发现和验证研究的细胞外囊泡数据进行分析，并提供产品和制造商信息，对量化标志物的所有检测方法至少也应进行基本的性能数据分析，例如准确性、精确性、分析灵敏度等。

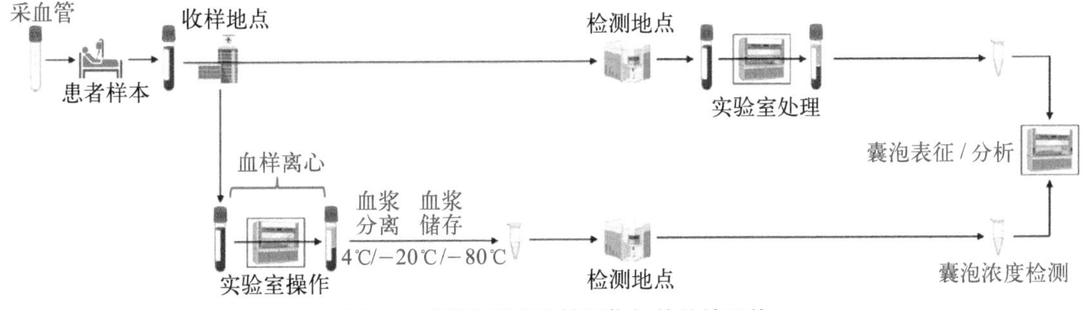

图 6-1　**对细胞外囊泡检测指标的总结评价**

（六）实验结果的质控（解读方法和标准的制定）

得到细胞外囊泡的临床检测结果后，需要根据实际情况对检测结果进行质控，以确保实验结果的准确可靠。Levey-Jennings 质控方法是临床检验质控工作最简单、也最常用的方法。其质控规则仅为单独的平均数 ±2 倍标准差（mean±2×sd）或平均数 ±3 倍标准差（mean±3×sd），来判断分析数据在控或失控。通常将超出此范围的值视为失控值，将不纳入分析范围。

1. 临床样本的采集

（1）采集时间：广义的样本采集时间可以分为治疗前、中、后三个阶段，研究者应根据试验内容合理地设计采集的时间节点和采集的频次。其中治疗前的样本作为基线期指标在各类研究中必不可少，治疗中、治疗后的样本往往用于治疗疗效的评价、疾病复发或转移的预测、耐药性抵抗的评估。狭义的样本采集时间是指进行每次样本采集时合适的时间安排，对于细胞外囊泡液体活检尚没有统一的采样标准，我们结合临床中其他样本的处理以及笔者经验简单介绍临床样本的采集时间：如非特殊要求，血液标本采集的理想时间是早晨 7 时到 8 时；胸腔积液、脑脊液、肿瘤组织液等通过有创方式获得的体液应根据手术安排进行采集；唾液、尿液等易获得的体液无特殊的时间限制。值得注意的是，为避免体液中细胞等因素逐渐裂解造成的成分污染，样本应保存于室温并在采集后 2h 内离心处理。

（2）采集样本量：由于单纯研究个体样本的不可重复性，患者样本显得尤为珍贵，体液样本应在不损害患者的前提下尽可能多采集。以笔者所在课题组设计的临床试验为例，每次采集患者外周血 10ml（可分离 5ml 血浆）和唾液 10ml，该样本量获得的细胞外囊泡可满足数十种潜在指标的检测。

2. 临床样本的保存

（1）保存温度：由于细胞外囊泡在复杂的体液中较为稳定，建议将体液样本进行简单离心去除细胞碎片等杂质后直接冻存于 − 80℃或更低的温度下，需要检测时进行集中解冻处理。当前将细胞外囊泡长期存放数天至几个月的共识是将其冷冻在 − 80℃或更低的温度下，短期几小时到几天的储存通常是放置于 4℃温度下。

（2）分装体积：样本的冻融容易引起蛋白的降解，因此样本的储存浓度、体积应结合研究者实验室具体情况进行合理规划，在保证样本量足够的同时避免因样本过多和反复冻融造成的损失。笔者所在的课题组选择将初步离心后的体液分装成 0.5ml，保存于 EP 管内，每管体液离心后的细胞外囊泡含量可以满足多次 ELISA、WB 检测。

（3）保存管的选择：保存管管壁对于细胞外囊泡的吸附是造成细胞外囊泡损失的重要原因，有学者比较了不同离心管在不同处理条件下对细胞外囊泡的吸附，发现在 4℃下储存 48h 后，2ml EP 管中的细胞外囊泡损失了 50% 以上，而被牛血清白蛋白封闭后的普通 EP 管或使用 Eppendorf Proten LoBind 管只损失了约 20%。因此，对于纯化的细胞外囊泡或需要长期保存的体液样本，需要选择合适的保存管。

二、临床检测验证阶段（目的是验证细胞外囊泡标志物指标的临床相关性）

（一）临床样本的检测

通过验证的候选细胞外囊泡标志物将进入临床确证阶段。大多数细胞外囊泡标志物还没有商业化的临床检测方法，因此在早期发现阶段的研究中，可以利用研究检测方法作为替代检测方法。

一个标准的细胞外囊泡临床检测开发过程，通常需要多个耗时且技术要求高的步骤：纯化用于分析研究的细胞外囊泡亚型、产生针对目标细胞外囊泡标志物的特异性单克隆抗体、开发和优化用于分析这些标志物的快速、可靠的检测方法和程序并评估其分析性能。但在实际研究中，适用于实验室的检测方法，可能由于它们有多个操作步骤，分析时间长，以及不理想的特点，包括低回收率、灵敏度、特异性、精确度和可重复性，将不适用于常规的临床使用。为了将这些研究数据转化为一般的临床测试，必须努力开发适合临床常规和大批量使用的、具有可接受性能特征的细胞外囊泡检测方法。

（二）临床标准的质控

符合临床标志物质控标准的数据往往存在于已发表的文献。如何识别这些数据的局限性以及它们如何影响结果的可读性，对于标志物开发者而言至关重要。当评估标志物与目的结果之间的关联是否符合预期时，一个关键的考虑因素是如何定义质控标准。

在某些情况下，为了达到比较的目的，研究者使用的是具有已知局限性的结果。例如，血清肌酐的变化被广泛用于生物标志物的开发，作为预测药物引起的肾损伤的现行标准。但血肌酐水平的变化本身对药物性肾损伤既不高度敏感，也不具有高度特异性。因此，在现有数据具有重大局限性或现有数据的标准不存在的情况下，必须考虑所有可提供充分支持的现有数据的整体情况，以选择符合预期临床应用方向的标志物。

目前尚未确定标志物与临床疗效之间的关系是否足以作为鉴定标志物的标准。一些用于量化的参数，包括敏感性、特异性及梯度关系等（如不同等级的临床疗效与标志物的数量有关），可用于提示该细胞外囊泡标志物是否具有临床相关性、可靠性和统计稳定性。其他支持标志物与临床结果关系的因素，例如是否有强有力的生物实验数据支持标志物的临床应用价值，以及研究结果是否得到多个实验内容的支持（如实验模型和临床研究），也应纳入考虑范围。

综合而言，每个标志物的资格审查都面临独特的挑战。研究者需要仔细分析数据和临床特征，以避免出现与实际不符的研究结果。同时也应评估与标志物的临床应用相关的数据可信度和临床价值，以确定该关联是否足以支撑标志物的临床应用资格。

（三）临床数据的分析（细胞外囊泡标志物临床相关性指标的验证）

1. *准确性*　分析和测量结果与真实值之间的接近程度。例如，如果原本被定义具有安全性的生物标志物未能准确预测早期毒性，临床试验参与者可能面临药物不良反应的巨大风险。或者，如果相同的安全性生物标志物错误地确定了一种不存在的风险，可能会对成功开发另一种有前途的新药产生阻碍。这些风险可以通过研究其他种建议的生物标志物和现有的安全监测措施来部分缓解，缓解策略可能也包括合并中期分析以估计样本量。

2. *精确性*　多次测定结果互相接近的程度。精确度代表被测量的测得值之间的一致程度以及与其“真值”的接近程度，即是精密度和正确度的综合概念。生物标志物的精确性要求对于同一个体的多次检验结果或者不同个体的检验结果都要较为稳定，多次检查结果接近，差距不能过大。从测量误差的角度来说，精确度是测得值的随机误差和系统误差的综合反映，虽然不可避免，但可人为控制和减小。生物标志物测试中偏差和分散的存在会导致解释生物标志物测试结果时的不确定性，并影响生物标志物作为药物开发工具的价值。

3．检测能力 包括空白对照组的检测能力（LOB），最低值的检测能力（LOD），可定量检测的上限（LOQ）。LOB 指的是使用空白样本测试，在一定的概率下能测得的最高测量结果。LOD 是对低浓度的分析物样本进行测试，在一定概率的条件下能测得的最低值。LOQ 也是用低浓度的分析物样本进行测试得出的较低的值，但 LOQ 值的准确性要求较高，该值代表不仅能测到指示的生物标志物，还要保证结果是准确可靠的。

4. 特异性 分析方法在空白生物基质中存在潜在干扰物质（非特异性干扰）的情况下区分和测定待测物的能力。

鉴定生物标志物的支持性数据通常基于已发表的文献，在某些情况下，可能还未建立当前的标准结果，或者用于比较的标准结果具有限制性。例如，在生物标志物开发中，血清肌酐的变化被广泛用作预测药物诱导的肾损伤的当前标准。然而，血清肌酐水平的变化对于药物性肾损伤既不是高度敏感的，也不是高度特异的。在当前标准结果有着显著局限性或当前标准结果不存在的情况下，重要的是考虑可用数据的总体，这些数据可能提供足够的支持来确定：对于提议的生物标志物可以被信任。

5. 可报告范围 对实验室可建立或验证仪器或检测系统测量相应的准确度实验结果的范围。临床可报告范围（CRR）是指对临床、诊断有意义的待测物浓度范围。此范围如果超出了 AMR（分析测量范围），可将样本通过稀释、浓缩等预处理使待测物浓度处于分析测量范围内，最后乘以稀释或浓缩的倍数。

6. 参考值范围 也称为正常值范围，是指绝大多数“正常人”的某指标值范围。参考值范围的制订方法包括确定参考值范围的单双侧和利用大样本资料制订参考值范围。

（四）常见临床数据的分析（每种数据分析方式对应诊断、预测及监测作用）

分析数据时应控制多重性，并考虑可能出现假阳性结果。在分析多参考点标志物时，通常会出现多重性，并可能高估标志物与临床结果之间的关联。标志物与临床结果之间的关系强度应该适当量化，避免对 P 值的过度依赖。分析过程中应确定潜在的偏倚来源，并选择尽量减少偏倚的策略。在某些情况下，临床结果数据可能已经进行了盲法分析，最初的分析不包括标志物数据（例如早期收集的样本供以后使用），或者没有进行推荐的分析方法，尽管这些数据可以用于支持鉴定，但正确的做法是，用于支持标志物认证的分析应早在前瞻 - 回顾性分析的设计中进行确定。同时应保证样本和数据收集的质量，以求最小化数据缺失造成的影响。当标志物数据仅来自某特定群组时，并在某种程度上偏向于所研究的结果，产生了带有未知特征的偏倚估计，那么这种非随机抽样（便利抽样）可能会造成统计问题。一些创新的统计方法，如自适应设计和贝叶斯设计，包括先验信息和层次模型，也可用于标志物认证。

1. 相关性分析 当标志物与疾病之间或标志物与标志物之间有一定的联系或者规律时，可以选用相关性分析进行分析，从而衡量这两个因素的相关密切程度。相关性分析可以判断两个或多个变量之间是否存在的统计学关联，如果存在，还可进一步分析关联强度和方向。例如我们通过免疫组化染色观察到某一标志物的表达情况与肿瘤大小具有一定的关系，我们首先收集了肿瘤相关信息及相关病理组织进行切片染色，对染色强度进行了量化评分。在获得肿瘤大小及目的指标的表达评分后，可以选用分析性软件进行相关性分析，目前可以进行相关性分析的软件较多，例如 SPSS、EXCEL、GraphPad 等。以下分析举例采用的是 GraphPad 软件。

在软件数据类型选择界面中选择 XY 数据类型，而后根据数据输入 XY 轴相对应的数据项目名，输入数据，选择 graph 出图。而后点击 Analyze 分析，判断其相关性的强度。可以得出包括相关系数 r、置信区间、*P* 值等相关分析数据。相关系数 r 是一个介于 − 1 和 1 之间的无单位的值，统计显著性以 *P* 值表示。r 越接近 0，线性关系越弱。正的 r 值表示正相关，在这种情况下，两个变量的值往往一起增加。负的 r 值表示负相关，在这种情况下，当一个变量的值增加时，另一个变量的值往往会减少。$P < 0.05$ 说明变量数据中存在具有统计学意义的显著性差异（图 6-2）。

2. **生存曲线分析**　生存曲线分析（Kaplan-Meier curves）属于单因素分，研究的是单一变量与生存的关系，比如我们常见的细胞外囊泡中基因或者蛋白的表达。在这里，将细胞外囊泡标志物的表达水平与临床数据相结合，使用 Kapla-Meier 图来建立高风险和低风险组的生存曲线，利用对数秩检验分析来检验细胞外囊泡标志物表达水平不同分组间的生存差异。

一般而言，样本量越大，生存曲线越平滑，误差越小。两条曲线之间的距离越大（分叉越大），两组患者预后（终点事件发生率）的差别越大，随访时间越长，样本量越大，越容易做出统计学差异。另外，生存曲线与 X 轴有交叉，并不意味着研究对象全部死亡（发生终点事件）。实际上，在生存曲线中，每一个时间点上只要有患者死亡（或者发生终点事件），曲线就会下降一定的幅度。下降的幅度具体有多大，取决于该时间点上患者的死亡例数和后续随访时间（该时间截点以后的时间）患者的样本量。理想的生存曲线应该标明删失值，在生存曲线的下方，标识每组的样本量，分组的依据（比如细胞外囊泡某蛋白表达

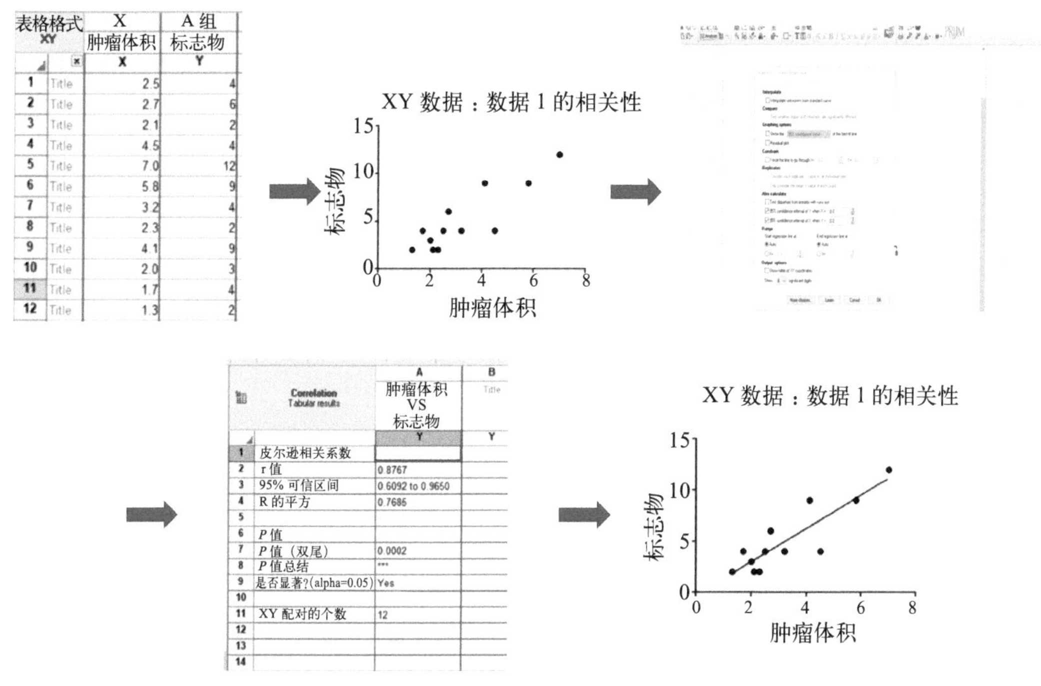

图 6-2　**相关性分析**

量的平均值）等。

下面以 Graphpad 为例介绍生存曲线的绘制过程（图 6-3）。

（1）绘制生存曲线需要生存时间、生存状态、表达水平和分组信息，将数据整理成表格。选择 time、status、expression 三列数据进行分析。

① patient：患者编号。

② time：生存时间。

③ status：生存状态，其中 0 表示存活，1 表示死亡。

④ expression：表达水平（或模型的风险评分），这里 low 表示表达量低的组，high 表示表达量高的组。

（2）打开 Graphpad，选择 Survival，点击 Create。

（3）将 Excel 中对应的数据复制到 Graphpad 中。

（4）点击 Results 中 Survival of Data1 的 Curve comparision，其中 Log-rank（Mantel-Cox）test 中的 P value 就是我们需要的 *P* 值。

（5）点击 Graphs 中的 Data 1，选择其中第一种图 Staircase with ticks，在 Show result as 中选择 Fractions，点击 OK。

（6）双击绘图区域，在 Appearance 修改 Shape（形状）、Border color（颜色）、Border thickness（线宽）、Show legend（图例）等参数。同理，其余参数也可通过此方法调节。

（7）最后修改图片和坐标轴标题，加上 P 值，将图例移动到合适的位置，生存曲线图就绘制完成了。

3. *受试者工作特征曲线*（receiver operating characteristic curve，ROC） 又称为感受性曲线（sensitivity curve），于 1995 年被美国国家临床实验室标准化委员会批准用于实验室试验的临床准确性评价的准则。ROC 曲线是一种全面、准确评价检测项目的方法，现已被广泛用于肿瘤标志物的评价。ROC 曲线线下面积（area under curve，AUC）越大，其准确性越强。一般认为 AUC 在 0.5 以下时无诊断意义；AUC 在 0.5 ～ 0.7 时有较低的准确性；AUC 在 0.7 ～ 0.9 时有较高的准确性；AUC 大于

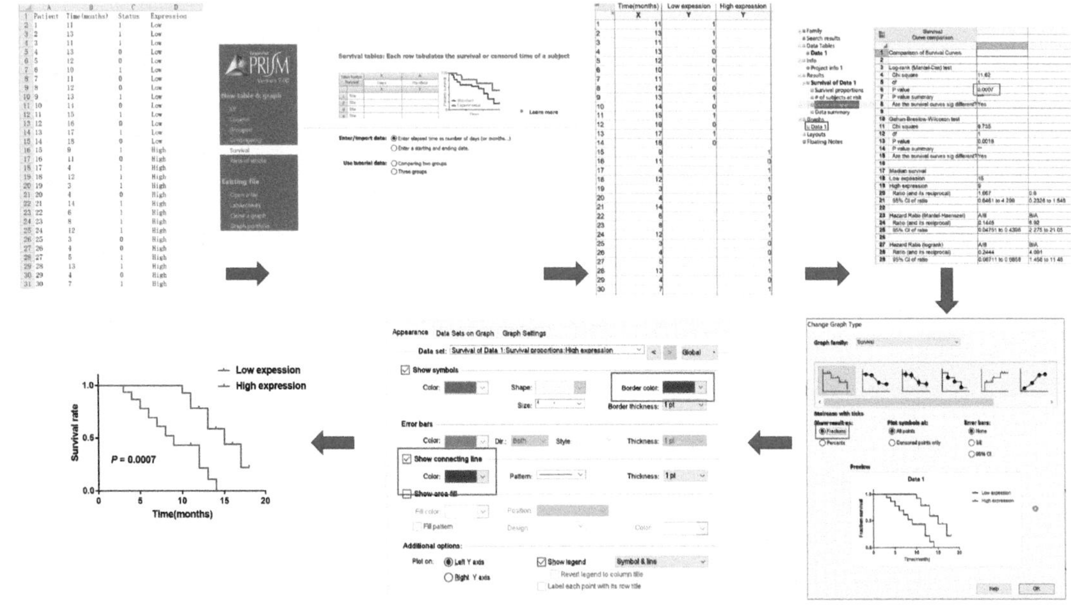

图 6-3　生存曲线绘制

0.9 时可认为其具有很好的预测价值。临界值 (best cutoff) 的确定常用尤登指数，即“敏感性 + 特异性 -1”，该指数值的最大值即为最佳的临界值。

下面以 GraphPad Prism 为例介绍 ROC 曲线的计算过程（图 6-4）。

（1）打开 GraphPad Prism 选择 Column → Create，输入数据。

（2）点击 Analyze → Column analyse → ROC Curve，选中右侧待分析数据，点击 OK。

（3）Graphs 内 ROC curve 即为所获得 ROC 曲线图，双击图形适当调整后得到图 6-4。

（4）Results 里 Area 得到 AUC、可信区间等值，Sensitivity & Specificity 得到 ROC 曲线各点对应的灵敏度和误判率。

（5）将各点对应的 Sensitivity 值和 Specificity 值按照尤登指数计算，最大值对应的点即为 cut-off 值。

4. 随机森林　是一种监督学习算法，是以决策树为基础学习器的集成学习算法。通过构建多个决策树，在总样本中随机取样，或在所有变量中随机选取一部分分类变量进行机器训练。随机森林既可以用于分类问题，也可以用来分析回归问题。其优点主要体现在操作简便、精度高及抗噪能力强等。这里我们不过分深入讨论随机森林的概念及原理，而是着重分享一种利用该机器训练模型寻找可潜在用于临床的细胞外囊泡标志物的探究策略。在现实情况下，一个疾病模型可能具备不计其数的细胞外囊泡特征，使用随机森林可以对这类特征的重要性进行评估，从而选择出对疾病影响最大的细胞外囊泡相关特性。下面以 R 语言为例介绍相关特性重要度 (importance score) 的计算过程（图 6-5）。

（1）打开 R 语言工作环境软件 RStudio（本章节以 Version 1.4.1103 为例）。RStudio 通过输入命令行，实现所有操作。首先，联网安装随机森林语言包，并在分析前加载该语言包。

（2）在 Excel 中建立需要分析的数据（此例中我们将在 150 例样本中分析比

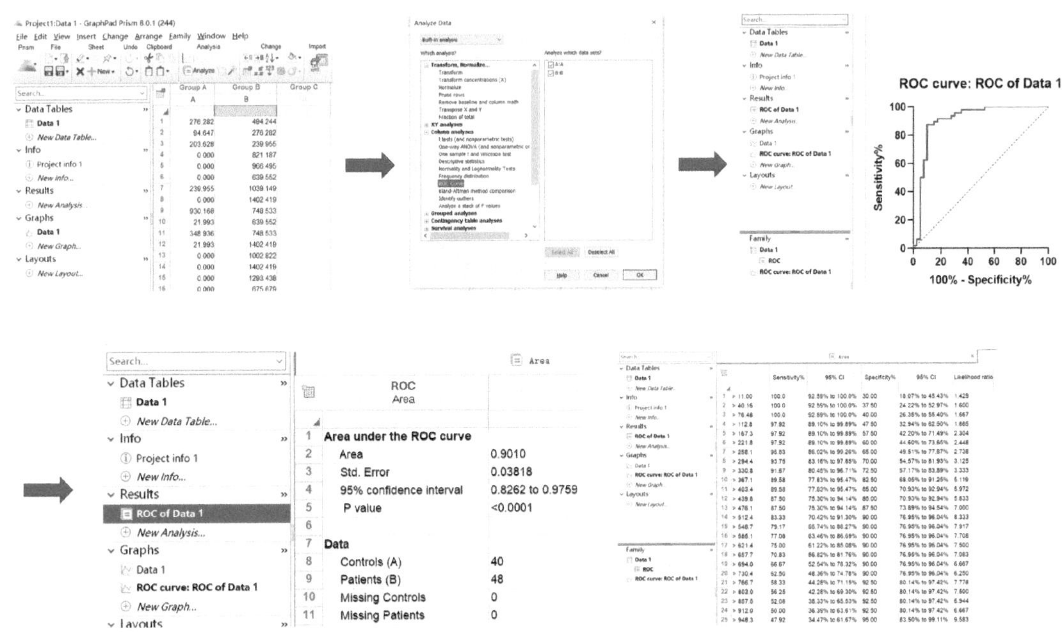

图 6-4　受试者工作特征曲线绘制

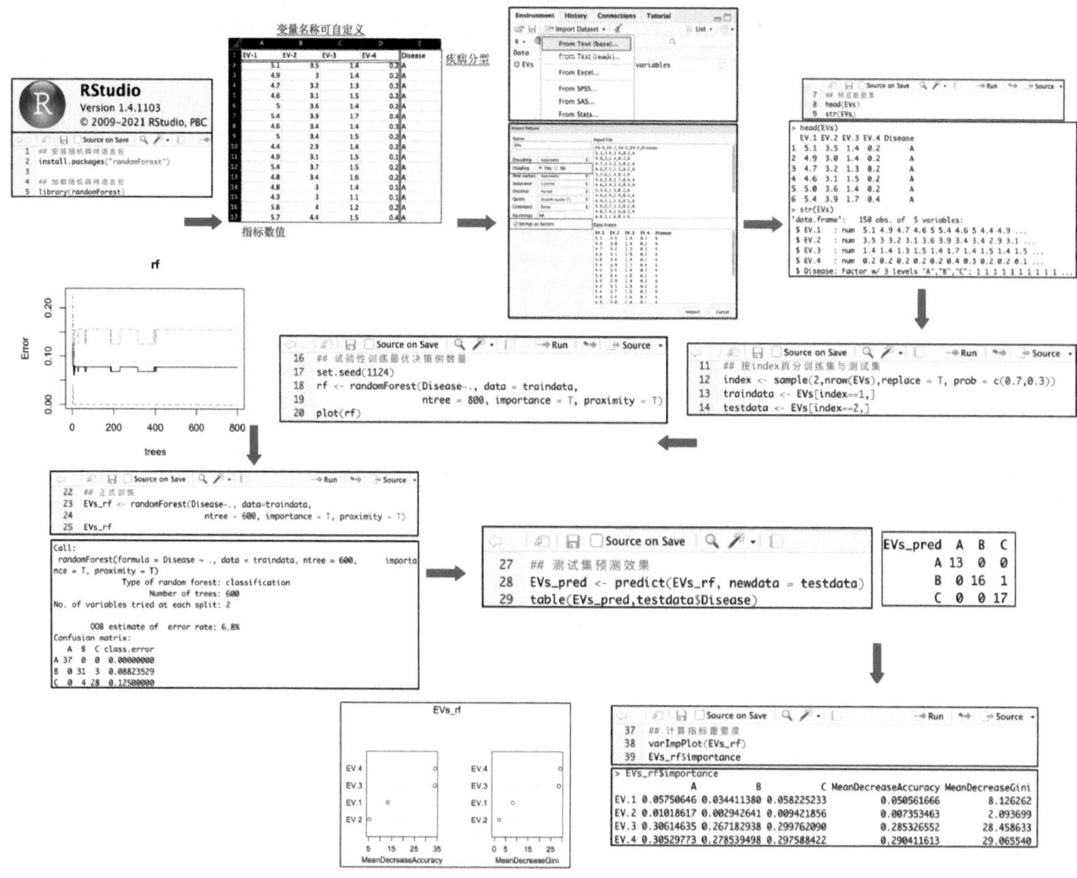

图 6-5　随机森林

较 4 个细胞外囊泡相关指标 EV-1、EV-2、EV-3、EV-4 的重要度，并判断它们和三种疾病分型 A、B、C 之间的关联）。保存为逗号分隔值（.CSV）格式。

（3）在 RStudio 中打开上述含有数据的 .CSV 文件。导入时将“Heading”和“Strings as factors”分别勾选，确保软件能正确识别变量名称及非数值参数。

（4）使用 head 及 str 命令预览数据集概况。

（5）为了更好地优化，通常会将样本分成训练集计算样本变量特征重要度，并使用测试集验证。这里将总样本的 70% 纳入训练集，剩余的 30% 用于测试集。样本数较少时，也可以不拆分训练集和测试集。

（6）随机森林模型中，决策树也并非越多越好，因此在开始训练前，先试探性测试最优决策树数量。随机种子编号(seed)可以自行定义，同一个编号能确保再次执行代码时得到完全相同的结果。本示例中试探性使用 800 棵策树（ntree = 800），运行得到错误率和决策树的数量关系曲线。

结果显示当决策树的数量超过 600 时，训练即达到稳定。在保证稳定的情况下减少决策树的数目可以减少运行时间，因此在后面的训练中使 ntree = 600 即可。

（7）正式训练样本，运行输出训练结果。该例中，使用 EV-1、EV-2、EV-3、EV-4 四个指标区分 A、B、C 三种疾病类型的错误率约在 6.8%。

（8）使用测试集评价使用 4 个指标预测疾病类型的效果。结果显示总体预测效果满意，但有一个本来属于 B 疾病被判断成了 C 疾病。

(9) 计算并绘制指标重要度。

三、诊疗标志物政策认证阶段

认证流程参考 FDA biomarker qualification：evidentiary framework（draft guidance）。

1. 提交意向书　开启生物标志物认证程序，说明该生物标志物的背景 / 条件，对于疾病诊断、预测、药物研发的必要性及优越性。

2. 资质认证计划　提供预期研发的支持性数据，证实生物标志物符合研究背景 / 条件，生物标志物开发商应明确、客观地描述拟建应用场景的生物标志物的预期效益和风险，以及任何潜在风险缓解策略，效益和风险的总体平衡。

3. 完整认证包　提交包含所有累积数据，以支持拟议的应用场景的生物标志物认证。例如：一种生物标志物首先可以被鉴定为用于剂量选择的药效学生物标志物。累积额外信息后，同一生物标志物最终可被鉴定为药效学生物标志物，用作临床试验终点。

4. 资质认证推荐　由 FDA 审核并批准，确定生物标志物是否符合拟议应用场景的应用。

第 7 章　细胞外囊泡相关治疗载体转化应用技术

第一节　概　　述

细胞外囊泡作为一种天然载体，其独特的结构和粒径使其在药物递送领域比人工合成载体更有优势。首先，细胞外囊泡的膜结构可以提高其体内循环稳定性，而人工合成载体面临的主要挑战之一是抵抗免疫细胞的清除作用。体内循环过程中，调理素蛋白能够黏附到合成载体表面，继而被巨噬细胞识别并触发机体免疫系统，导致合成载体的快速清除。细胞外囊泡的磷脂双分子层能够有效屏蔽调理素蛋白及其他免疫分子的黏附，在不影响细胞固有功能的前提下，通过内吞机制或膜融合促进生物分子和遗传物质向靶细胞的传递。并且，某些独特的脂质体组成可以增加细胞外囊泡的稳定性和循环时间。例如，鞘糖脂神经节苷脂能有效阻碍细胞外囊泡与血液成分的相互作用，延长细胞外囊泡血液循环时间。细胞外囊泡的亲脂性特征及纳米粒径能同时增强细胞外囊泡穿透血脑屏障的能力。同时，细胞外囊泡表面的内源性蛋白质能有效降低细胞外囊泡的免疫原性、体内清除率及生物毒性。

细胞外囊泡作为细胞分泌的天然载体，其药物装载形式也丰富多样。与人工合成载体不同，可以利用细胞外囊泡分泌机制将特定生物治疗药物（蛋白质或者 RNA）分装进细胞外囊泡；其次，与脂质体等其他传统合成纳米载体不同，细胞外囊泡的跨膜和膜锚定蛋白质能够增强内吞作用，促进其内容物的传递；包括连接蛋白、整合素等在内的跨膜蛋白能加强细胞外囊泡与细胞膜的融合，实现生物分子或化学药物的有效传递。并且，传统合成给药系统面临的主要困难之一是无法有效跨越生物屏障（组织屏障、细胞屏障和细胞内屏障），而细胞外囊泡能克服这一困难递送药物到靶定位置。最后，由于其生物来源，细胞外囊泡生物毒性、免疫原性相对人工合成载体更低。

尽管细胞外囊泡在药物递送领域具有重大优势，但仍面临许多挑战。首先如何实现大规模量产是细胞外囊泡实际应用的主要技术瓶颈。目前用于生产和纯化细胞外囊泡的分离方法产率相对较低，并且费时费力，需要昂贵的设备。其次细胞外囊泡药物负载率低是阻碍其广泛应用的另一限制。常规的被动装载法，例如将细胞外囊泡与游离药物共孵育装载药物效率不足。而主动装载技术，例如超声波或挤压法，虽然明显提高了装载效率，但是目前的技术很难精确量化细胞外囊泡的装载水平并维持其稳定性。最后，学界尚未足够了解细胞外囊泡作为药物载体对靶组织的正常功能、疾病状况以及机体健康的潜在影响，其长期疗效和安全性仍需要进一步评估。此外，也有研究发现某些特定来源的细胞外囊泡可能会促进癌症的发展（例如间充质干细胞来源的细胞外囊泡），所以在临床转化应用的过程中对细胞外囊泡来源的选择亦异常重要。总体来说，细胞外囊泡作为药物载体的研究还处于初步阶段，离最终的临床运用仍有很长的路要走。接下来的章节中，我们将总结目前细胞外囊泡作为药物载体的装载方法及功能改造策略。

第二节　细胞外囊泡载药治疗技术现状

一、药物装载技术现状

目前，细胞外囊泡的药物装载方法主要分为内源性装载和外源性装载两种。内源性装载主要通过基因工程上调母细胞内特定分子的表达水平，使细胞分泌装载更多目标分子的细胞外囊泡；其次，通过将目标药物直接与母细胞共孵育，使得母细胞吞噬药物并最终分泌携带目标药物的细胞外囊泡。外源性装载主要借助多种策略（如直接孵育、挤压、冻融、循环电穿和超声等）将目标货物直接载入细胞外囊泡内。下面将逐一介绍目前主流方法的基本原理及优缺点。

基于基因工程改造的内源性装载可以将特定内源性 RNA 和蛋白质装载入细胞外囊泡，包括某些胞浆蛋白、跨膜蛋白以及无法直接装载到细胞外囊泡中的大分子 RNA。间接孵育的内源性装载则是利用药物的分散能力或者母体细胞的内吞能力将药物预先装载进入母体细胞，最终在母体细胞内包装进入细胞外囊泡并分泌。但本策略中，装载效率受母体细胞类型影响，效率低且耗时。此外，本策略也不适用于某些对母体细胞有毒性的药物装载。

不同于内源性装载，外源性装载直接利用物理或化学方法将目标药物装载入细胞外囊泡。因此，与内源性装载操纵母体细胞相比，其过程更加可控且有效。除直接孵育法外，循环冻融、电穿孔、挤压和超声等方法都是在不同程度上破坏细胞外囊泡的膜完整性使得药物通过受损的膜进入细胞外囊泡，借助细胞外囊泡膜磷脂的流动性实现其膜结构的修复。由于操作相对简单且装载效率高，超声和电穿孔是目前最常用的装载方法。直接孵育法是将目标药物分子与细胞外囊泡直接混合在溶液体系中，利用扩散能力进入细胞外囊泡，其载药效率主要取决于药物在溶液中的浓度和其疏水性，高浓度的疏水性药物往往装载效率更高。虽然该方法不会破坏细胞外囊泡膜的完整性，但由于直接孵育法主要依靠药物的扩散能力，其载药效率得不到保障。挤压法是将细胞外囊泡与目标药物混合，经过带有多孔膜（孔径 100 ～ 400nm）的注射器式脂质体挤出仪反复挤压（通常＞ 10 次），细胞外囊泡膜破裂并与药物充分混合，从而装载药物。但是，挤压法中巨大的机械力是否会改变膜的性质及膜蛋白结构尚不清楚。冻融循环法是将细胞外囊泡与脂质体或药物预先混合，经过在液氮与室温条件下循环冷冻和融化的步骤，达到装载药物的目的。遗憾的是，反复的冻融循环会破坏细胞外囊泡物理结构，并导致诸多蛋白质降解，进而影响细胞外囊泡的生理功能。电穿孔法利用电压在细胞外囊泡的磷脂膜上形成孔洞（通常小于 10nm）。化学药物或核苷酸通过孔隙扩散到细胞外囊泡中达到装载目的。临时形成的孔洞一般在电场中断后数分钟内关闭。这种方法被广泛用于装载尺寸较小的小分子药物、核酸序列（miRNA、siRNA 等）。然而有文献报道电穿孔法可能导致细胞外囊泡的结构不稳定，并可能导致被装载的小分子药物或者核酸序列发生聚集从而降低装载效率。超声波法利用超声作用产生的机械剪切力实现细胞外囊泡膜完整性的短暂破坏实现药物装载。有研究比较几种方法的载药效率得出：室温孵育＜电穿孔＜超声波处理。不同装载策略优缺点对比见表 7-1。

二、细胞外囊泡功能修饰技术现状

细胞外囊泡膜表面存在多种功能蛋白（如黏附分子、抗原抗体分子等），它们在介导细胞外囊泡与细胞间识别与互作中起着重要作用。因此，通过技术手段修饰细胞外囊泡膜能极大提高其递送精准度及效率。现在主要用于细胞外囊泡膜修饰的技术包括：细胞外囊泡表面展示技术、杂化膜技术、疏水分子插入技术、化学偶联技术。

基于基因工程化的细胞外囊泡表面展示技术，利用寻址结构域的优势，将目标蛋白质序列融合到乳黏素 C1C2 结构域的 N 端，再通过质粒转染的方式，使其表达于细胞外囊泡膜表面。常用的膜蛋白包括：溶酶体相关膜蛋白 -2b、四跨膜蛋白超家族（CD63、CD9、CD81）及血小板生长因子受体等。目前，应用最广泛的一种展示方法是将编码归巢肽的 cDNA 序列插入到编码细胞外囊泡膜蛋白信号肽序列与成熟肽 N 端的编码序列之间，使细胞外囊泡膜上表达目标归巢肽，实现靶向能力。但细胞外囊泡展示技术，需要对其母体细胞进行基因工程干预，耗时且费用较高，但细胞系一旦建立成功，能不断获得稳定的具备特定功能的细胞外囊泡。因此，该方法适合大规模和长期生产具备特定靶向能力的细胞外囊泡。

杂化膜技术通过将不同来源的膜混合在一起达到继承原本膜特性的目的。该方法不仅可以结合两种不同的天然生物膜，还可以结合生物膜和合成脂质体。疏水分子插入技术利用细胞外囊泡膜亲脂性特性，通过脂溶性锚定分子修饰膜。这种技术可以满足绝大部分功能分子的膜插入，是相对便捷有效的膜修饰方法。

化学偶联技术是另一种直接膜修饰法，通过一系列化学反应，将目标分子以化学键的方式修饰到膜表面。比较有代表的方式是铜催化的叠氮炔环加成反应，即点击

表 7-1　不同装载策略优缺点对比

方法		装载药物	优点	缺点
母体细胞	基因工程	miRNA、蛋白	循环产出、对囊泡无影响	耗时、相对昂贵、基因工程可能影响细胞功能
	直接孵育	小分子药物	相对简单	低负载率，药物消耗量大，不适用细胞毒性药物
细胞外囊泡	直接孵育	小分子药物	方法，设备简单	低负载率
	挤压	小分子药物、miRNA、蛋白	高负载率	导致细胞外囊泡膜变形
	冻融循环	小分子药物、miRNA、蛋白	负载率相对较高	导致细胞外囊泡聚集
	皂苷处理	小分子药物	高负载率	存在毒性
	电穿孔	小分子药物、siRNA	可装载大分子	破坏细胞外囊泡完整性、导致 siRNA 聚集
	超声处理	小分子药物、小 RNA	较高的负载率、适用于小 RNA	导致细胞外囊泡变形、不适用于疏水性药物

化学。利用碳二亚胺偶联化学，可以将 4-戊炔酸的羧基细胞外囊泡蛋白质或膜脂磷脂酰乙醇胺上的胺基交联，实现膜修饰。

杂化膜技术、疏水分子插入技术和化学偶联技术都是细胞外囊泡的体外直接修饰策略，相较于细胞外囊泡表面展示技术，能修饰除肽或蛋白质之外的其他功能分子，特别是磷脂酰乙醇胺 - 聚乙二醇 5000- 链霉亲和素（DMPE-PEG 5K-STVDN）。DPS 系统是一种通用便捷的平台，任何生物素化分子均可与之偶联。但是，这些策略可能会改变细胞外囊泡膜的某些固有特性，产生一些潜在影响。

不同细胞外囊泡膜修饰策略优缺点对比见表 7-2。

表 7-2　不同细胞外囊泡膜修饰策略优缺点对比

方法	优点	缺点
表面展示	一劳永逸、稳定、不影响细胞外囊泡膜性质	耗时、相对昂贵、基因工程可能影响细胞功能
杂化膜	融合所有原始膜特性	破坏膜完整性
疏水分子插入	通用便捷的平台	负载效率与目标分子疏水性相关
化学偶联	形成稳定的共价键	可能影响某些膜功能蛋白

第三节　细胞外囊泡载药治疗技术

本节按照改造对象不同将技术分为基于母体细胞和基于细胞外囊泡两大类，并逐一介绍不同技术的操作原理、步骤及注意事项。

一、基于母体细胞

改造母体细胞间接获得特定亚型细胞外囊泡是当前药物载体功能性改造的重要手段。该策略由于没有干预囊泡的生成后过程，对于细胞外囊泡的结构完整性与功能保存具有重要意义。目前针对细胞主要有 2 种方法：一是通过基因工程技术获得过表达目标分子的供体细胞，收集该细胞的细胞外囊泡并筛选；二是利用脂溶性交联剂，通过体外共价结合构建脂溶性交联剂 - 目标分子复合体，再与受体细胞直接孵育即可得到目标细胞外囊泡。此外，一些亲脂性药物和小分子物质可通过与受体细胞直接孵育，利用细胞的内吞能力与药物的浓度梯度完成细胞外囊泡装载，但该过程具有较大的随机性与非特异性，应用范围较窄。

（一）基因工程

【原理】指在体外将目标基因插入病毒、质粒或其他载体分子，再导入母体细胞，并随母体细胞的增殖持续稳定地表达，使得细胞分泌的细胞外囊泡中包含目标分子的技术手段。为了提高亚型细胞外囊泡富集度，需要指导分子靶向细胞外囊泡的生物形成，即信号肽的参与。信号肽是一类引导新合成的蛋白质向分泌通路转移的短肽链（长度 5 ～ 30 个氨基酸），常指新合成多肽链中用于指导蛋白质的跨膜转移（定位）的 N- 末端的氨基酸序列（有时不一定在 N 端）。细胞外囊泡形成过程中其选择性富集的信号肽与供体细胞上的信号肽空间构象相同，通过基因工程技术将编码目标分子的 cDNA 序列插入到编码细胞外囊泡膜蛋白信号肽序列与成熟肽 N 端的编码序列之间，使细胞外囊泡膜上表达目标分子。

【材料】RVG 引物、293T 细胞、包装质粒、DC 细胞、纳米流式。

【实验步骤】以基因工程技术获得表达

狂犬病毒糖蛋白 RVG 靶向神经元、少突胶质细胞和小胶质细胞的细胞外囊泡为例。

（1）目的质粒构建，设计 RVG 引物，将编码 RVG 的 cDNA 序列插入到编码细胞外囊泡膜蛋白信号肽 Lamp2b 序列与成熟肽 N 端的编码序列之间。

（2）慢病毒包装，利用目的质粒转染 293T 细胞，收集 24h 及 48h 病毒上清。

（3）受体细胞感染，用含慢病毒的上清培养 DC 细胞 48h。

（4）受体细胞筛选，标签抗生素筛选转染的 DC 细胞，并进行 WB 及 PCR 验证。

（5）细胞大量扩增，收集上清分离纯化获得细胞外囊泡。

（6）WB 及纳米流式验证细胞外囊泡携带的目的分子。

【注意事项】

（1）在细胞外囊泡的生物形成过程中，目的分子的传递不均匀。

（2）改变了母体细胞的基因，可能影响细胞外囊泡的理化性能。

（3）仅适用于生物学上可及药物的装载，如核酸及蛋白类药物。

（4）靶向配体可能出现不正确的表达及降解。

（二）脂溶性交联剂

【原理】利用细胞膜的磷脂双分子层可以与脂溶性物质的非特异性结合。通过体外共价结合构建脂溶性交联剂 - 目标分子复合体，再与受体细胞直接孵育，通过对受体细胞上清的分离纯化即可得到目标细胞外囊泡。常用的脂溶性交联剂为胆固醇及合成磷脂。

【材料】AS1411、TCEP 溶液、Chol-PEG2000- 马来酰亚胺、HEPES 缓冲液、DC 细胞、纳米流式。

【步骤】以胆固醇 PEG 为脂溶性交联剂获得表达 AS1411 靶向宫颈癌的细胞外囊泡为例。

1. 脂溶性交联剂 - 目的分子合成

（1）100nmol AS1411 在 TCEP 溶液中冰浴 30min。

（2）将（1）与 500nmol Chol-PEG2000- 马来酰亚胺在 HEPES 缓冲液中 4℃孵育过夜。

（3）10 000g 离心 15min。获得 AS 1411-PEG2000-Chol。

2. 受体细胞的标记

（1）将 10^7DC 加入到 250μl PBS 中。

（2）加入 5nmol AS1411-PEG2000-Chol，4℃下孵育 5min。

（3）PBS 洗涤 3 次。

（4）WB 及 PCR 验证受体细胞目的分子的表达。

3. 细胞外囊泡的收集与验证

（1）细胞体外大量扩增，对上清进行分离纯化获得细胞外囊泡。

（2）WB 及纳米流式验证细胞外囊泡携带的目的分子。

【注意事项】改变细胞外囊泡膜表面的固有特性，生物相容性降低。

二、基于细胞外囊泡

基于母体细胞的载药方式存在随机性强，装载率不可控等缺点。直接对分离纯化所得的细胞外囊泡进行修饰和药物装载能够带来可控且高水平的载药率。基于细胞外囊泡的药物装载策略选择与细胞外囊泡的结构相关，主要包括亲脂性脂质双层结构的膜修饰策略，以及装载至亲水性内腔的内容物装载策略。膜修饰策略常用于增加药物的靶向性、延长药物的代谢时间，常用方法包括脂质体融合法、直接孵育法和化学修饰法。内容物装载策略包括直接孵育法、膜穿孔法、膜融合法和 ExoFect 试剂盒法。

（一）膜修饰

基于对细胞外囊泡表面膜修饰，可以

对其进行功能改造，增加靶向性。同时，对于脂溶性分子，可直接孵育，通过非特异性结合，加载目的分子。对于非脂溶性分子的加载，主要有 2 种策略：一是通过交联剂介导，实现加载；另一种主要通过化学结合，使目的分子与细胞外囊泡发生化学反应，介导目的分子的加载。

1. 直接孵育

【原理】本策略在获得纯化的细胞外囊泡基础上，通过将药物与细胞外囊泡直接孵育实验药物的装载。主要适用于小分子化学药物及脂溶性药物。细胞外囊泡与细胞类似，有双层脂质分子，与脂溶性物质非特异性结合，实现药物加载。

【材料】姜黄素、细胞外囊泡、密度梯度离心机。

【步骤】以通过直接孵育向细胞外囊泡中装载姜黄素为例。

（1）细胞外囊泡的分离纯化，体外扩增 EL4，收集培养上清，分离纯化收集细胞外囊泡。

（2）药物装载，将细胞外囊泡及姜黄素在 PBS 中混合，22℃孵育 5min。混合物以 36 000 转 / 分的速度进行蔗糖梯度离心 1.5h。收集、洗涤沉淀（细胞外囊泡），并用 PBS 重悬细胞外囊泡。

（3）细胞外囊泡中姜黄素浓度测定和功能验证，以紫外分光光度计等方法测定细胞外囊泡中姜黄素浓度，细胞实验和动物实验评估装载于细胞外囊泡中姜黄素的药理学功能。

【注意事项】

（1）药载效率低，需要高浓度药物作用。

（2）仅适用于小分子物质。

（3）加载药物的稳定性尚不清楚。

2. 间接孵育

【原理】基于细胞外囊泡的间接孵育是通过引入第三种物质，使目标分子与其结合形成复合体。再将复合体与细胞外囊泡孵育，实现目标分子的装载。该策略所需中间物质目前主要分为 2 类：一是脂溶性结构，与基于母体细胞的脂溶性交联剂表达目标分子原理一样，细胞外囊泡有类似的脂质双分子层结构，可与脂溶性交联剂发生非特异性结合介导非脂溶性药物的加载，以脂质体居多；二是高亲和蛋白，利用细胞外囊泡与特定蛋白的高亲和力，介导目的分子的表达。

【材料】引物、MFG-E8、神经元细胞、OSB 溶液。

【步骤】以 C1C2 结构域作为高亲和蛋白，细胞外囊泡表达靶向 EGFR 目的分子为例。

（1）靶向适配体的合成。

① 设计 C1C2 引物，对 MFG-E8 的 C1C2 区域进行 PCR 扩增。

② 利用基因工程技术，生成 pcDNA 3.1-EGa1-C1C2。

（2）细胞外囊泡的分离纯化，体外扩增神经元细胞，收集培养上清，分离纯化收集细胞外囊泡。

（3）细胞外囊泡目的分子的装载，将细胞外囊泡与用 OSB 稀释的 EGa1-C1C2 混合，室温孵育 30min。

（4）WB 及纳米流式验证细胞外囊泡携带的目的分子。

【注意事项】

（1）高亲和蛋白仅与特定细胞外囊泡结合，对供体细胞的选择范围较窄。

（2）脂质体的合成脂质可能掺入细胞外囊泡。

（3）当存在竞争性绑定位点时，细胞外囊泡表面分子与受体细胞为可逆性结合。

3. 化学修饰

【原理】利用细胞外囊泡与待加载物质的化学反应，实现目标分子的加载。常用的化学反应包括 SA-Biotin 偶联、氨基 - 羧基偶联法、EDC-NHS 缩合反应等。

【材料】EDC、NHS、MUC1 适配体。

【步骤】以利用氨基 - 羧基偶联法，实现细胞外囊泡加载 5'-COOH 修饰的 MUC1 适配体为例。

（1）适配体的活化。

① 92μg EDC 与 70μg NHS 混合，稀释为 4μl。

②加入 20μl MUC1 适配体，混合。

③加入 450μl PBS，4℃下搅拌 4h。

（2）细胞外囊泡目的分子加载。适体与细胞外囊泡溶液（适体 / 细胞外囊泡 = 5% w/w）混合，4℃下搅拌 24h。

（3）凝胶阻滞试验检测细胞外囊泡与目的分子的加载。

（二）内容物装载

囊泡的脂质双分子层赋予了亲脂性的药物分子通过直接孵育的方式进入胞质的可能性。然而囊泡的疏水外膜使得亲水性药物分子不能自发地穿过脂质分子双层，同时由于直接孵育的方式载药率低，要提高载药率则需要通过例如膜穿孔的方法（电穿孔、超声、膜透化法等）在细胞外囊泡膜上形成孔隙，创造药物装载的通道；另外，也可以通过脂质体介导的膜融合的方法将脂质体上的膜分子和内容物装载至细胞外囊泡上，但这一方法需要通过脂质体的合成与装载，操作较为繁琐；通过冻融或挤压可以使细胞外囊泡破裂，脂质再重组后装载药液。

1. *电穿孔法*

【原理】高强度的电场中对细胞外囊泡具有电场击穿效应，电场压力下脂质双分子层会出现孔隙，瞬时提高膜的通透性，可以将周围介质中的核酸、蛋白类、染料及小分子药物等导入细胞外囊泡内。电脉冲的电压影响电穿孔的孔径大小，进而影响药物分子是否能穿透。电穿孔方法简单且省时，但高压脉冲会使细胞外囊泡聚集，降低药物加载效率。

【材料】以制备装载 DOX 的细胞外囊泡为例。

（1）实验仪器：Gene Pulser Ⅱ电穿孔仪（Bio-Rad，USA）；超速离心机。

（2）实验试剂：SMKK 缓冲液（272mM 的蔗糖、0.5mM K_2HPO_4、0.5mM $mgCl_2$、0.5mM KH_2PO_4、pH=7.2）；PBS；DOX 液。

【实验步骤】

（1）4℃条件下，将 100μg 蛋白量的细胞外囊泡与 50μg DOX 加入 200μl 电穿孔 SMKK 缓冲液中充分混匀。将混悬液加入 0.4cm 电穿槽并使用电穿孔仪在最大电容下以 400V、100Mf 进行电穿孔。

（2）将上述溶液静置于 37℃培养箱中 30min 后，4℃过夜。

（3）120 000g，70min 超速离心收集装载 DOX 的细胞外囊泡。

（4）预冷 PBS 洗涤细胞外囊泡，去除未掺入的游离 DOX，再次超速离心 120 000g，90min。

【注意事项】

（1）DNA 的长度增加会增加其载入体积，进而限制其对细胞外囊泡的加载效率。

（2）质粒 DNA 加载效率远低于线性 DNA，载入的线性 DNA 最好短于 750 bp。

2. *超声法*

【原理】超声处理是一种应用超声波将药物加载入细胞外囊泡的方法，药物和细胞外囊泡直接混合，在受到低频超声辐照时细胞外囊泡会发生破裂，增加载药量。具有高载药效率和持续药物释放的优点。

【材料】Model 505 超声破碎仪。

【实验步骤】以装载 PTX 的细胞外囊泡制备为例。

（1）PTX 和细胞外囊泡以 1 ∶ 6（m/m）的比例混合，使用 0.25 英寸尖端的超声破碎仪进行超声处理。参数设置如下：20% 振幅，6 个 30s 开 / 关循环，持续 3min，每个循环之间有 2min 冷却时间。

（2）细胞外囊泡膜恢复：将混合物在 37℃共静置 1h。1000 转 / 分，10min 离心除去游离 PTX，120 000 × g 离心 70min 收取 PTX-M1-Exos。

3. 冻融循环法

【原理】在快速冷冻过程中形成的冰晶使得细胞外囊泡膜破裂，缓慢融化又使脂膜互相融合再次形成囊泡样结构。冻融法由于膜破裂与再重组，对大分子药物较膜穿孔法更为适用，且载药率高，操作简单，适于不稳定的药物。

【材料】－ 80℃冰箱。

【实验步骤】

（1）取一定量细胞外囊泡与药液混合，室温孵育 30min。

（2）置于－ 80℃冰箱内 8min，确保混合溶液冰冻充分。

（3）室温下溶解混合溶液。

（4）2 ～ 3 步重复 3 次。

4. 挤压法

【原理】需使用细胞外囊泡挤出器（脂质体挤出器），利用手动推力使细胞外囊泡强制通过挤出器内部的聚碳酸酯膜，从而得到均匀的单细胞外囊泡。挤压力使得细胞外囊泡破碎，内腔与药液连通，继而重组脂质膜。此方法操作环境温和，载药率可观，亦常与超声、冻融循环、脂质体膜融合法结合使用，获得均质大小的细胞外囊泡。

【材料】400nm 和 200nm 粒径的脂质体挤出器或滤膜。

【实验步骤】药液与细胞外囊泡混合后，静置 30min，依次通过 400nm 和 200nm 聚碳酸酯膜过滤器或滤膜，挤出得到纳米尺寸的单层杂交细胞外囊泡。

5. 皂苷透化法

【原理】皂素通过选择性移除囊泡膜上的胆固醇来形成孔洞，增加药物载入率。

【材料】8ml 层析柱（Sephadex G75，Sigma-Aldrich）；磷酸盐缓冲液（pH = 7.4）。

【实验步骤】将细胞外囊泡和药物与 0.1mg/ml 皂苷在室温下孵育 10min。混合溶液加入 200ml 10mM 磷酸盐缓冲液中，室温下搅拌 4h。使用 PBS 作为洗脱液，通过尺寸排阻色谱法纯化所有载药细胞外囊泡。细胞外囊泡通常在 2 ～ 4ml 洗脱体积内洗脱。

6. ExoFect 试剂盒

【原理】ExoFect 是一种较为常用的细胞外囊泡核酸转染试剂盒，能够将 siRNA、microRNA、mRNA 直接转染到分离的细胞外囊泡中，囊泡转染后常用于转染细胞。全过程无须高昂的仪器设备，操作简单，耗时小于 1h。

【材料】ExoFect 试剂盒（SBI）；无菌 PBS。

【实验步骤】

（1）将细胞外囊泡颗粒重悬在 500μl 无菌 PBS 中。

（2）每次转染反应推荐的细胞外囊泡蛋白输入量为 50 ～ 300μg（约 1×10^7 个细胞外囊泡）。

（3）于 1.5ml Ep 管中，混合以下组分。

试剂	用量（μl）
Exo-Fect 溶液	10
核酸（20pmol si/miRNA，1μg mRNA 或 5μg 质粒 DNA）	20
无菌 PBS	70
纯化的细胞外囊泡（无菌 PBS 重悬）	50
总转染体系	150

（4）通过轻弹或颠倒 3 次将组件充分混合，不要涡旋。

（5）将 EP 管置于 37℃混合器孵育 10min 后，立即置于冰上。

（6）终止反应：在转染反应体系中加入试剂盒提供的ExoQuick-TC 30μl，上下颠倒6次以混匀，不可涡旋。

（7）将EP管置于冰上（或4℃）孵育30min。

（8）最高转速13 000～14 000rpm离心3min。

（9）弃去上清，300μl PBS重悬转染好的细胞外囊泡沉淀。

第四节　总结与展望

细胞外囊泡的纳米改造技术是交叉学科研究前沿之一，学者从认识细胞外囊泡作为纳米载体的天然优势逐渐深入到探索细胞外囊泡功能载体的多样性和多功能性。同时，相关基础科学的快速发展进一步促进了细胞外囊泡基础生物学与化学和药学之间的相互融合。纳米科学和纳米技术在材料学、化学、生物学、肿瘤学和药学等各个领域的进步不断优化细胞外囊泡作为药物载体的治疗效果并增强其安全性。

细胞外囊泡天然的形态结构、货物组成以及细胞间通讯功能是其成为理想药物载体的重要原因。与各种合成纳米载体相比，细胞外囊泡优势明显，有望推动纳米治疗学进一步发展。但细胞外囊泡作为纳米载药系统在纳米医学方面的应用仍处于起步阶段，仍亟待阐释很多关键科学问题并克服一系列技术难点。

第一，细胞外囊泡作为细胞间通讯载体在调节机体生理病理过程中的复杂机制依然存在很多未知。诸如细胞外囊泡的生物形成过程中母体细胞的基因突变是否会对其功能以及生物安全性造成影响依然存在不可预测性。因此全面深入了解细胞外囊泡基本细胞生物学特性对促进其可控性应用十分必要。

第二，目前用于细胞外囊泡的分离方法耗时、低效且价格昂贵，严重阻碍了细胞外囊泡临床转化及商业化进程。如何基于细胞外囊泡的细胞生物学以及理化特性开发经济便捷的分离提纯策略也是目前需要解决的关键问题之一。

第三，细胞外囊泡广泛存在异质性。目前区分细胞外囊泡不同亚型（如外泌体、微囊泡和凋亡小体等）的定性及定量标准尚不明确。细胞外囊泡不同亚型间的生物学功能以及理化性质存在明显差异，开发能有效分离不同亚型细胞外囊泡的技术对于细胞外囊泡纳米载体的稳定性、可控性以及安全性意义重大。细胞外囊泡功能分子的差异也极大地影响其功能。筛选目标功能分子细胞外囊泡亚型并去除有害亚群对于增强细胞外囊泡作为载体的功能及降低其毒性十分重要。

第四，细胞外囊泡能够继承不同母体细胞的特有生物性质。不同细胞来源细胞外囊泡的载药性能，治疗效果，生物毒性不尽相同。细胞外囊泡作为药物载体来源选择的理论依据依旧匮乏，未来需要不断深入探索。

进一步整合细胞外囊泡生物学、化学和纳米技术对解决上述挑战至关重要。将细胞外囊泡作为天然纳米载体的固有独特优势与先进的纳米技术结合能加速纳米材料的发展，并推动下一代纳米医学进程。首先，工程化纳米平台虽然没有细胞外囊泡天然的生物属性，但其易于功能化、结构/形态可调且具备相对较高的生理稳定性。更重要的是，无机纳米平台独特的理化性质使其具有优异的治疗诊断能力，能够辅助加强诸如X线、磁共振等成像效果。因此，如何将细胞外囊泡与无机纳米平台有机结合，制备有机与无机杂合纳米系统，充分结合有机纳米载体和无机功能纳米材料独特的理化性质，实现诊疗多功能将是未来发展的方向之一。

细胞外囊泡势必成为纳米医学发展史中的里程碑。随着细胞外囊泡纳米医学的发展，细胞外囊泡势必会在药物递送领域占据重要的地位并发挥巨大的作用，甚至改变疾病传统的诊疗方式。

第 8 章　细胞外囊泡相关研究课题的设计

第一节　概　　述

作为细胞间通讯载体，细胞外囊泡广泛地参与各种复杂的生理、病理过程，发挥独特的生物学功能。细胞外囊泡的生物发生（形成）及其在胞间信号传递、疾病发生发展中的作用都是当前研究的热点。细胞外囊泡的生物发生主要包括三个过程：①细胞质膜内陷和货物的识别分选：胞外分子货物和包膜蛋白被分选进入质膜，形成早期内涵体，早期内涵体进一步互相融合，通过识别包裹胞内分子货物再次内陷形成多囊泡体，其中包含的腔内囊泡可能被释放成为细胞外囊泡。②多囊泡体的运输：早期内体形成多囊泡体后，通过不同路径识别蛋白并在细胞内进行转运。③质膜融合和细胞外囊泡释放：细胞形成多囊泡体后可能通过与质膜融合，释放的腔内囊泡即细胞外囊泡。此外，多囊泡体可能通过与自噬溶酶体或泛素蛋白酶体融合而被降解。通过了解细胞外囊泡生物发生过程，可以从源头阻断一些促进疾病发生发展的“有害”细胞外囊泡的产生。细胞外囊泡携带母体细胞来源的重要生物活性分子，通过受 - 配体结合及内吞等方式与受体细胞相互作用，释放内含物实现胞间信号传递。明确细胞外囊泡的功能及作用机制对揭示细胞外囊泡介导的生理病理过程具有重要意义。研究表明，细胞外囊泡在疾病进展中的作用可能是动态的，并且与疾病的类型和遗传学有关。因此，细胞外囊泡作为生物标志物的液体活检具有广阔的临床应用前景，能够被用于疾病早期诊断及药物治疗效果的评估。此外，细胞外囊泡的靶向运输特性还决定了其可作为治疗载体，用于疾病的治疗。与传统的载体脂质体相比，细胞外囊泡的免疫清除率低，能够靶向识别受体组织，因此具有更高的临床应用价值。综上所述，本部分将从细胞外囊泡分泌机制、细胞外囊泡功能、细胞外囊泡作为生物标志物和药物递送载体等方面探讨细胞外囊泡的研究课题设计，为细胞外囊泡的热点研究提供新思路。

第二节　课题设计思路

一、细胞外囊泡分泌相关课题设计

（一）示例一：RAB31 marks and controls an ESCRT-independent exosome pathway

2021 年 Wei 等发表于 *Cell Research* 的研究，确定了一条由 RAB31 标记并调控的转运所需的内体分选复合物（endosomal sorting complex required for transport，ESCRT）非依赖的细胞外囊泡货物分选途径，为细胞外囊泡生物发生领域提供新的认识和理解。ESCRT 识别并分选泛素化的表皮生长因子受体（epidermal growth factor receptor，EGFR）进入多囊泡体（multiple vesicle body，MVB）促进 EGFR 的溶酶体降解，是膜蛋白分选进入内体并经溶酶体途径降解的经典模型。然而，越来越多的研究表明肿瘤细胞系和患者体液中存在携带 EGFR 的细胞外囊泡，提示 EGFR 分选进入细胞外囊泡的通路可能不依赖于 ESCRT。为了阐明 EGFR 分选进入细胞外囊泡的机制，研究团队将方向聚焦于非 ESCRT 依赖的 RAB GTPase 信号通路。

首先，研究人员构建了一个包含 62 个 RAB GTPase 成员的激活型 RAB GTPase 文库。在 HeLa 细胞中，利用免疫荧光方法筛选得到，激活型 RAB31（RAB31Q65L）指导 EGFR 定位到 CD63 阳性 MVE，而不进入溶酶体。结构化照明显微镜（SIM）和 3D-SIM 结果显示 RAB31Q65L 和 EGFR 进入并定位到 CD63 阳性腔内囊泡（intraluminal vesicles，ILV）结构，免疫电镜结果显示这些蛋白定位到 ILV 的膜结构上。其次，研究人员通过基因工程敲减 ESCRT 组分 Hrs 和 Tsg101 以及相关蛋白 Alix，以证实它们确实未参与 RAB31Q65L 驱动的 EGFR 细胞外囊泡的形成。因此，研究团队提出激活型 RAB31 标记并控制一条 ESCRT 非依赖的细胞外囊泡通路。接着，研究人员探究 RAB31Q65L 驱动 EGFR 细胞外囊泡形成的机制。研究者采用基因敲减、抑制剂、细胞外囊泡组分分析和免疫荧光等方法，揭示了 FLOT 是 RAB31Q65L 驱动 EGFR 细胞外囊泡形成的效应因子。最后，研究者对 RAB31 是否会阻止 MVE 的降解进行研究。在 EGF 刺激条件下，通过免疫荧光和免疫印迹方法追踪 EGFR 的定位和降解，研究人员发现外源表达的 RAB31 将 EGFR 阻滞在 CD63 阳性 MVE，抑制 MVE 与溶酶体融合，可阻止 EGFR 降解。该研究提出了细胞外囊泡生物发生过程中货物分选的新机制，揭示了 RAB31 驱动 ILV 形成和阻止 MVE 降解的双重作用。

（二）示例二：Y-box protein 1 is required to sort microRNAs into exosomes in cells and in a cell-free reaction

2016 年 Shurtleff 等揭示了 YBX1 在 HEK293T 细胞分泌 miRNA 进入细胞外囊泡中扮演的重要作用。首先，研究人员利用超速离心和蔗糖密度梯度离心等方法分离纯化细胞外囊泡。电镜结果提示分离的细胞外囊泡形态正常。接下来，研究者通过免疫分离、TritonX-100 和 Trypsin 等方法处理纯化后的细胞外囊泡，验证 CD63 阳性细胞外囊泡中 RNA 的存在。研究者进一步将细胞外囊泡与其母体细胞进行 microRNA 测序和生信分析，筛选出细胞外囊泡中富集的特定 microRNA。为了方便研究，研究人员建立了一种可以选择性包装 microRNA 进入细胞外囊泡的无细胞反应体系。通过对上述体系得到的细胞外囊泡进行分析，发现 YBX1 可能是调整 microRNA 分选进入细胞外囊泡的关键蛋白。最后，为了验证 YBX1 在 microRNA 分选进入细胞外囊泡中的重要性，研究人员利用 CRISPR/Cas9 技术靶向 YBX1 突变，结果证实 YBX1 对于细胞外囊泡 miRNA 的识别和分选至关重要。

（三）研究细胞外囊泡分泌的方法与策略

细胞外囊泡分泌相关课题设计见图 8-1。

细胞质膜内陷和货物的识别分选是细胞外囊泡发生发展的源头。细胞质膜通过内陷包裹胞外货物和胞膜蛋白形成早期内涵体。早期内涵体通过互相融合或再次内陷识别包裹胞质货物，进一步形成携带有细胞膜和（或）胞质货物的多囊泡体。多囊泡体中包含许多腔内囊泡，当多囊泡体与细胞质膜融合，腔内囊泡被释放至胞外形成细胞外囊泡。细胞外囊泡生物发生过程中生物活性分子的识别和分选，是影响其发挥母体细胞生物学作用的关键因

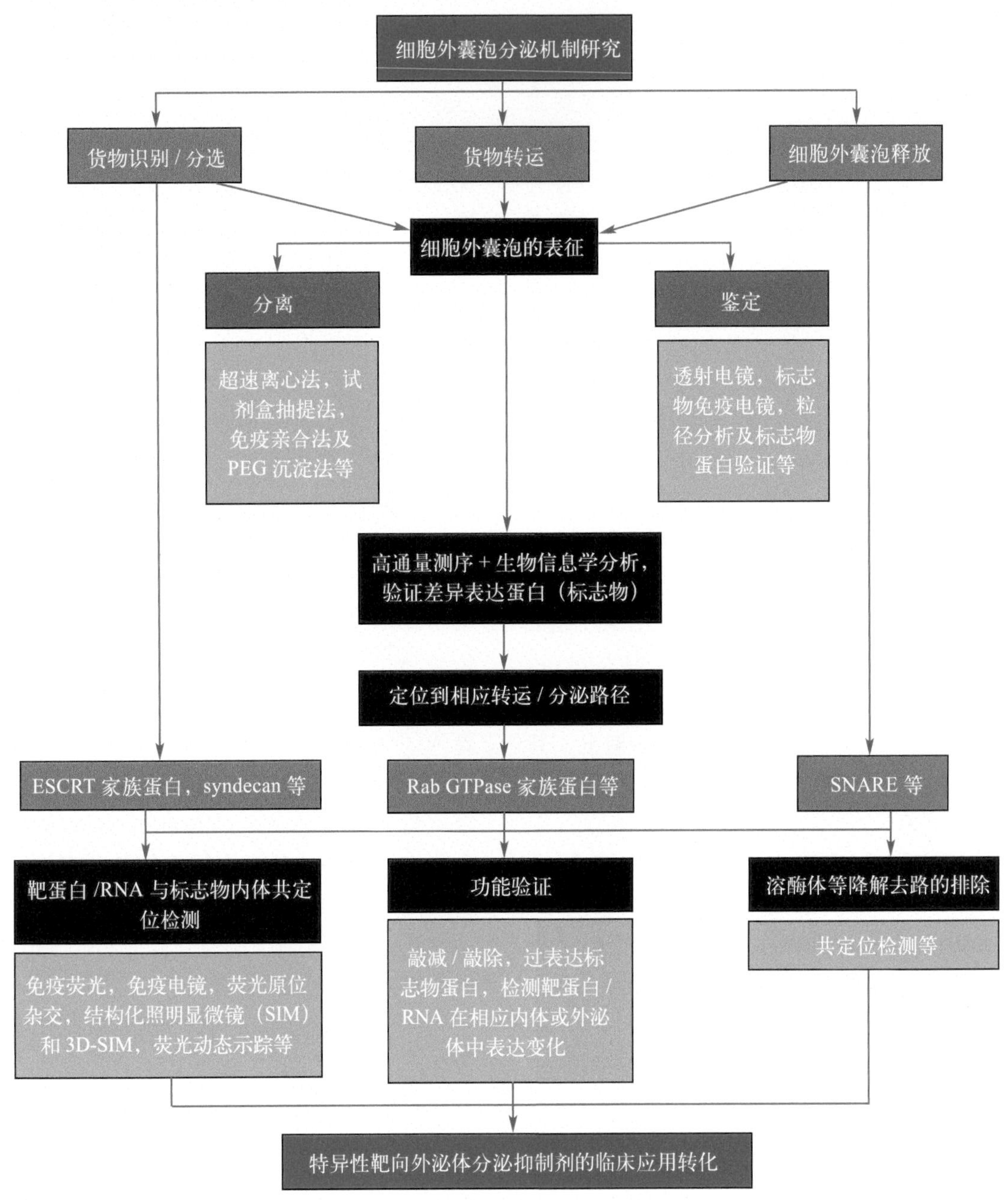

图 8-1　细胞外囊泡分泌相关课题设计

素之一。细胞外囊泡的生物发生和货物分选途径主要由经典的 ESCRT 依赖途径和 ESCRT 非依赖途径介导。靶向抑制上述通路中的关键调节蛋白能够从根源上改变细胞外囊泡货物的识别装载，从而改变其生物学行为和功能。

多囊泡体形成后将通过骨架蛋白在细胞内进行运输传递，其最终命运可能为通过溶酶体途径连同携带的货物一起被降解，也可能以循环内体形式参与细胞质膜货物循环。此外，多囊泡体可能通过与细胞质膜融合的方式，最终以细胞外囊泡形式释放至胞外。虽然运输过程并不决定其内容物的选择，多囊泡体的胞内运输将直接影响其最终命运转归，是细胞外囊泡发生过程中极为关键的步骤。目前被广泛研究的负责多囊泡体运输的调节蛋白是 Rab GTPase 家族蛋白，通过调节这些蛋白的表达水平可影响多囊泡体的最终命运。细胞形成多囊泡体后可能通过与质膜融合，释放其中的腔内小泡，最终形成细胞外囊泡。参与调控该过程的主要是 SNARE 等蛋白。

熟知细胞外囊泡生物发生的过程及相关调控因素是细胞外囊泡分泌机制相关课题设计的关键。高通量测序是机制研究中较为高效的方法选择，通过高通量分析获取信息，差异分析筛选差异表达蛋白，并进行通路富集分析，继而导向可能的细胞外囊泡生物发生相关路径，主要包括细胞质膜内陷和货物的识别分选、多囊泡体的运输、质膜融合和细胞外囊泡释放。将其与荧光标记的 MSC-EV 共培养后，再将筛选出的调节蛋白与目标蛋白进行相关性检测，例如体内的共定位检测。体内共定位检测的方法包括免疫荧光、免疫电镜、荧光原位杂交、结构化照明显微镜（SIM）、3D-SIM 和荧光动态示踪等。在确定调节蛋白与研究蛋白 / 核酸的相关性后，进行功能验证。我们可以通过细胞学实验探究在基因 / 蛋白水平改变细胞外囊泡分泌的调节蛋白的表达，检测下游研究蛋白 / 核酸在细胞外囊泡中水平的变化，以验证调控关系。由于多囊泡体在体内运输途径的多样性，其既可以将内容物以细胞外囊泡的形式释放到细胞外，也可以将内容物运输至溶酶体等途径进行降解，因此，在细胞外囊泡分泌的研究中还应该进行降解通路的排除设计，以确定细胞外囊泡的最终结局。最后，通过设计特异性靶向抑制细胞外囊泡分泌的药物，可以将基础研究进行临床转化，最终应用于疾病治疗。

二、细胞外囊泡功能相关课题设计

（一）示例一：Mesenchymal Stem Cell-Derived Extracellular Vesicles and Retinal Ischemia-Reperfusion

2019 年 Mathew 等发表于 *Biomaterials* 的研究证明了 MSC-EV 作为新兴生物材料促进视网膜神经再生的应用潜能。研究者收集了人间充质干细胞的培养上清，通过过滤、低速离心去除培养上清中的细胞与大颗粒物质，再利用 Exo Quick-TC 试剂盒分离间充质干细胞来源的细胞外囊泡（MSC-EV），并通过 NTA、免疫蛋白印迹及电子显微镜表征 MSC-EV。接着，研究者通过体内和体外实验研究其在视网膜缺血再灌注中的功能。首先体外构建视网膜细胞系 R28 的氧糖剥夺（oxygen glucose deprivation，OGD）模型，与荧光标记的细胞外囊泡共培养后，使用 EdU 标记细胞，通过流式细胞术分析细胞的增殖变化情况。同时，通过共聚焦显微镜拍摄细胞对荧光标记的细胞外囊泡的摄取情况。体内实验构建大鼠视网膜缺血再灌注模型，使用标记的 MSC-EV 进行治疗，通过视网膜电图结果对 MSC-EV 治疗视网膜缺血再灌注的效果进行评估。通过荧光成像对 MSC-EV 在眼部的分布进行追踪和定位。收集治疗后的视网膜组织，提取组织蛋白，通过免疫蛋白印迹法检测 IL-6、TNF-α 和 caspase-3 的表达水平。其中 IL-6、TNF-α 作为炎症指标，caspase-3 作为细胞凋亡指标。此外，通过 TUNEL 荧光染色实验进一步评估细胞凋亡情况。以上研究表明 MSC-EV 能够缓解视网膜细胞在体外模拟缺血条件下和体内视网膜缺血条件下的损伤，并提出了一种体内定位成像结合治疗性生物材料的医工交叉研究策略。

（二）示例二：Glioblastoma microvesicles transport RNA and protein that promote tumor growth and provide diagnostic biomarkers

2008 年 Skog 等发表于 *Nature Cell Biology* 的研究，通过微阵列分析胶质母细胞瘤细胞来源的细胞外囊泡，证明细胞外囊泡可能作为治疗性 RNA 和蛋白质的载体，用于疾病治疗。研究者分离胶质母细胞瘤细胞来源的细胞外囊泡后，通过 RNA 提取试剂盒分离细胞外囊泡中的 RNA 成分，并对其中 miRNA 成分进行微阵列分析，检测到 11 种在胶质母细胞瘤细胞中表达水平也较高的 miRNA。通过检测细胞外囊泡中与肿瘤进展相关的基因，可能预测肿瘤类型和进展情况。通过体外实验，将胶质母细胞瘤细胞来源的细胞外囊泡与人源大脑微血管上皮细胞共培养，通过体外血管生成实验探究胶质母细胞瘤细胞来源的细胞外囊泡血管生成的作用。结果显示，胶质母细胞瘤细胞来源的细胞外囊泡显著促进人源大脑微血管上皮细胞成管，细胞外囊泡可能作为治疗性载体应用于疾病治疗。

（三）研究细胞外囊泡功能的方法与策略

细胞外囊泡功能相关课题设计见图 8-2。

细胞外囊泡为来源于细胞的纳米颗粒，从母体细胞继承了丰富的生物活性物质。细胞外囊泡的生物功能很大程度上取决于其来源的母体细胞。因此，细胞外囊泡功能研究的首要步骤是选择母体细胞的种类。细胞外囊泡的分离纯化方法包括超速离心法、沉淀法和尺寸排阻色谱法等，选择分离方法时需要优先考虑不损害细胞外囊泡携带的生物活性物质的方法。通过对细胞外囊泡的表征鉴定，包括评估其蛋白标志物、粒径大小、形态和表面电荷等，能够初步判断分离的细胞外囊泡的质量。功能学实验是进行细胞外囊泡生物功能研究的核心部分，主要从体外实验、体内试验两方面开展。对于细胞外囊泡的体外功能学实验，需要根据其来源和研究目的选择合适的受体细胞种类。通过共培养实验，可以研究受体细胞摄取细胞外囊泡后产生的功能变化，例如细胞增殖、细胞凋亡、细胞迁移和代谢产物变化。根据不同的受体细胞和囊泡类型，体外实验的具体条件如细胞外囊泡的用量及共培养的时间需要进行调整。对于细胞外囊泡的体内功能学实验，需要建立更为复杂的动物模型，用于研究细胞外囊泡的生物学功能。体内功能学实验在设计上需要考虑更多影响因素，包括细胞外囊泡与动物的种属来源、动物摄入细胞外囊泡的途径、进行指标评估的时间等。这些因素都与细胞外囊泡在动物体内的分布与代谢过程相关，因此在进行细胞外囊泡体内功能学实验前需要对细胞外囊泡在特定动物模型体内的代谢、分布特征进行研究。体内功能学实验的评估指标主要包括肿瘤大小变化、疾病缓解率、生存曲线、损伤恢复情况等。免疫组化、荧光成像等实验也是常见的用于细胞外囊泡体内功能研究的方法。综上所述，细胞外囊泡的生物功能研究课题设计思路为：通过分离细胞外囊泡携带的生物活性物质如蛋白质、核酸，进行一系列分子生物学研究，筛选出细胞外囊泡发挥功能的关键分子，而后使用过表达或敲低关键分子的细胞外囊泡进行体内、外功能学实验，从而验证细胞外囊泡中关键分子发挥的生物功能及相关机制。

三、细胞外囊泡作为液体活检标志物的课题设计

（一）示例一：Glypican1 identifies cancer exosomes and facilitates early detection of cancer

2015 年 Melo 等发表于 *Nature* 的研究表明，通过检测癌症患者和小鼠的血清中

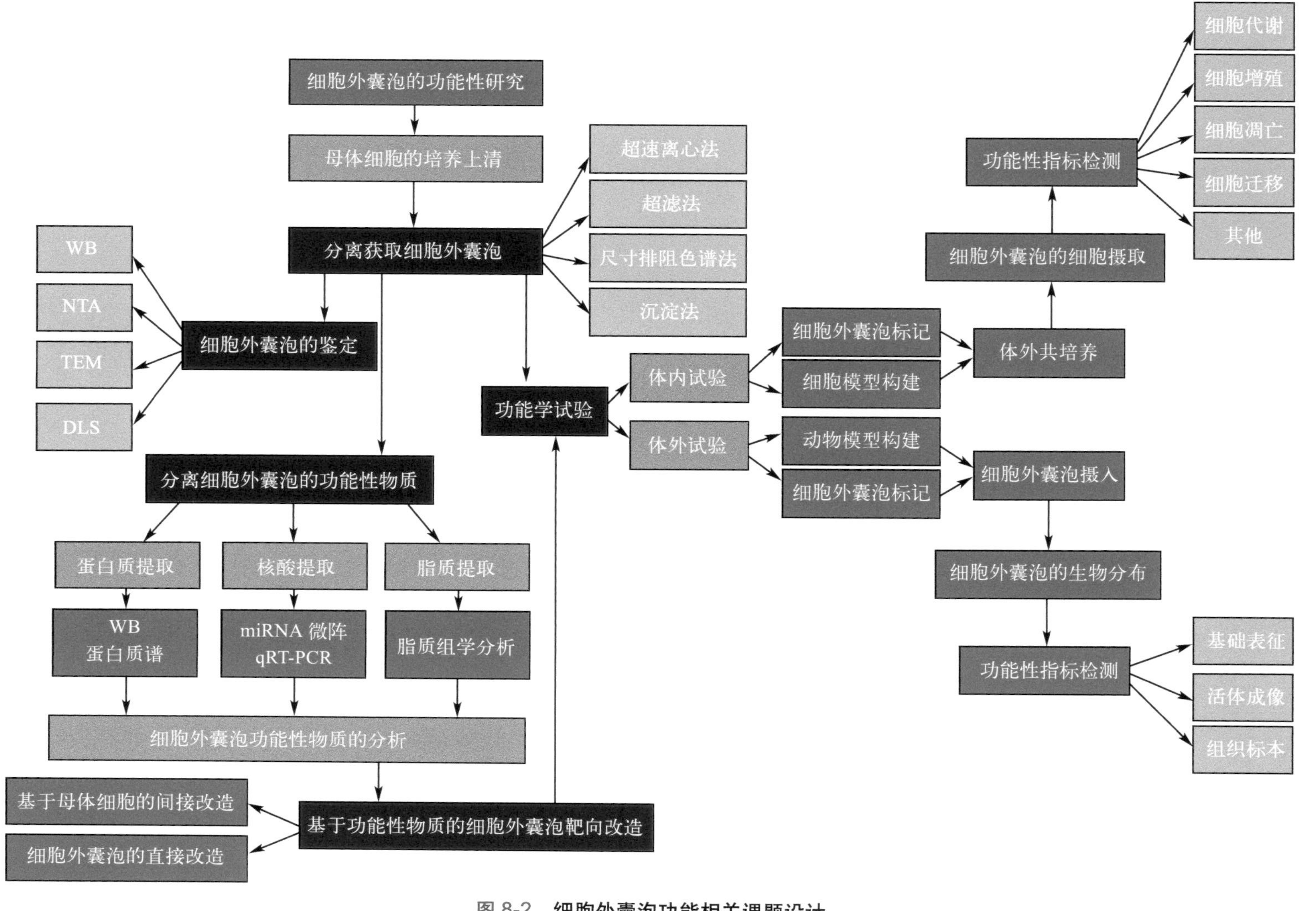

图 8-2　细胞外囊泡功能相关课题设计

的 GPC1 阳性循环细胞外囊泡，能够从健康人、良性胰腺疾病患者中筛选出早期和晚期胰腺癌患者。研究者首先从癌症细胞和非癌症的对照细胞培养上清中分离获得细胞外囊泡，利用液相色谱 - 质谱技术对细胞外囊泡的蛋白质组进行检测分析。质谱分析结果表明，一种细胞表面糖蛋白 GPC1 显著富集于癌症细胞来源的细胞外囊泡。接着，研究者收集了癌症患者和癌症模型小鼠的血液，通过超速离心法分离血清中的细胞外囊泡利用流式细胞术对分离的细胞外囊泡中的 GPC1 阳性循环细胞外囊泡进行检测。结果显示，GPC1 阳性循环细胞外囊泡在癌症患者中具有较高的特异性和敏感性，可以将健康个体、良性胰腺疾病患者与早期、晚期胰腺癌症患者区分开。此外，血清中 GPC1 阳性循环细胞外囊泡的水平还与肿瘤负荷及患者预后相关。GPC1 阳性循环细胞外囊泡或可作为一个潜在的无损筛选指标，用于早期胰腺癌的筛选及胰腺癌预后评估。

（二）示例二：A Novel Urine Exosome Gene Expression Assay to Predict High-grade Prostate Cancer at Initial Biopsy

2016 年 McKiernan 等发表于 *JAMA Oncology* 的研究，提出了一种新型的通过检测尿液中细胞外囊泡的相关基因表达筛选前列腺癌的方法。研究者收集了具有不同水平前列腺特异抗原的前列腺癌患者的尿液，从中分离出细胞外囊泡。利用 PCR 技术检测不同患者尿液来源细胞外囊泡中相关基因表达水平，并与患者临床活检的前列腺特异抗原比对分析。结果显示，基于 *ERG*、*PCA3*、*SPDEF* 三种基因表达水平计算的尿液来源细胞外囊泡基因表达水平可以区分活检阴性患者与高等级前列腺癌患者（GS 指数为 7 或更高）。随后，研究者扩大样本量，对尿液来源细胞外囊泡基因表达水平指数进行验证，发现其与临床标准（SOC）结合相比于单纯的 SOC 可以更好地区分高等级前列腺癌（GS7 或更高）、GS6 前列腺癌和良性病变。

（三）研究细胞外囊泡作为液体活检标志物的方法与策略

细胞外囊泡作为液体活检标志物的课题设计见图 8-3。

细胞外囊泡携带来自母体细胞的蛋白质、脂质、核酸等生物活性物质，当人体出现病变时，母体细胞发生的改变在其分泌的细胞外囊泡中也会有所体现。人体的血液、唾液、尿液等体液中均能分离出细胞外囊泡，其中细胞外囊泡携带的生物标志物可以用于疾病的无损筛选。因此，细胞外囊泡在各类疾病的早期筛查、进展和预后预测等方面具有重要意义。要开展细胞外囊泡作为液体活检标志物的研究，首先需要确定采集的临床样本类型。对于全身性疾病或进展早期的疾病，可以选择血液、唾液、尿液等作为获取细胞外囊泡的途径；对于已经出现病灶且需要手术切除的疾病则可以选择切除的病理组织作为研究样本。

与从细胞培养上清中获取细胞外囊泡不同，获得研究样本后需要进一步的处理方可进行细胞外囊泡的分离和纯化。以血液样本为例，细胞外囊泡作为其复杂组分中的一小部分，分离纯化很容易受到其他小粒径颗粒的影响，因此在分离前需要尽可能去除其中的血细胞、脂质等非细胞外囊泡成分。选择细胞外囊泡的分离方法时需要注意不要损坏细胞外囊泡携带的生物活性分子。由于生物体液样本的组成相对复杂，对分离纯化后的细胞外囊泡进行鉴定和表征是进行液体活检标志物研究的前提。

针对细胞外囊泡作为标志物的研究，关键部分是提取其携带的生物信息。细胞外囊泡携带的生物活性物质主要分为蛋白

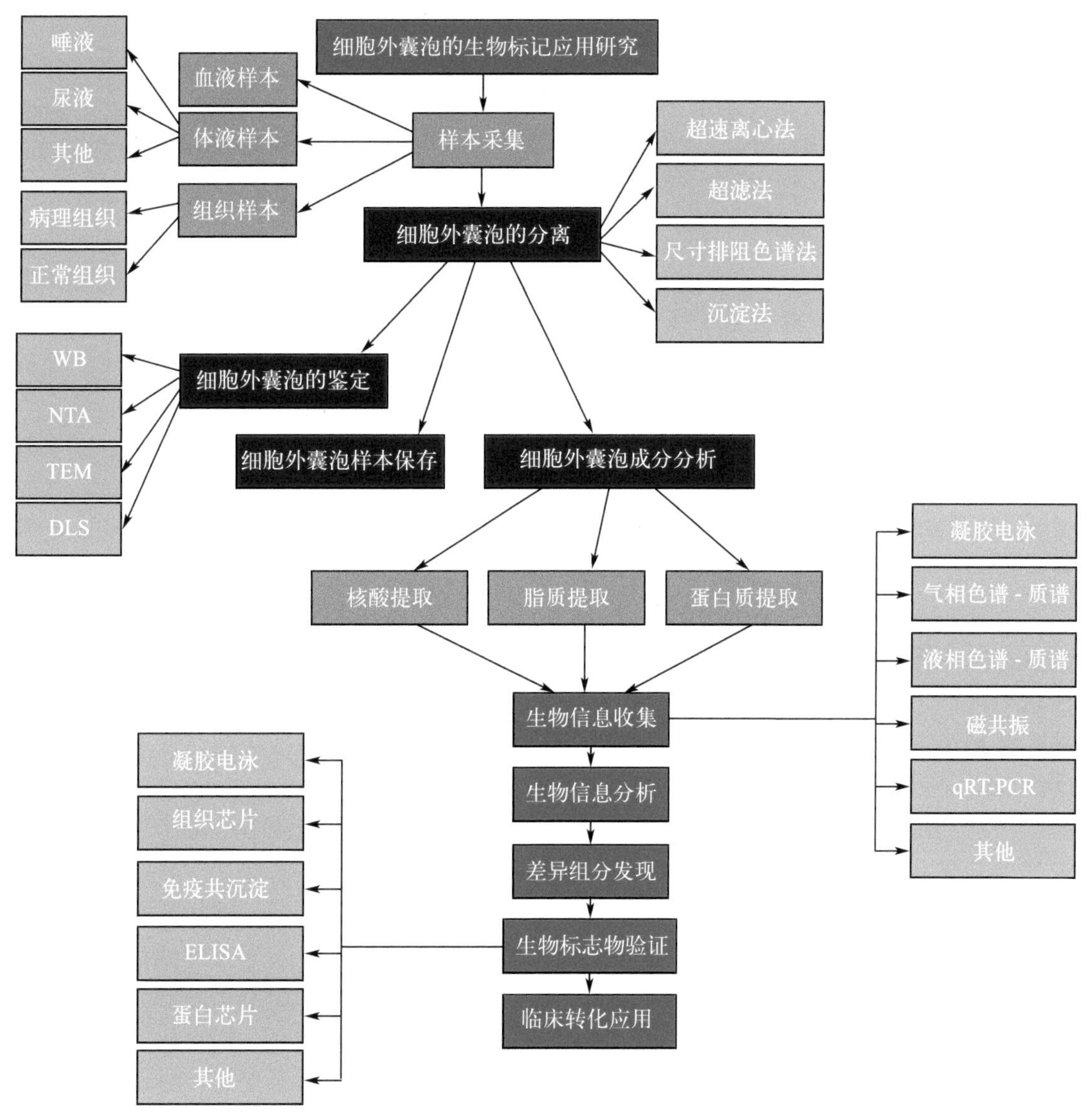

图 8-3　细胞外囊泡作为液体活检标志物的课题设计

质、脂质和核酸，对不同的组分进行分离后进行相应的蛋白质组学和转录组学分析能够获得较为全面的生物信息。结合比对对照样本来源细胞外囊泡的生物信息，通过差异分析可以发现样本间存在显著差异的成分，用以作为细胞外囊泡可能的生物标志物。后续还需要通过进一步的实验来验证基于生物信息分析选出的差异组分是否可以作为生物标志物用于后续临床转化。

四、细胞外囊泡作为药物载体的相关课题设计

（一）示例一：Tumor Cell-Derived Extracellular Vesicle-Coated Nanocarriers：An Efficient Theranostic Platform for the Cancer-Specific Delivery of Anti-miR-21 and Imaging Agents

Bose 等于 2019 年发表于 *ACS Nano* 的一篇研究利用肿瘤细胞来源的细胞外囊泡，

结合 RNAi 疗法和基于金 - 氧化铁纳米颗粒的光热疗法，构建了一种能够同时满足肿瘤靶向治疗和多模态示踪成像的纳米平台。首先，研究人员通过化学转染的方式将 Cy5-anti-miR-21 转染至供体细胞 4T1、SKBR3 和 HepG2 中。随后，使用无血清 DMEM 培养基培养 24h，分别收集培养基上清，超速离心后获得装载有 Cy5-anti-miR-21 的细胞外囊泡，并通过荧光显微镜和 FACS 分析评估 anti-miR-21 的装载效率。接着，研究人员通过“top-down”技术，将 1 ∶ 15 的肿瘤来源细胞外囊泡和金 - 氧化铁纳米颗粒从 200nm 孔径的聚碳酸酯膜共挤出 7 ～ 11 次，实现了金 - 氧化铁纳米颗粒的细胞外囊泡包覆，并利用紫外 - 可见光谱进一步表征。通过静脉注射 ICG 荧光标记的 TEV-GION-anti-miR-21-NPs 到 4T1 肿瘤模型小鼠体内，体内荧光成像和 MR 成像证实了 TEV-GION-anti-miR-21-NPs 的肿瘤特异性富集。这种载药肿瘤来源细胞外囊泡的肿瘤特异性靶向富集能够抑制肿瘤细胞的 miR-21 表达，从而增强肿瘤细胞凋亡，同时还能降低肿瘤的化疗耐药性。

（二）示例二：Extracellular vesicles：Natural liver-accumulating drug delivery vehicles for the treatment of liver diseases

该研究利用红细胞来源的细胞外囊泡在肝脏特异性累积并被巨噬细胞以 C1q 依赖途径吞噬这一特性，将具有治疗作用的反义寡核苷酸 miR-155-ASO 以及化疗药物阿霉素和索拉非尼通过电穿孔技术载入红细胞来源的细胞外囊泡中。研究者进一步将装载了 miR-155-ASO 的红细胞来源的细胞外囊泡通过尾静脉注射打到急性肝衰竭的小鼠体内，发现沉默 miR-155 可以通过调节巨噬细胞向 M2 表型极化实现对急性肝衰竭的治疗。与常规剂量的阿霉素和索拉非尼相比，阿霉素和索拉非尼载药的红细胞来源细胞外囊泡表现出增强的治疗效果，同时具有更低的全身毒性。红细胞来源的细胞外囊泡作为一种载药平台，在增强药物本身治疗效果的同时也降低了药物的剂量毒性，因此具有非常高的临床应用前景。

（三）研究细胞外囊泡作为药物载体的策略

细胞外囊泡作为药物载体的课题设计见图 8-4。

细胞外囊泡作为药物载体的研究主要包括药物选择、药物装载和靶向修饰三部分。药物类型的选择和靶向组织由疾病类型决定。药物装载策略和靶向修饰策略又分别由药物类型和靶向组织决定。如何选择合适的药物类型、药物装载策略和靶向修饰策略，从而最大化细胞外囊泡载药效率和功能疗效，是推进载药细胞外囊泡临床应用的关键。

不同的药物装载策略各有优劣：电穿孔是最常用的药物装载技术，适用于大规模细胞外囊泡的载药，然而电穿孔过程中细胞外囊泡可能自发聚集和变形，装载效率被药物粒径大小限制；超声、机械挤压法药物封装效率较高，但过程会改变细胞外囊泡的膜结构和膜电位，且药物装载效率很大程度上取决于药物的亲疏水性；化学转染法有简单、快速、高效、不需要专门设备等优点，但需要考虑转染试剂细胞毒性等问题。因此，确定载药药物类型后，需要根据药物的粒径大小和亲疏水性等理化性质选择合适的载药技术将目标分子装载到细胞外囊泡中。

下一步，根据不同组织靶向需要选择不同的靶向蛋白、肽段或适体，例如 RVG 肽特异性靶向中枢神经系统，LJM-3064 适配体对髓鞘有高亲和性，GLUT4 跨膜蛋白能特异性靶向对胰岛素敏感的肌肉、脂肪细胞。膜靶向修饰策略能将这些特异性靶

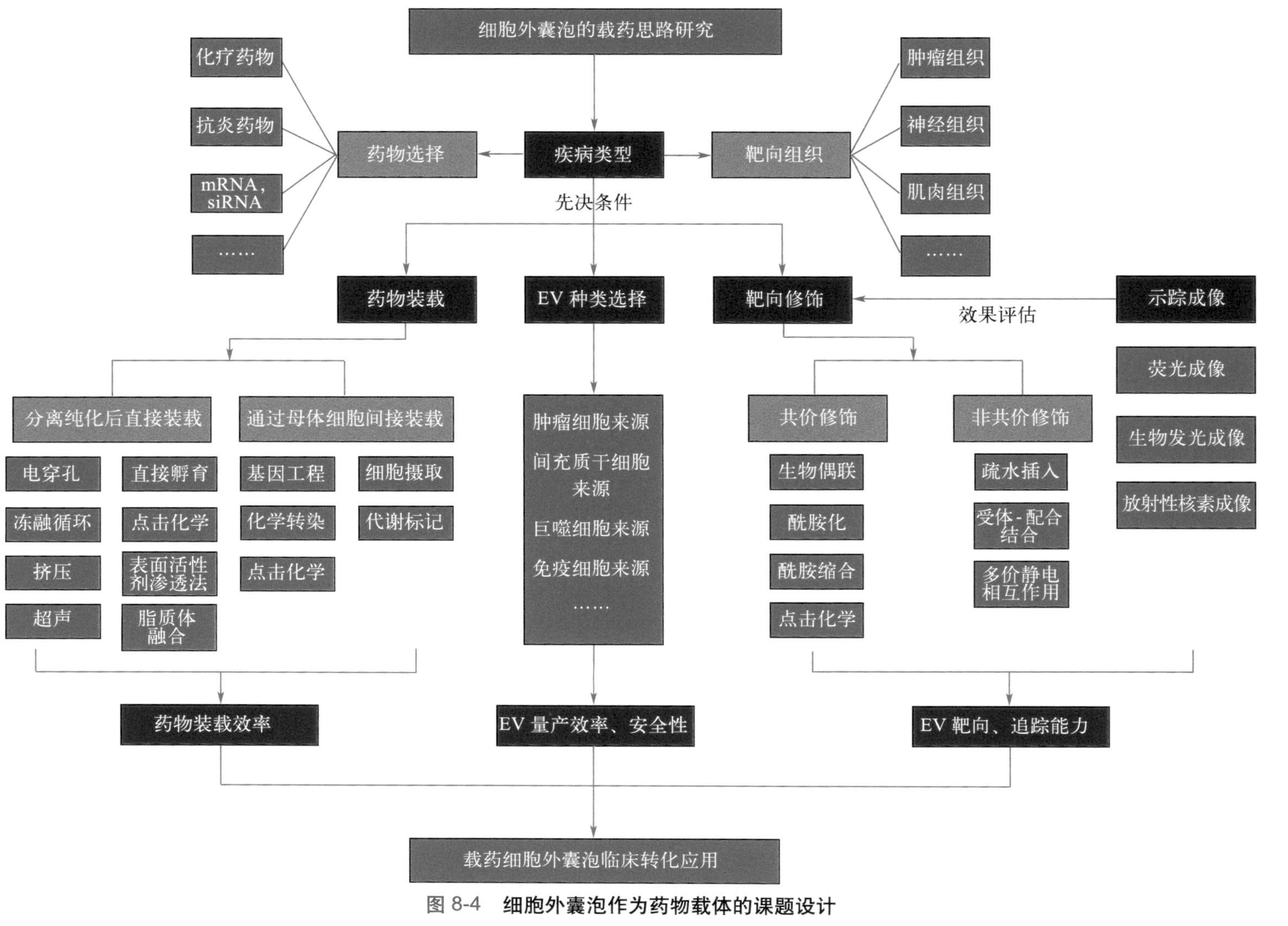

图 8-4　细胞外囊泡作为药物载体的课题设计

向分子与细胞外囊泡连接，从而实现组织的特异性靶向。基因工程是膜靶向修饰策略的一种，通过基因编辑将特异性靶向分子引入 CD9、CD63 和 Lamp2b 等细胞外囊泡特异性蛋白序列，形成融合蛋白，从而达到靶向修饰的目的。通过疏水插入、多价静电相互作用、受体 - 配体结合等非共价修饰方法也可以增加细胞外囊泡的靶向性。基于点击化学的共价修饰方法具有高效、快速、温和等优势，正成为细胞外囊泡膜靶向修饰研究的热点。

示踪成像策略是验证靶向修饰策略效率高低的手段，还有利于载药细胞外囊泡的体内分布及代谢研究。基于亲脂性染料的荧光成像是最简单、最常见的成像方式，但由于荧光染料在体内半衰期过长、组织穿透深度不足，且易形成类囊泡聚集体从而干扰检测。越来越多的研究转向选择利用生物发光成像和放射性核素成像方法进行细胞外囊泡的体内研究。生物发光成像具有高灵敏度和高信噪比等优点，但技术成本高，需要对亲代细胞进行基因编辑。放射性核素的组织穿透性最强，利用放射性核素标记细胞外囊泡，可以对细胞外囊泡进行体内定性和定量评估。然而，放射性核素标记的技术成本和非普适性也是需要考虑的问题。

最后，为了实现临床应用，还需考虑不同细胞来源的细胞外囊泡的产量和安全性等问题。利用肿瘤细胞产生细胞外囊泡效率较高，但其生物安全性有待考究。间充质干细胞来源的细胞外囊泡本身就能作为天然的疾病治疗药物，安全性也相对较高，但干细胞来源的细胞外囊泡产量较低，目前还没有很好的提升产量的办法。此外，还需考虑不同细胞来源细胞外囊泡的靶向性差异，例如巨噬细胞衍生的细胞外囊泡具有优异的炎症趋向性，更适合作为炎症性疾病治疗药物的载体。

第三节　展　　望

细胞外囊泡作为一种天然的货物运输载体，能够将核酸、蛋白质和脂质等生物活性物质从供体细胞转运至受体细胞从而介导细胞间通讯，在疾病的诊断、预后、治疗和组织修复再生等方面具有广阔的临床应用前景。细胞外囊泡的分泌机制是细胞外囊泡研究的基础，也是细胞外囊泡研究领域的热点之一。促进细胞外囊泡的分泌，可以实现细胞外囊泡的大规模生产从而推进临床转化应用；而抑制肿瘤细胞来源细胞外囊泡的分泌，可能促进抗肿瘤免疫，抑制肿瘤的发生发展。细胞外囊泡的生物发生是由多基因多通路调节的复杂过程，特异性抑制或促进某一类型细胞外囊泡的分泌是细胞外囊泡研究未来的重点方向。细胞外囊泡不仅能通过与细胞表面配体互作实现细胞间的信号传导，还能通过被细胞摄取内化而传递运载物质，从而改变细胞表型，在疾病治疗、组织再生和修复等方面具有广阔的应用前景。全面了解不同细胞外囊泡与相应受体细胞间的作用机制，是认识细胞外囊泡介导的生理病理过程的基础。组织和体液来源的细胞外囊泡可用于各类疾病的无损筛查及临床诊疗，特别是肿瘤的早期筛查、预后及治疗指导。然而，不同组织和体液来源的细胞外囊泡亚群携带的核酸和蛋白质等信息差异巨大。目前，世界范围内对于各类疾病情况下细胞外囊泡携带的液体活检标志物的选择，仍缺乏一定的标准和共识。同时，对临床样本来源的细胞外囊泡的分离、纯化及检测技术尚不成熟，细胞外囊泡作为液体活检标志物用于临床仍存在较大瓶颈。高通量测序、机器学习、细胞外囊泡的分选和微量检测等技术的革新可能是突破细胞外囊泡液体活检标志物研究瓶颈的关键。细胞外囊泡具有良好的生物相容性、体内循环稳定性和屏障穿透能力，是一种天然的药物载体。

目前，细胞外囊泡作为药物载体的转化应用所面临的瓶颈主要体现在以下几个方面：①难以实现细胞外囊泡的规模化量产，无法满足临床转化需求；②难以实现载药细胞外囊泡的质控，存在批次间不稳定性；③难以实现载药细胞外囊泡的精准靶向治疗等。未来转化研究的重点应针对上述存在的技术瓶颈，规模化开发质量可控且能够实现精准靶向的细胞外囊泡药物载体，推进细胞外囊泡作为药物载体的临床转化应用。

第 9 章　细胞外囊泡研究新兴技术

2013 年美国科学家 James E. Rothman、Randy W. Schekman 和德国科学家 Thomas C. Südhof 因发现细胞内部囊泡运输调控机制而荣获诺贝尔生理学或医学奖，将 EV 的研究推向了前所未有的高度。EV 的直径比细胞小约 100 倍，体积比细胞小约 100 万倍，介导包含细胞通讯在内的众多关键生命活动，在疾病无痛早筛、精准治疗、预后监测及诊疗一体化等大健康领域至关重要。一方面，其表面及内部丰富的生物信息分子被视为是新一代非侵入性疾病诊断检测靶标，另一方面因其具有优异的生物相容性、极低的免疫原性及易于功能化的特性日渐成为新型的生物纳米诊疗一体化载体。

EV 几乎存在于所有体液中，是继循环肿瘤细胞（circulating tumor cells, CTC）和循环肿瘤核酸（circulating tumor DNA, ctDNA）之后的新一代液体活检对象，逐渐成为肿瘤精确诊断和治疗的研究热点，如何从复杂体液中分离纯化出高质量的 EV 是该领域面临的重大挑战。目前，传统方法分离纯度低、效率低，不能满足学者日益增长的高纯度、高特异性、高效率且无标记的 EV 持续分离的需求，这也催生了诸多新兴技术的出现。微流控技术（microfluidic chip），亦被称为芯片实验室（lab on a chip）或微全分析系统（micro-total analytical system），是把传统生物、化学等实验的样本制备、前处理、分离及检测等基本单元集成到一块厘米见方的芯片上，自动化完成全过程的新兴前沿技术。该技术在 2004 年被 *Business*2.0 杂志称为“改变未来的七种技术之一”，同时也是我国“十四五”规划重点发展领域。近年来，因其具有微型化、集成化、高通量、样本需求小、试剂消耗少及平行处理能力强等独特优势，微流控芯片逐渐成为 EV 研究领域的理想工具之一，可为 EV 研究提供全流程的解决方案。

本章借助于丰富的实例和图解方式，从分离产率、特异性、检测灵敏度、数字化及原位分析等角度入手，聚焦用于 EV 研究和应用的微纳流控新技术、新方法。本章首先介绍了基于 EV 物理和化学特性的分离新技术，其次列举并介绍了不同检测和分析新技术的特点，随后讨论了多种芯片功能化新技术，并同步对比了各种新技术的优劣势和适用范围，最后展望了未来发展趋势。

第一节　基于微流控芯片的 EV 分离新技术

一、基于物理特性的分离新技术

基于 EV 物理特性的分离技术或方法，主要是利用其尺寸、电荷、密度、溶解度及流体力学特性等物理因素差异，实现 EV 的非标记分离或富集。该方法简单快捷，可实现全囊泡、无偏向分离，但无法有效排除同性质的其他干扰物对分离纯度的影响。

（一）基于尺寸分离

基于尺寸的分离，是目前广泛使用的 EV 分离纯化方法之一。EV 尺寸范围在 30 ～ 1000nm，包含多种不同尺寸级别的异质性囊泡，其中广受关注的是 30 ～ 150nm 级别的外泌体。相比于其他的尺寸分离技术，通过微流控芯片技术所获得的囊泡大小更加均一和可控，该技术主要分为以下三类：第一类是借助纳米滤膜、纳米孔材料或微纳结构分离 EV；第二类是利用动力学特性分离 EV；第三类是借助物理场分离 EV。

1. 滤膜分离　微流控芯片集成纳米滤膜，比如聚碳酸酯膜或多孔氧化铝膜，可以实现对 EV 的高效全分离和富集，并行同孔径滤膜可实现高通量分离，而串联不同孔径的滤膜可实现不同尺寸囊泡的分级分离。滤膜法分离具有简单快捷、高效、易于量产且更换滤膜后可重复使用的优势，但随着累积易形成"滤饼"，进而造成滤膜阻塞，分离效率降低，甚至是滤膜破裂而导致分离失败，因此该方法多用于小体积 EV 分离纯化，可通过并行多个芯片增加通量。

Woo 等将两个不同孔径滤膜（尺寸分别为 20nm 和 600nm）集成，提出了一种快速、无标签、高灵敏度的 EV 分离和定量的离心微流控芯片平台（Exodisc），只需要简单离心旋转，即可实现 30min 内从尿液样本中全自动富集 20 ～ 600nm 的囊泡，回收率达到了 95%。与金标准的超速离心方法相比，Exodisc 分离的囊泡 mRNA 含量高达 100 倍。Liu 等报道了一种基于纳米膜过滤的全 EV 分离分析模块化的平台(exosome total isolation chip，ExoTIC)，该平台具有简单、易用、模块化等优点，便于快速从体液（包括血浆、尿液和灌洗液等）中分离得到高纯度的 EV（图 9-1）。与传统的超速离心相比，该平台的 EV 产量高 1000 倍。随后,他们将多个不同孔径的芯片串联，可同步实现不同尺寸 EV 的分级分离和异质性分析，展现了 ExoTIC 强大的科研和临床应用潜力。为了克服持续过滤累积带来的风险，他们在 ExoTIC 的基础上进一步开发了一种 EV 快速分离系统（EXODUS），将双耦合谐波振荡引入到双膜滤波器配置中，以在膜上产生振荡，极大地抑制了结垢效应，实现无阻塞和超快速纯化 EV，从而提高了 EV 分离纯化的效率、产量和纯度。利用该技术，他们成功实现了从 113 例泌尿系统疾病患者(包括膀胱癌、肾癌及其对照)的尿液中高效快速地制备高纯度 EV，并分析了其 RNA 谱，凸显了 EXODUS 在处理大量临床样本时的高效性和一致性。通过进一步优化 EXODUS 分离方法，他们又开发了从泪液中快速分离、纯化和检测 EV 的新策略，并结合蛋白组学和测序技术发掘眼部疾病标志物，拓展了 EXODUS 的应用场景。此外，在微流控芯片中引入切向流过滤或非对称场流策略也是一个不错的选择，一方面，利用流体切向冲洗可进一步降低滤膜阻塞风险，从而实现更大体积的分离，另一方面，可实现连续在线去杂和分离，利于大规模分离纯化。

2. 纳米材料过滤分离　除了上述集成纳米滤膜外，依托于先进的微机电加工技术，在微流控芯片通道内原位构建不同的筛分结构，如原位生成纳米孔膜或纳米线等微纳结构，从而实现对 EV 的高效分离和捕获。该方法具有灵活可控的优势，但是纳米级微加工需要昂贵仪器和专业人才，门槛比较高。

Yasui 等率先提出一种锚定在微流体基板上的氧化锌纳米线平台，通过静电吸附及纳米线捕获，实现了高效的 EV 分离，并原位提取约 1000 种不同序列的 miRNA，数量远超传统超离心方法（图 9-2）。Wang 等则报道了一个由仿生纤毛微柱组成的微流控装置，利用多孔硅纳米线 - 微柱结构，优先捕获 EV 样的囊泡，并能有效滤除蛋白质和细胞碎片，随后利用 PBS 缓冲液溶解多孔纳米线，从而完整地回收被捕获的 EV。Chernyshev 等提出了一种新颖的非对

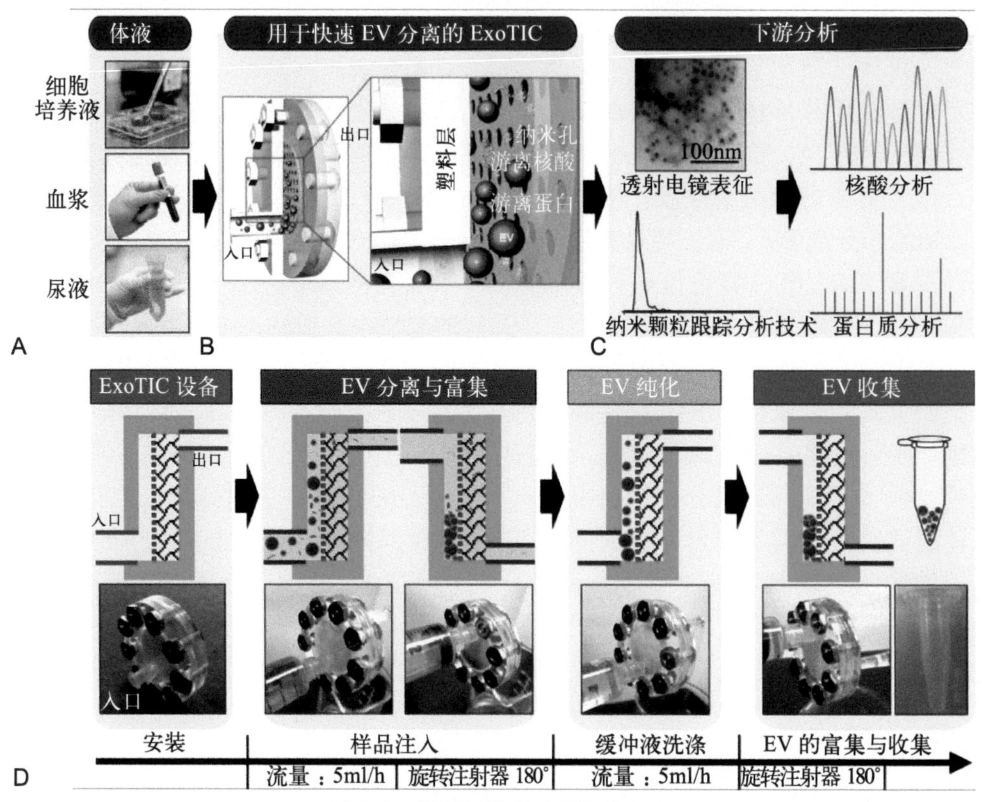

图 9-1　**基于滤膜的全 EV 分离**

引自 ACS Nano，2017，11（11）：10712-10723.

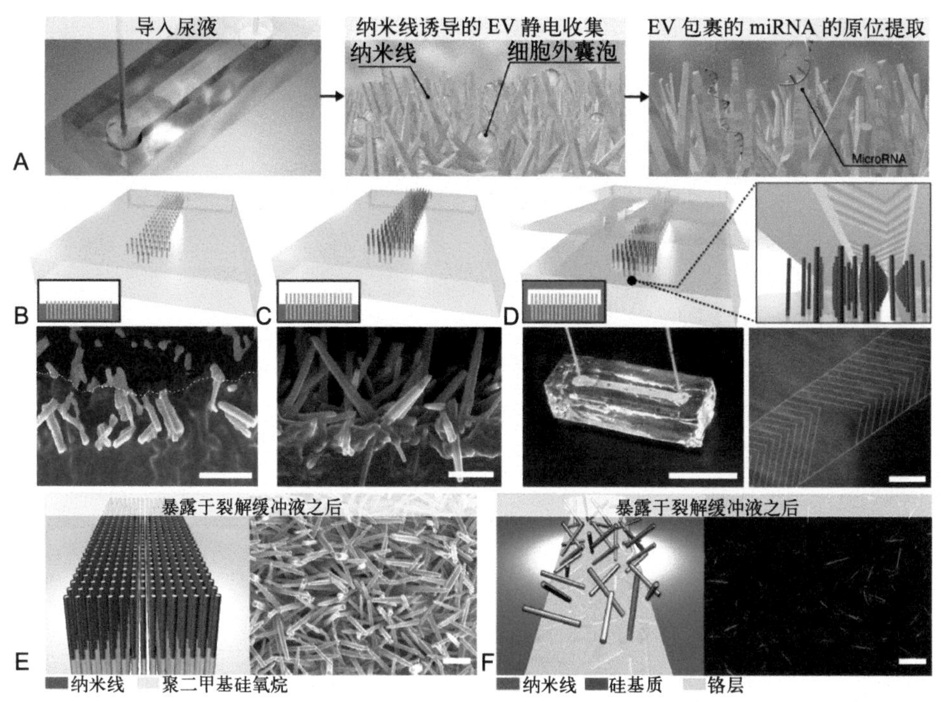

图 9-2　**纳米线 EV 捕获分离**

引自 Science Advances，2017，3（12）：e1701133.

称深度过滤（asymmetric depth filtration）分离方法，EV 被俘获在多孔介质中，随后通过反向流冲刷过滤器再生过滤能力，通过进一步优化孔径、几何形状、表面、深度以及动力学参数（如流速、持续时间和流体黏度）来有效去除杂质、提高效率，成功从不同的生物液体（血浆、尿液和细胞培养液）中分离出 EV，并证明该方法在分离 EV 的纯度和产量方面优于超速离心和尺寸排阻色谱法。刘笔锋课题组则利用琼脂糖材料超亲水性、水渗透性、纳米级多孔性，以及无须复杂原位纳米加工的特性，以尺寸大小为基础进行 EV 高效全富集，借助化学标记技术以及黏性末端介导的链置换信号放大效应，在 2.5h 以内实现 EV 膜表面蛋白和 EV 内特异 miRNA 的同时在线超敏检测。

此外，在微流道不同空间上原位加工不同尺寸的纳米结构，可实现 EV 连续分级捕获和分离，或利用纳米材料本身特性，如荧光增强、低吸附性或可控释放，可进一步提升 EV 分离检测一体化的检测限和灵敏度。

3. *动力学特性分离*　微流体在流动的过程中具有一定的动力学特性，可结合芯片通道的设计来区分流体中尺寸不同的颗粒。基于 EV 的动力学特性实现分离的方法主要包括确定性侧向位移技术和黏弹性微流体技术。

确定性侧向位移（deterministic lateral displacement，DLD）是一种高效的纳米级颗粒分类、分离和富集技术，常用来分离寄生虫、细菌、血细胞和血液中的循环肿瘤细胞。随着技术的发展，基于 DLD 的微流控芯片也被应用于 EV 分离、检测和诊断，其中最具代表性的研究来自于 IBM 的科研人员，他们首次制备了特殊设计的不对称微柱阵列的硅芯片 nanoDLD 平台，实现了样品中 EV 等纳米级颗粒的分离和分类（图 9-3）。其原理如下：较小的颗粒在流体的方向上以 Z 字形运动，而较大的颗粒会沿着不对称的方向撞击纳米微柱在不同空间

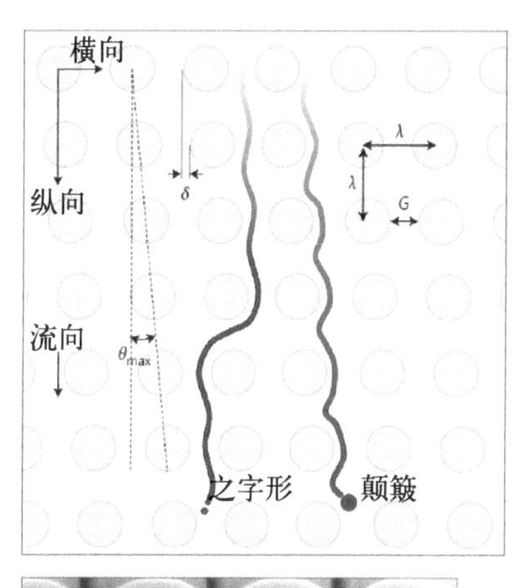

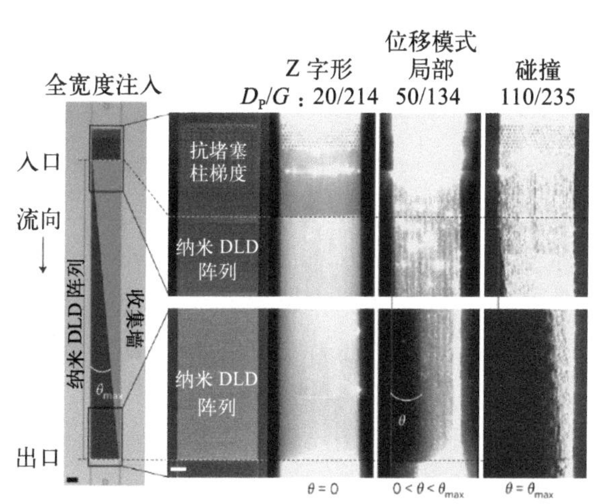

图 9-3　确定性侧向位移技术分离 EV

引自 Nature Nanotechnology，2016，11（11）：936-940.

出口流出，进而实现20～110nm粒子有效分离，可同步应用于DNA、病毒等重要生物颗粒分离。基于其优异性能，该技术也被评为IBM当年5种热门技术之一。但由于流体阻力，上述DLD芯片处理样品时流速比较低（约0.2μl/h）。为了克服上述不足，他们进一步构建了一种更高集成度的nanoDLD阵列芯片（超过1000个平行阵列），芯片流速可达900μl/h，利于实现高通量的EV分离。随后，其他课题组也利用DLD技术开展了类似的工作，并探讨了微柱间距、盐离子浓度对EV分离的影响(图9-3)。

黏弹性微流体技术是一种简单、无标签的颗粒操纵技术，依赖于黏弹性介质中尺寸相关弹性升力引起的颗粒迁移，已被广泛应用于分离肿瘤细胞、血细胞、细菌、液滴和微球等大尺寸目标物。与惯性微流体技术相比，黏弹性微流体可实现较小体积的样品内精确地操纵亚微米颗粒，但由于作用于纳米级颗粒上的弹性升力不足，微流体黏弹性分离EV仍具有一定挑战。为了克服上述挑战，国家纳米科学中心孙佳姝课题组在此领域做了大量的工作。她们率先利用了一种聚氧乙烯（PEO）辅助的黏弹性微流控芯片系统，在建模和数值模拟基础上，通过优化微通道大小、几何结构、介质弹性系数和流速等关键条件后，成功实现了从细胞培养液或血清中连续分离出EV。随后，该课题组进一步利用适配体标记EV，利用λ-DNA增大溶液黏性，实现了同步EV分离和表面蛋白分析，并借助机器学习算法，根据EV的大小和标志物表达差异对其进行特异性分类，结果显示该方法分离的微泡在区分乳腺癌细胞系和HER2表达水平不同的Ⅱ期乳腺癌患者方面比单纯EV和凋亡小体更有效（图9-4）。

此外，基于流体力学分离微米级颗粒（如细胞或细菌）的微流控技术，通过优化几何尺寸、结构等，也有望用来分离纳米级EV。

4. *物理场分离新技术* 除了上述接触式分离方式外，近年来，学者们也在尝试将丰富的物理场或流场技术（如声、光、电、磁等）与微流控技术相结合，实现EV的快速高效分离。该类技术具有不引入外源物质、无须进一步提纯、持续分离、便于实现大规模分离等诸多优势。

利用超声波对粒子施加辐射力的声学微流控技术是一种主动的、无接触的、无标签的颗粒分离技术，其主要原理是在声压作用下，颗粒因其尺寸、密度、压缩性等特性承受不同的力，在空间上发生不同程度偏转，从而实现分离。早期，声流控主要聚焦于操控尺寸大于1μm的对象，如哺乳动物细胞、液滴、微球和血小板等，而EV体积小、可压缩性低，其分离过程需要更高的声流控力。Lee等提出了一个声学纳米过滤器系统，利用超声波驻波，基于纳米级EV的大小和密度对其施加不同的声学力，成功实现了细胞培养液和血液中纳米级囊泡（＜200nm）的分离。为进一步整合芯片功能，Huang等则提出了一个双声流控平台，包括一个截止尺寸为970nm的细胞去除模块及随后一个截止尺寸为140nm的EV分离模块，可用于直接分离全血标本中的EV，回收率为82.4%，纯度为98.4%（图9-5）。

热泳（thermophoresis）是指物质在局域温度梯度场中的定向迁移现象。微流控热泳技术（thermomicrofluidics）是通过微尺度局部空间上施加激光辐照或加热而产生温度梯度场，从而引起微纳粒子的定向迁移，已被广泛用于生物分子间相互作用的定量表征以及核酸、蛋白、EV、病毒和细胞等生物分子的快速、原位操控和富集。结合微流控芯片的微尺度优势，通过较低的热源即可产生显著的温度梯度，极大程

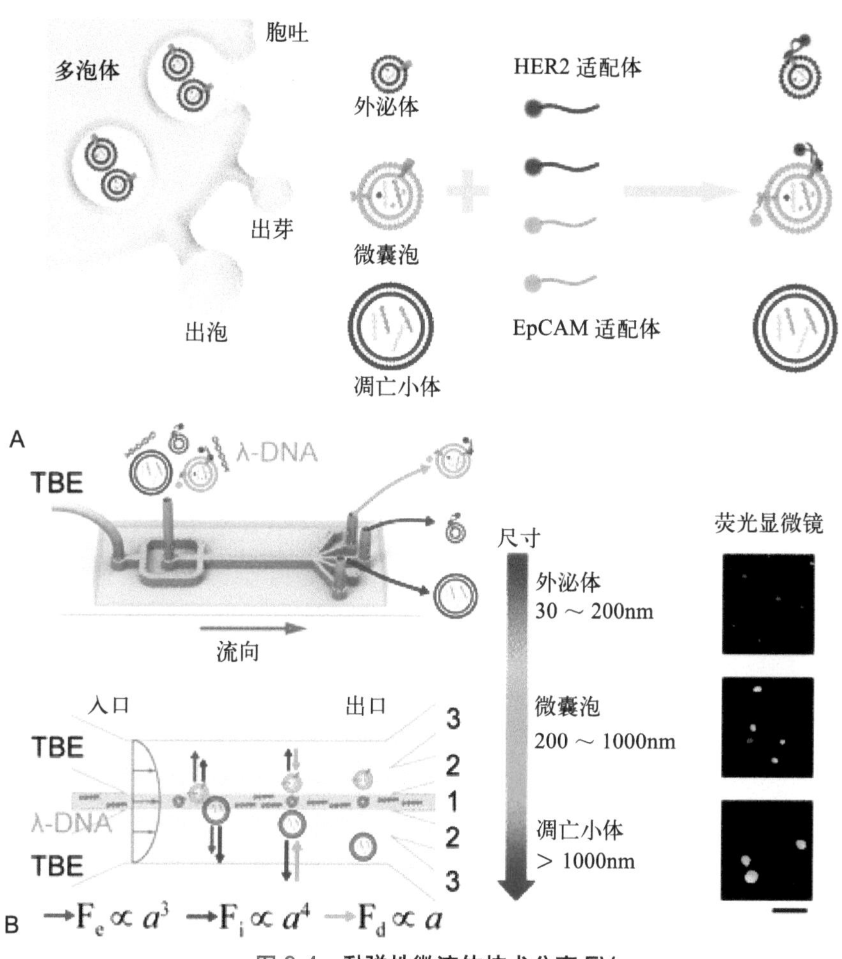

图 9-4　**黏弹性微流体技术分离 EV**

引自 Journal of the American Chemical Society，2019，141（9）：3817-3821.

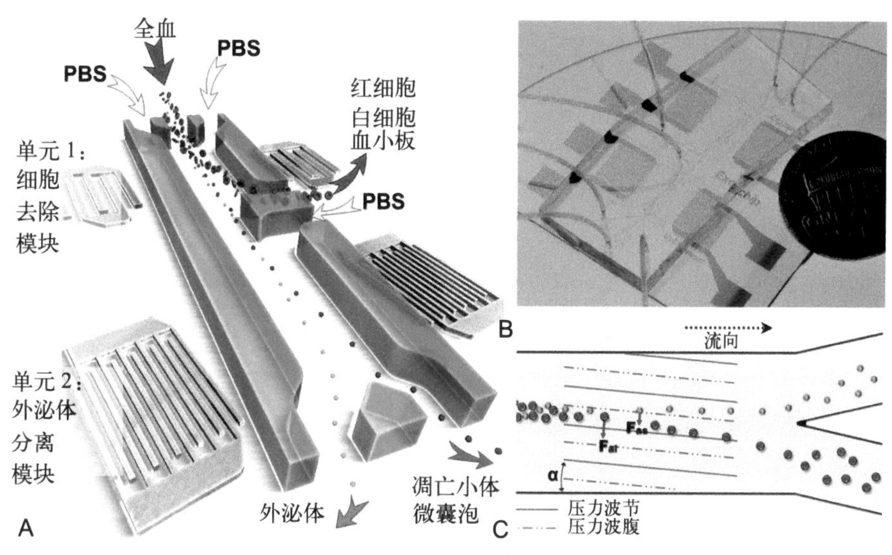

图 9-5　**声学技术分离 EV**

引自 proceedings of the national academy of sciences of the united states of america，2017，114（40）：10584-10589.

度简化了器件，降低了热损伤对分析的影响。近年来，孙佳姝课题组创新地将热泳、功能化核酸、荧光共振能量转移、门操作及微流控芯片等多项关键技术相结合，提出了微流控热泳生物传感新策略，借助功能化核酸进行标记、热泳富集和分析，实现了EV携带蛋白、核酸等生物标志物的高灵敏、原位、多重定量分析（图9-6）。其步骤是首先将EV和功能化核酸共孵育，在局部激光加热引起的热泳、扩散和对流的相互作用下，被标记的EV迅速汇聚至微腔底部低温处，而游离的标记分子则不受影响，从而实现对EV的富集，并用于后续检测。除上述热泳富集外，利用微流控热泳结合微尺度效应，也有望实现EV的连续分选或分离。

磁泳（magnetophoresis）分离是以磁流体作为分选介质，在非均匀磁场产生的磁浮力与磁流体黏性阻力的共同作用下，通过溶液中非磁性颗粒受到的与其体积正相关的斥力，从而实现不同粒径颗粒的分离。磁泳分离因无须对目标粒子进行免疫磁性标记，已被广泛用于大于1μm生物微粒的分离和纯化。近年来，为了实现低浮力密度EV的分离，研究者们通过优化磁化率、磁场和磁场梯度等参数，提高分离磁力，来满足生物纳米尺度的磁泳分离。例如，基于磁泳原理，中国科学院深圳先进院杨慧团队提出了无标记磁分离微流控系统，通过超高梯度磁场模块，极大提升了磁场梯度（接近于100 000T/m），只需要低浓度磁流体即可完成纳米级EV的分离，

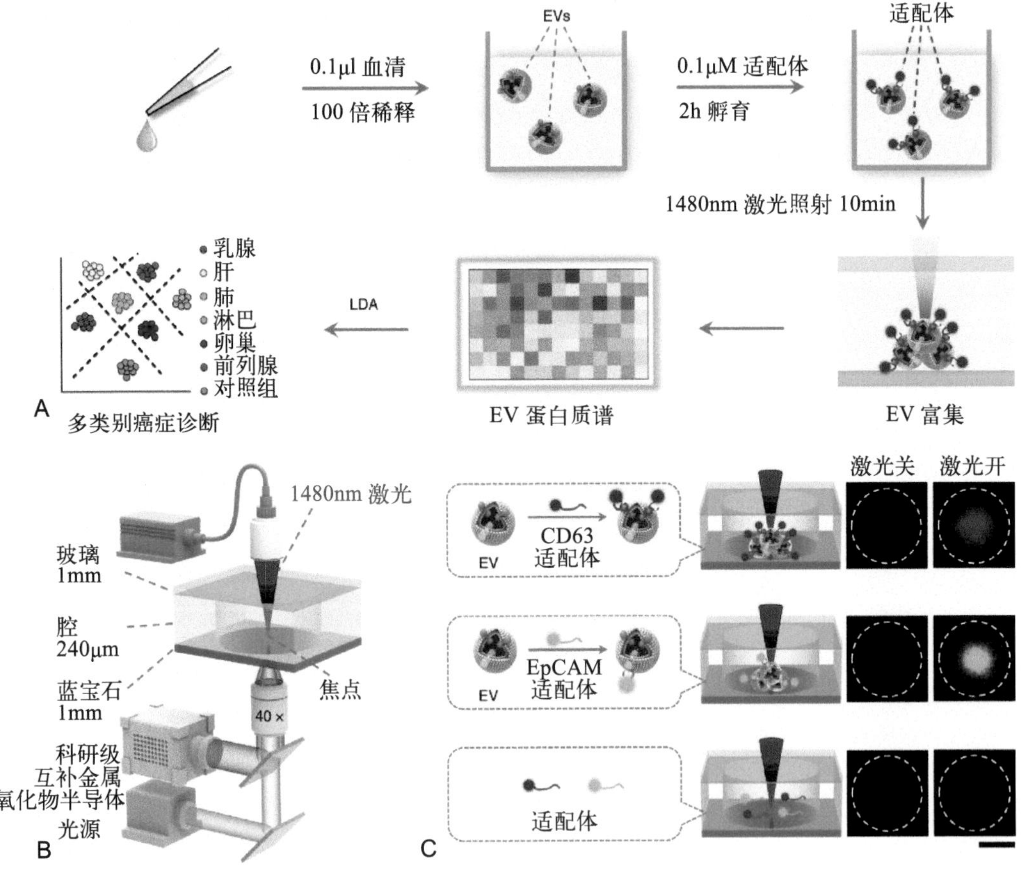

图9-6 **热泳技术分离EV**

引自 Nature Biomedical Engineering, 2019, 3（3）：183-193.

保证了分离的高纯度和高回收率，并且低浓度磁流体溶液具有较高的生物相容性，利于长期保持 EV 的生物活性。

（二）基于电荷分离

与细胞的质膜类似，EV 表面带有净负电荷。理论上，利用带正电荷的纳米材料或在微流控表面进行特殊修饰纳米图层使其带正电荷，可实现 EV 的分离和富集。由于待分离样本的复杂性以及细胞碎片和非目标囊泡的干扰，单一采用静电相互作用分离 EV 的比较少，研究者们常选择和其他方法联用。例如，Dao 等结合物理静电、疏水相互作用和生物识别，开发了乳铁蛋白缀合的 2，2- 双（羟甲基）丙酸树状聚合物修饰磁性纳米粒子（LF-bis-MPA-MNP）的嵌合纳米复合材料，实现了从人尿液中快速、简单和高产率分离 EV，并揭示了癌细胞分泌的 EV 中 miRNA 含量显著增高。

根据 EV 的电荷和尺寸比差异，可利用凝胶电泳、芯片电泳或介电泳等实现 EV 的分离。凝胶电泳是一种电场驱动下对不同迁移速率带电物质的分离方法。Ren 等联合微流控电泳和琼脂糖水凝胶筛分，利用直流电场驱动 EV 迁移，借助纳米多孔琼脂糖可实现富集 EV 和去除游离标志物双重功能，成功实现了复杂基质中 EV 的分离纯化。Marczak 等提出了一种 EV 同步分离、预富集及检测平台，通过集成芯片凝胶电泳和离子浓差极化技术，成功实现 30min 内 60% ～ 80% EV 的分离。基于 EV 电荷和大小特性，Zhang 等利用一种新颖的琼脂糖凝胶电泳芯片，成功实现了血浆中 EV 的高效分离，并有效区分与 EV 尺寸范围重叠的脂蛋白颗粒，凸显了电泳技术在 EV 分离中的独特优势。

介电泳（DEP）也称双向电泳，是介电常数较低的物体在非匀强电场中受库仑力引起的位移现象。早期，介电泳的微阵列芯片被广泛用来分离核酸、聚苯乙烯纳米颗粒、线粒体、病毒以及未稀释的全血中的细胞，具有用于 EV 分离的潜能。Heller 课题组首次利用该技术，在 15min 内将纳米级 EV 捕获在介电泳高场区域，而细胞和更大的颗粒进入低场区域被缓冲液冲走，从而实现血浆中 EV 的快速分离。随后，该课题组做了进一步改进，联合免疫荧光技术特异性识别和定量分析胰腺导管腺癌（PDAC）患者分泌的 EV（图 9-7），表明介电泳微流控芯片在 EV 捕获分析上具有简便性、快速性、灵敏性和特异性及全血处理能力等优势，使其在临床液体活检和早期癌症诊断应用成为可能。

二、基于生化的分离新技术

基于 EV 表面丰富的生化特性，利用亲和识别法可实现高特异性 EV 分离纯化，但由于标志物选择有限，限制了其进一步应用。EV 膜表面的蛋白、脂类、糖类等都可以作为亲和分离的靶标，根据靶标不同可分为经典的抗体或适配体亲和法和新型亲和法如脂质和二氧化钛（TiO_2）亲和法。本节将根据亲和基底的种类（非固定基底和固定基底），对已有的分离新技术进行介绍。

（一）非固定基底

利用微珠或磁珠表面修饰的亲和基质与 EV 的靶标结合，并借助微流控芯片实现在线或离线的分离和检测，该方法优势如下。

1. 无须在芯片通道表面修饰亲和基质，简化了工艺，利于控制批次间差异。

2. 相较于传统静态反应，微尺度下的流体显著增加了微珠与 EV 的碰撞概率，提升了检测限和灵敏度。

3. 借助磁场、微结构或惯性流等，可对靶标复合体实施连续分离。

纳米磁珠因具有超顺磁性、比表面积大、快速响应及易于下游分析等优点，

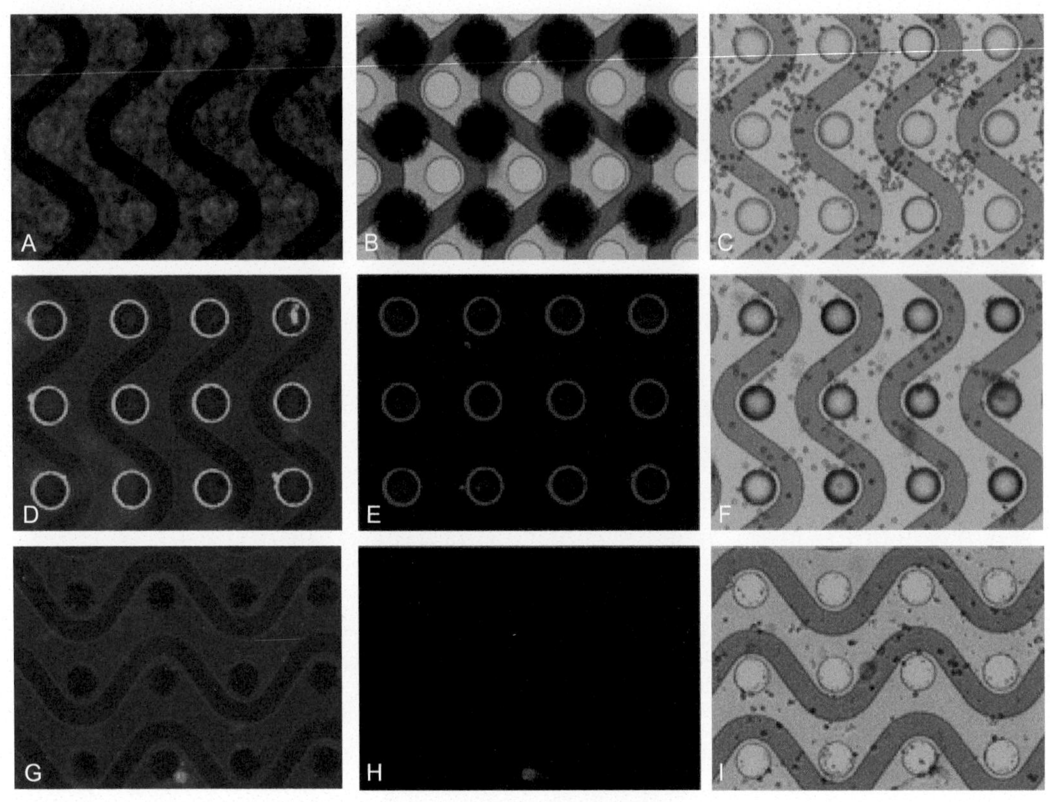

图 9-7 **介电泳技术分离富集 EV**

引自 ACS Nano，2018，12（4）：3311-3320.

被广泛用于基于微流控技术的 EV 分离。Zeng 课题组报道了一种基于微流控芯片的 EV 磁免疫分离分析平台，在 100min 内实现了 30μl 血浆样品中 EV 的快速分离，并发现胰岛素样生长因子 1 受体（IGF-1R）在非小细胞肺癌患者血浆的 EV 中表达显著，验证了 EV 作为液体活检新一代标志物的可行性（图 9-8）。为进一步提高分离效率和检测灵敏度，Xu 等提出了一种 Y 型微结构分离平台，实现了磁珠富集及电化学检测一体化，检测限低至 4.39×10^3 个颗粒/ml，线性范围横跨 5 个数量级。除直接采用商业化磁珠外，刘笔锋课题组提出了一种微米仿生磁珠，依托其丰富的原生拓扑微纳米结构，可获取比超速离心和商用免疫磁珠系统纯度更高且稳定性更好的 EV。

除上述常规免疫磁珠外，因 EV 膜上富含脂类基团，将亲脂类探针 - 单酰基脂质（monoacyl lipid，C18）、二酰基脂质（diacyl lipid，DSPE）和胆固醇（cholesterol，Chol）修饰在微球或磁珠上，同样可以经济高效地分离纳米级的 EV。Wan 等利用生物素修饰的纳米颗粒捕获亲和素标记脂质的 EV，在简单磁吸辅助下，15min 内完成分离，并且效率与长时间标准超离方案相当。近年来，基于新型的 TiO_2 微珠或磁珠亲和法也有诸多报道，其原理是利用 TiO_2 与 EV 磷脂双分子层上的磷酸基团相互作用。Gao 等首次利用该技术，在 5min 内成功实现了从人血清分离 EV，回收率达 93.4%，所捕获的 EV 经 10% 氨水溶液洗脱后可以被快速释放，或直接裂解用于下游蛋白质组学分析，极大地拓展了其应用范围（图 9-9）。另有研究人员将 TiO_2 修饰在磁珠表面，借助磁场实现快速分离；同理，将 TiO_2 修饰在微通道表面也可达到分离的

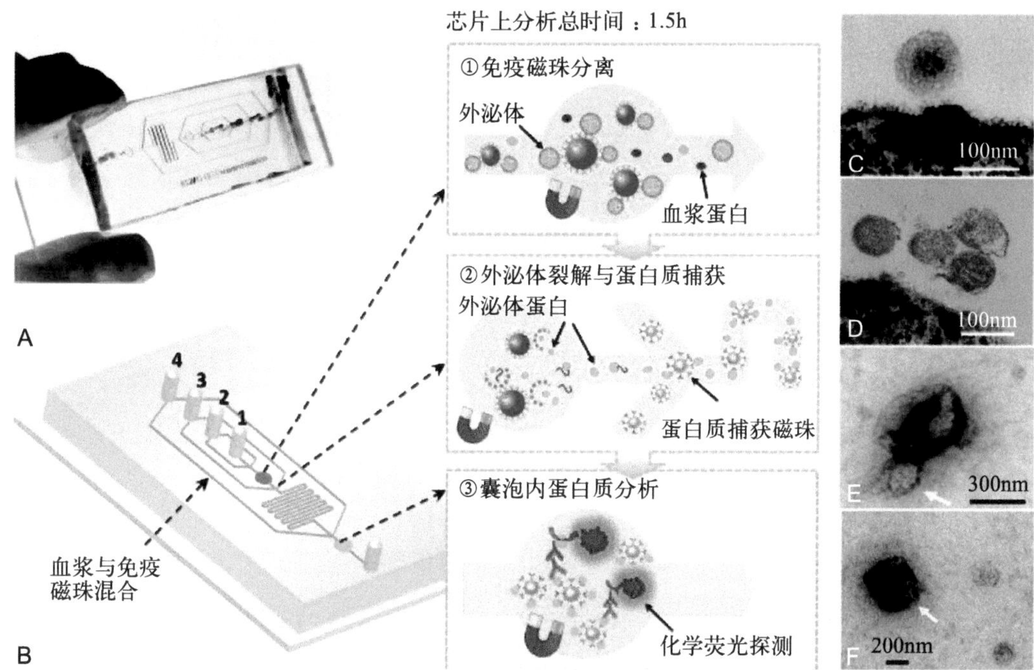

图 9-8 **集成微流体技术实现 EV 免疫分离和蛋白分析**

引自 Lab Chip，2014，14（19）：3773-3780.

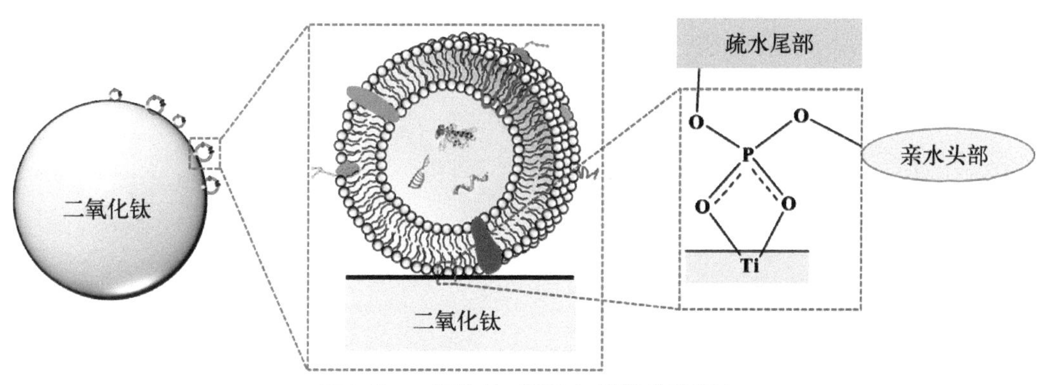

图 9-9 **二氧化钛（TiO_2）颗粒分离 EV**

引自 Chemical Science，2018，10（6）：1579-1588.

目的。此外，因 EV 膜上表达的磷脂酰丝氨酸（PS）可被 PS 结合受体 Tim4 很好地识别，Tim4 磁珠也可被用来捕获 EV，之后借助钙离子螯合剂能轻易破坏两者的结合，实现 EV 的快速释放。

与前述基于免疫磁球的“正向分离”策略相比，武汉大学陈刚课题组近期报道了一种全新的“负向分离”策略，即通过精准去除肿瘤组织中非肿瘤细胞分泌的 EV，从而选择性获得无损的肿瘤细胞分泌的 EV，并且完整保留了其天然属性和生物学功能。

由此可见，只要所选基团能特异性识别 EV 表面靶标或与其相互作用，将这些基团修饰在固相载体上，均可用于 EV 分离纯化，在此不一一举例。

（二）固定基底

将亲和基质以共价或非共价偶联方式固定于微流控通道表面，实现靶向EV捕获后，一方面可直接原位在线分析；另一方面，可借助酶或相变水凝胶解聚，将EV释放后用于下游分析，其优势如下。

1. 依托于微纳流控自身丰富的几何拓扑微结构设计如鱼骨型、Y形等，大的比表面积极大提高了抗体的负载量，利于捕获更多EV。

2. 微纳结构对流体的三维扰动，借助流体动力学，增加碰撞和接触概率有助于提高捕获效率。

3. 在微流控自身几何微结构上修饰功能性纳米材料，可以进一步提升微结构的比表面积并降低非特异吸附。

早在2010年，Chen等就提出了一种简便、快速的鱼骨微流控免疫亲和芯片，成功从血清和细胞培养基中分离纯化得到EV，并实现EV所含RNA的高效检测。随后，具有其他类型拓扑结构的微流控芯片也被广泛应用于EV的分离纯化。如Zeng课题组开发了一个基于新型三维氧化石墨烯/多巴胺（GO/PDA）纳米界面的Y型微流体芯片，实现了2μl样品中的EV超敏检测。关键的是，这种GO/PDA纳米结构的界面可以有效减少非特异性吸附，同时大大提高了EV免疫捕获的效率。

上述固相微/纳米结构中结构-流体界面的非滑移流动现象，常导致EV与微/纳米结构之间的相互作用减弱，不利于免疫接触捕获。为进一步提高分离效率，Zeng课题组创新提出一种由微胶体组装的多孔人骨阵列微流控免疫捕获芯片（nano-HB），降低了人骨阵列的水动力阻力，成功实现了癌细胞系的EV分离，捕获效率高达81%（图9-10）。随后，Li等也使用了类似多孔微流控芯片技术，增强了EV的捕获

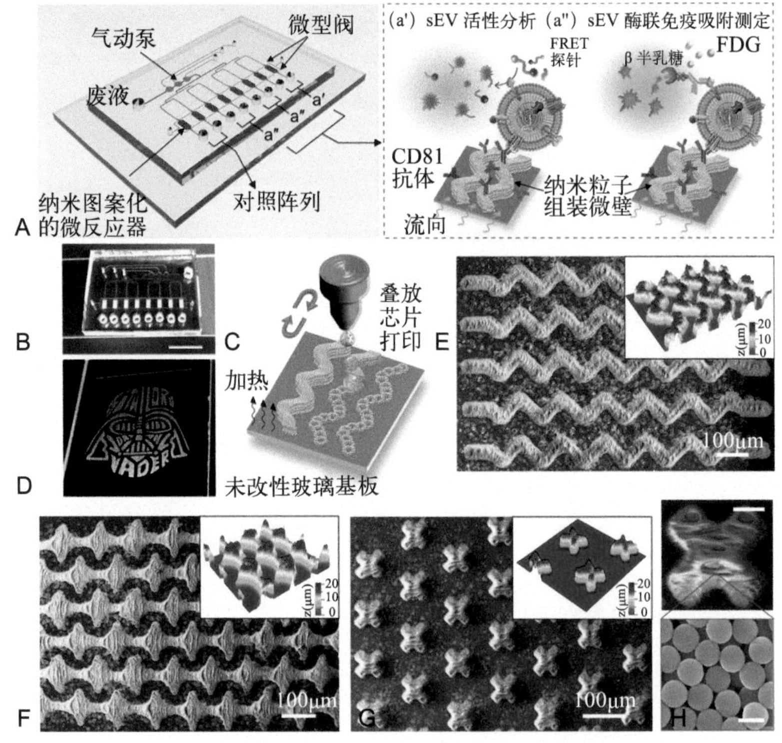

图9-10 多孔人骨阵列芯片实现EV高效捕获分离

引自Biomedical Microdevices，2019，21（2）：35.

效率，并实现了前列腺癌患者 EV 的超灵敏检测。为增加微结构的拓扑特性，刘笔锋课题组采用碳纳米管修饰的三维微柱阵列芯片实现了 EV 的高效分离和释放，并尝试将分离的功能化 EV 用于活体疾病模型的治疗应用。

同理，除了在微通道表面修饰抗体或适配体，根据具体实验需要，修饰其他能与 EV 膜表面分子（脂质、糖、蛋白等）发生相互作用的基团也能进行 EV 分离捕获，具体可参见上节描述，在此不赘述。

如表 9-1 所示，笔者对比了上述基于 EV 物理和生化特性的分离纯化方法的优势和局限性，鉴于 EV 高度异质性，目前仍然没有一种分离方法能适应于所有的样本处理，在实际操作过程中，联合多种 EV 分离纯化技术方案是未来的发展趋势。Fang 等利用微珠或磁珠进行 EV 免疫捕获，利用微流体的水动力特性对免疫复合体进行高通量连续分离。Davies 等联合纳米孔筛分和电泳驱动技术，采用紫外光照在微流道内原位制备纳米多孔膜，利用可溶性蛋白和 EV 之间的电泳迁移率差异，在直流电泳驱动下实现了全血中快速分离 EV 和 EV 中 RNA 含量分析，未来可通过改变成孔溶剂与预聚物溶液的比例，调节孔径大小，进一步提高分离能力和效率。

表 9-1　基于微流控芯片 EV 分离新技术

	分类	原理	优势	局限性
基于物理分离新技术	集成纳米滤膜	基于 EV 尺寸； 微流控芯片集成纳米膜	加工简单、易组装、低剪切力； 高回收率； 适用于尺寸的亚群分离	滤膜阻塞风险； 纯度不高
	纳米微结构	基于 EV 尺寸； 微加工引入微纳米结构	按需定制； 分离分析一体化； 可控释放	加工难度大； 需专业设备； 门槛比较高； 纯度不高
	动力学	基于 EV 尺寸 / 密度； 微流体动力学特性	连续分离； 保证生物活性及完整性	加工难度大； 门槛比较高； 纯度稍低
	物理场	基于 EV 尺寸 / 密度； 声波、热泳、磁泳等物理场对 EV 的尺寸操控能力差异	连续分离； 非接触式不引入外援物	复杂外部物理场辅助潜在破坏性； 纯度稍低
	电荷	电荷和尺寸比差异；凝胶电泳、介电泳等	富集和分离； 纯度高	电泳过程中存在潜在破坏性； 回收不易
基于生化分离新技术	非固定的微珠	微球或磁珠表面偶联抗体或适配体	简单方便、易于自动化； 提高接触概率及加速反应； 纯度高	需要外部磁场或微捕获结构
	固定微纳结构	微纳结构表面偶联抗体或适配体	比表面积大； 纯度高	微纳加工； 复杂抗体修饰步骤

第二节　基于微流控芯片的EV检测新技术

由于EV的纳米级尺寸及高度异质性，对EV的高效准确检测是迫切需要解决的问题。下面将详细介绍现有的EV新型检测技术。

一、比色检测

比色检测具有操作简单、读取方便、时效性强等优点，被广泛用于体外快速检测。比色生物传感器易于被裸眼即时观察，无须额外的分析仪器，通过颜色的变化可获取定性结果，进一步借助便携仪器可获得定量结果。基于均相溶液的比色生物传感器通常需要使用纳米材料或酶作为信号载体来产生颜色变化，利于大样本量的高通量快速检测。纳米金因其具有特殊的光学特性常被用作比色检测的纳米材料。湖南大学谭蔚泓课题组报道了一种核酸适配体/纳米金生物传感器用于EV表面蛋白分子图谱分析，巧妙地利用了适配体既具有识别EV表面蛋白，又具有防止纳米金聚集的双重特性（图9-11）。该方法发现适配体/纳米金可以在几分钟内区分出微小的EV表面蛋白差异，利于高通量筛选，特别是在临床标本快速检测分析方面。另一种广泛应用的比色生物传感器是基于天然酶（过氧化物酶、尿素酶等）催化底物显色检测。然而，使用天然酶作为显色标记具有许多缺点，如需要复杂的纯化过程和严格的储存条件。近年来，各种模拟天然酶活性的纳米酶因其具有成本低、易于制备、稳定性好和温度变化能力强等优点，在生物传感器的构建中得到了广泛的关注。例如，

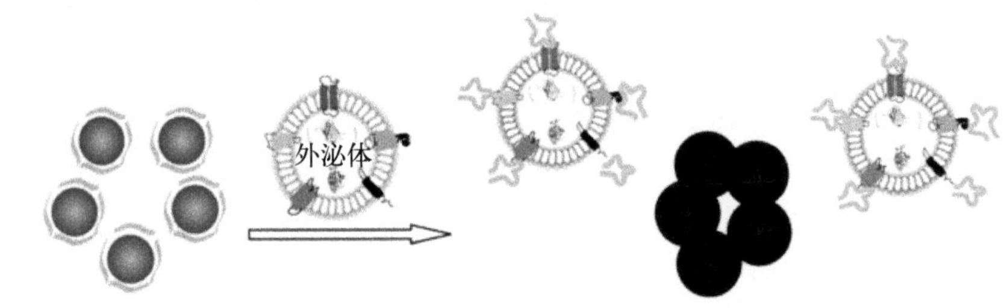

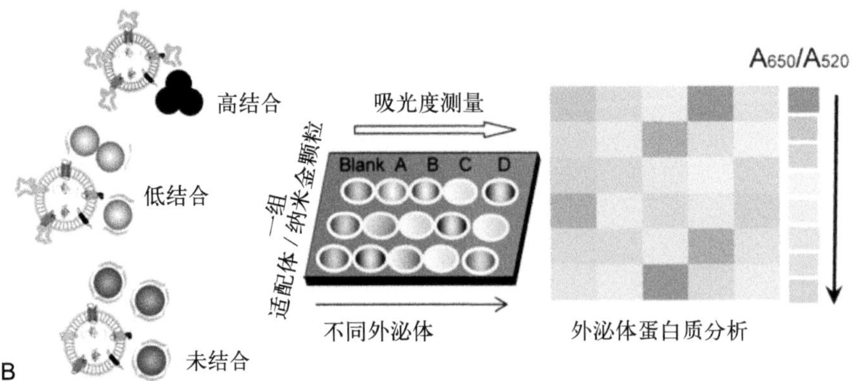

图9-11　**适配体/纳米金的比色生物传感器用于检测EV**

引自 Angewandte Chemie International Edition，2017，56（39）：11916-11920.

水溶性单壁碳纳米管（s-SWCNT）联合适配体被用来快速检测 EV，其原理是当适配体与单壁碳纳米管结合后能有效增强纳米酶活性，而 EV 能竞争结合适配体使纳米酶活性降低，从而实现 EV 的快速比色检测。与此类似的还有适配体杂合的石墨化氮化碳纳米片（g-C3N4 NS）及石墨烯也被用于快速比色检测 EV，以及二硫化钼 - 多壁碳纳米管杂合 CD63 抗体也被用于 EV 比色检测。

近年来，侧流层析试纸条由于其操作简单快速、低成本、特异性及无须复杂仪器，在 EV 裸眼检测中得到了广泛的关注，被认为是最有前途的技术之一。多数情况下，试纸条由四部分组成：试样垫、标记垫、吸收垫以及含有测试和控制线的硝化纤维素膜。Maria 课题组最早尝试利用试纸条检测黑色素瘤细胞系分泌的 EV，用抗 CD9 和抗 CD81 的抗体 1 ∶ 1 混合物作为捕获抗体，用金纳米颗粒标记的抗 CD63 抗体作为检测抗体，整个检测可在 15min 内完成，检测限（LOD）为 8.5×10^5 个 EV/ml，该课题组还将所使用的纳米颗粒从金纳米颗粒拓展到碳点和磁性纳米颗粒（图 9-12）。随后，研究人员进一步探讨了不同 EV 抗原的检测性能，发现囊泡 MICA 和 CD9 共同作为靶点更为有效。近年来，国内也有课题组开展此方面的工作。王树涛课题组近期开发了一种基于双金纳米颗粒（GNP）偶联的侧流试纸条，用于快速、灵敏地检测 EV 并对其进行生物信息分析。基于这两个 GNP 的偶联，无须额外操作即可实现信号放大，主要原理为结合一抗的 GNP 识别 EV 后会在检测区形成三明治结构，结合二抗的 GNP 与一抗的 GNP 共轭结合实现信号放大。该方法已成功用于胎牛血清 EV 的检测，检出限为 1.3×10^6 个 EV/ml，具有良好的灵敏度和重现性，证明了其在实际诊断中的应用潜力。

二、荧光检测

上述显色检测手段简单方便，但灵敏度有待进一步提高。而荧光检测方法具有高灵敏性，因此在 EV 检测方面具有很大的优势。荧光信号的产生通常取决于荧光染料、荧光基团、荧光蛋白或荧光纳米粒子的使用。传统的检测是利用标记荧光探针的抗体进行荧光信号检测，近期新的荧光

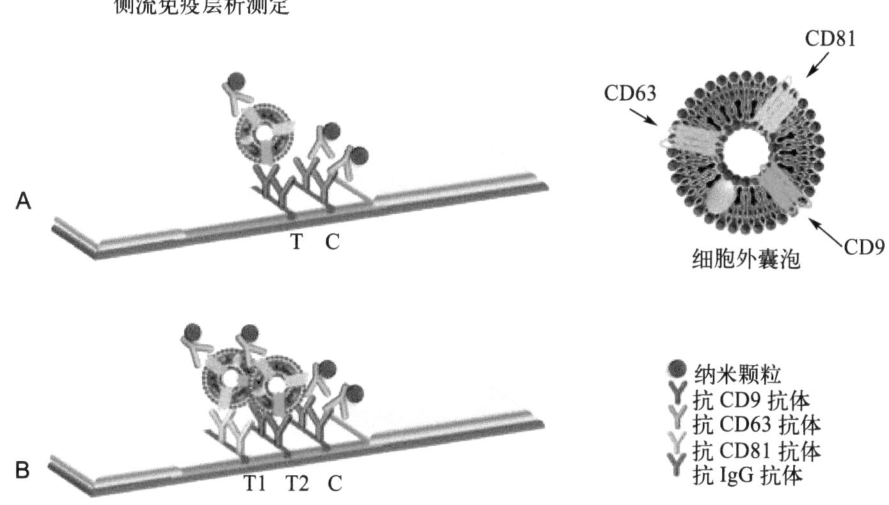

图 9-12 侧流层析试纸条 EV 检测技术

引自 Biosensors and Bioelectronics, 2017, 87 : 38-45.

检测方法也相继被报道。He 等提出了一种基于铜介导信号放大方法，灵敏、简便地实现了 EV 的定量检测，该方法充分利用了磁珠分离、疏水相互作用和铜纳米粒子信号放大等优势，检测极限为 4.8×10^4 个粒子 /μl。Zhang 课题组报道了一种基于适配体纳米探针的 EV 表面蛋白分析（ExoAPP）方法，只需简单混合即可实现对 EV 的定量检测，并利用氧化石墨烯对标记荧光基团单 / 双链的吸附能力不同，实现了 5 种 EV 的快速检测，有利于 EV 异质性及蛋白图谱分析。Chen 等则开发了一种简单的纸基分裂式适配体传感器，利用上转换纳米颗粒（UCNP）与金纳米棒（AuNR）的发光共振能量转移（LRET）进行 EV 的检测，极大降低了背景信号，达到了较低的检出限（1.1×10^3 个粒子 /μl）。Rodrigues 等报道了一种基于脂质快速归一化及量子点标记技术检测复杂生物样品中 EV 的方法，显著提高了血清 EV 中 EpCAM 和 EphA2 两种胰腺癌生物标志物鉴别胰腺癌患者与健康对照组的潜力（图 9-13）。He 等联合可活化的适配体探针（activatable aptamer probes，AAP）与全内反射荧光（TIRF）检测技术提出了一种单 EV 超敏检测的方法，用于监测肿瘤发展和早期治疗效果。

三、表面等离子体共振

表面等离子体共振（surface plasmon resonance，SPR）是一种无须标签的实时分析技术，通过监测金层折射率的变化来检测金层表面的分子相互作用，可被用来实时跟踪天然状态下生物分子间的相互作用。SPR 对金层 200nm 内发生的生物结合事件极为敏感，该距离与 EV 的尺寸非常接近，提示基于 SPR 的生物传感器非常适合 EV 的研究。Zhu 等利用表面等离子体共振成像（SPRi）技术和抗体芯片，定量检测了肿瘤细胞培养液中的 EV，揭示了肿瘤细胞的转移潜能与 EV 分泌量呈正相关。

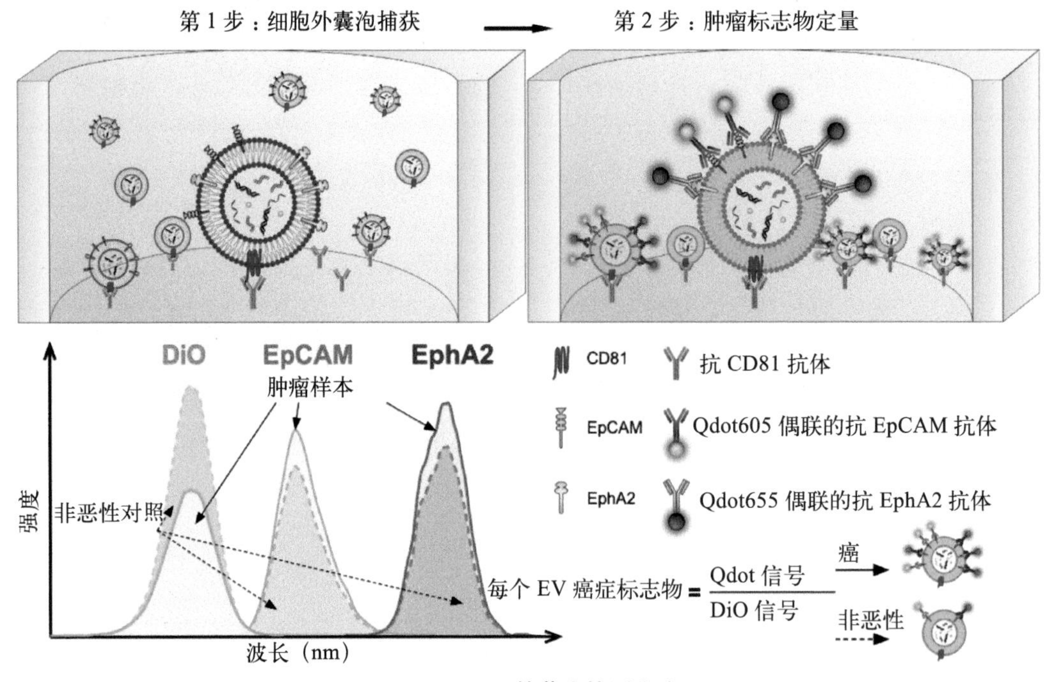

图 9-13　EV 的荧光检测方法

引自 Nano Lett，2019，19（11）：7623-7631.

Lee 等则开发了一种无标签、高通量的 EV 定量分析方法，即纳米等离子体 EV 传感器（nPLEX）（图 9-14）。nPLEX 利用具有结合亲和配体周期性纳米孔的金属 - 薄膜阵列分析了卵巢癌患者腹水标本，发现从卵巢癌细胞中提取的 EV 可通过 CD24 和 EpCAM 差异表达进行高灵敏度和特异性区分。为了进一步提高信号强度，Wang 等提出了一种联合表面等离子体共振（SPR）和双金纳米粒子（AuNP）辅助信号放大策略，通过 Au 膜与 AuNP 之间的电子耦合以及等离子体纳米结构中的耦合效应，控制 AuNP 的杂化连接，实现了双纳米颗粒信号放大检测。除了常规的金芯片外，Thakur 等设计了一种自组装金纳米岛（SAM-AuNI）的随机阵列芯片，具有灵敏度高、成本低的特点，不需要任何额外的化学物质就可以进行 EV 检测。

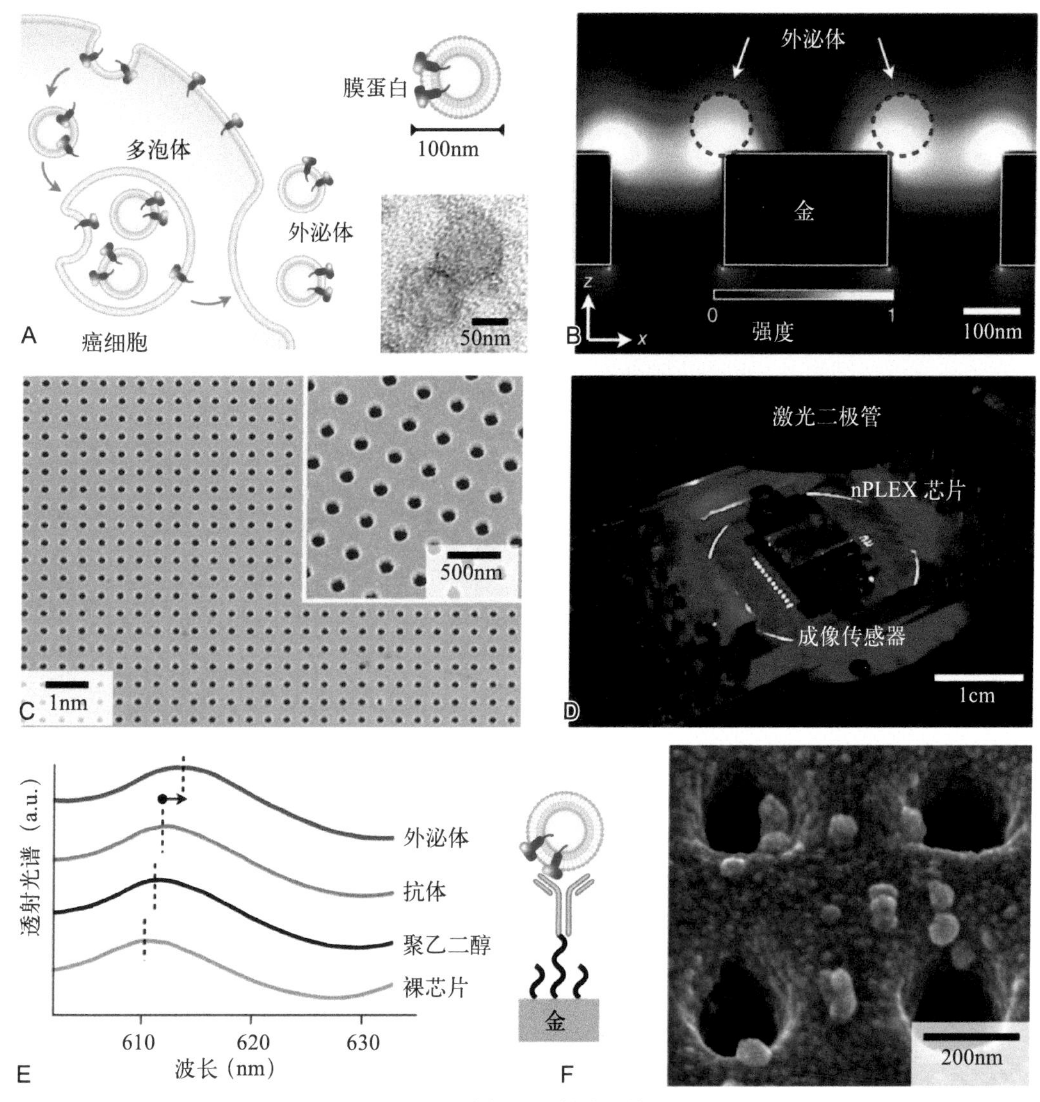

图 9-14　EV 的等离子体共振检测方法

引自 Nature Biotechnology，2014，32（5）：490-495.

四、表面增强拉曼散射检测

拉曼光谱（Raman scattering）是一种通过测量辐射激光引起的非弹性散射效应来分析样品振动模态的方法。然而，由于拉曼散射是一个罕见的事件，且信号强度非常低，很难区分。为了克服这一问题，借助金纳米粒子增强拉曼信号的表面增强拉曼光谱应运而生，能够以高灵敏度描述分子的振动模式。随着技术的发展，表面增强拉曼散射（surface-enhanced Raman scattering，SERS）的无标签、无损伤、无创的特性使其能够应用于生物传感、治疗和代谢物的检测，也被用于 EV 检测。Park 等提出了一种结合表面增强拉曼散射和无标签、高灵敏度统计分析 EV 的检测方法（图 9-15）。与传统读取不同谱峰位置和振幅的方法不同，他们通过主成分分析方法（PCA）探索了 EV 的全谱，发现肺癌细胞分泌的EV与正常细胞分泌的EV显著不同，检测敏感度为 95.3%、特异度为 97.3%，为肺癌实时诊断和分类开辟了一条新途径。Kwizera 等为了提高其特异性，提出了一种利用 SERS 纳米标记结合免疫捕获芯片进行 EV 检测和蛋白质分析的新方法，可以用来区分癌细胞分泌的不同亚型 EV 及正常细胞分泌的 EV，并在 EV 上鉴定出 HER2 和 EpCAM 等标志物，用于诊断 HER2 阳性乳腺癌患者。除了直接拉曼检测外，Li 等提出了一种抗体耦合拉曼标签平台，只需 2μl 胰腺癌患者的血清样本即可进行 EV 的胰腺癌诊断、分类和转移监测。除了在固相界面进行拉曼检测外，均相溶液中同样可以进行拉曼检测。Wang 等首次尝试利用磁性纳米颗粒和 SERS 探针来分离和检测特异性 EV，主要原理是利用适配体修饰的金壳磁性纳米颗粒，通过识别 EV 表面蛋白 CD63 捕获 EV；SERS 探针由拉曼标签修饰的金纳米粒子和靶向 EV 的特异性适配体构成，当所靶向的 EV 存在时，EV、磁性捕获颗粒以及相应的 SERS 探针之间可以形成免疫复合物，而其他非特异性 SERS

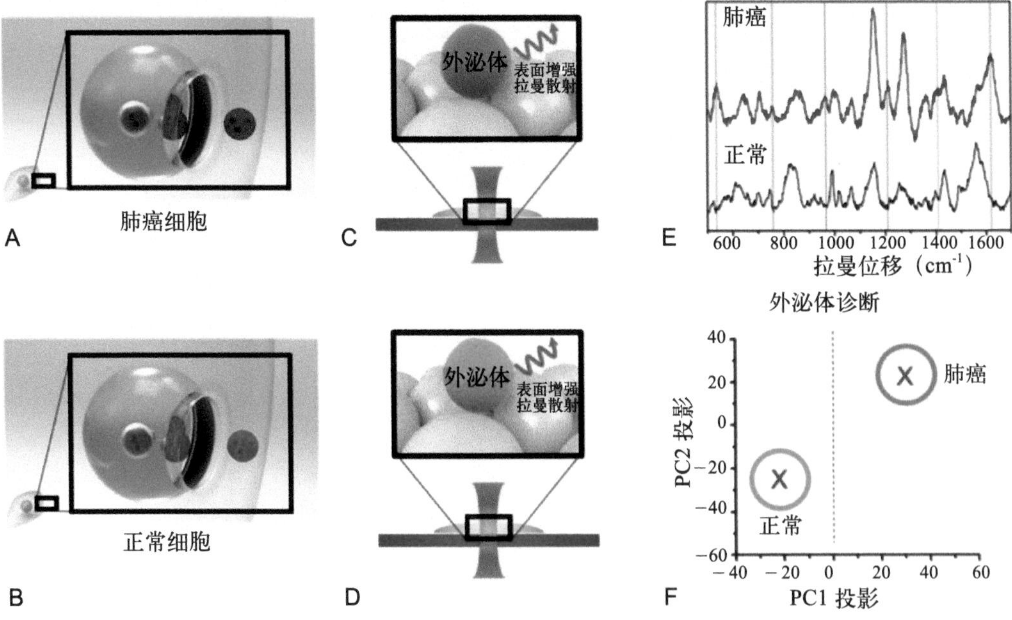

图 9-15　EV 的表面增强拉曼散射检测

引自 Analytical Chemistry，2017，89（12）：6695-6701.

探针仍停留在悬浮液中，当上清液中检测到强度较低的 SERS 信号时，即表明目标 EV 的存在。

五、电化学检测

电化学检测是将生物分子的识别信号转换为电信号，包括电流、电位和阻抗信号。截至目前，有许多标签被设计用于电化学信号的产生，包括酶、二茂铁、相互作用的电活性物质及纳米材料等。随着集成电路技术的发展和新型电极的出现，电化学检测正朝着小型化、便携化的方向逐步快速发展。用于 EV 电化学检测的传统电极主要是玻碳电极或金电极。Boriache 团队提出了一种特异性检测 EV 的伏安免疫分析法，主要原理是在裸玻碳圆盘电极上修饰量子点进行信号放大，检测限可达到 100 个 EV/μl。金及金杂合电极因其灵敏度高、响应速度快、传质速度快而成为另一种常用的检测电极。另外，丝网印刷电极因其低成本、易抛性和设计灵活性近年来也被用于 EV 的电化学检测。Jeong 等提出了一种集成的磁 - 电化学检测平台，通过结合磁富集和酶扩增实现高灵敏度、特异性、快速检测 EV，因其小型化、可拓展性和便携式的特点，可进一步用于高通量（八通道）EV 电化学检测（图 9-16）。除了利用抗体进行捕获 EV 外，Zhou 等首次提出了一种用于 EV 定量检测的适配体电化学生物传感器，主要原理是与 EV 表面蛋白 CD63 结合的适配体会被固定在金电极表面，并借助微流控芯片系统实现 EV 的电化学检测，检测限优于 1×10^6 个 EV/ml。

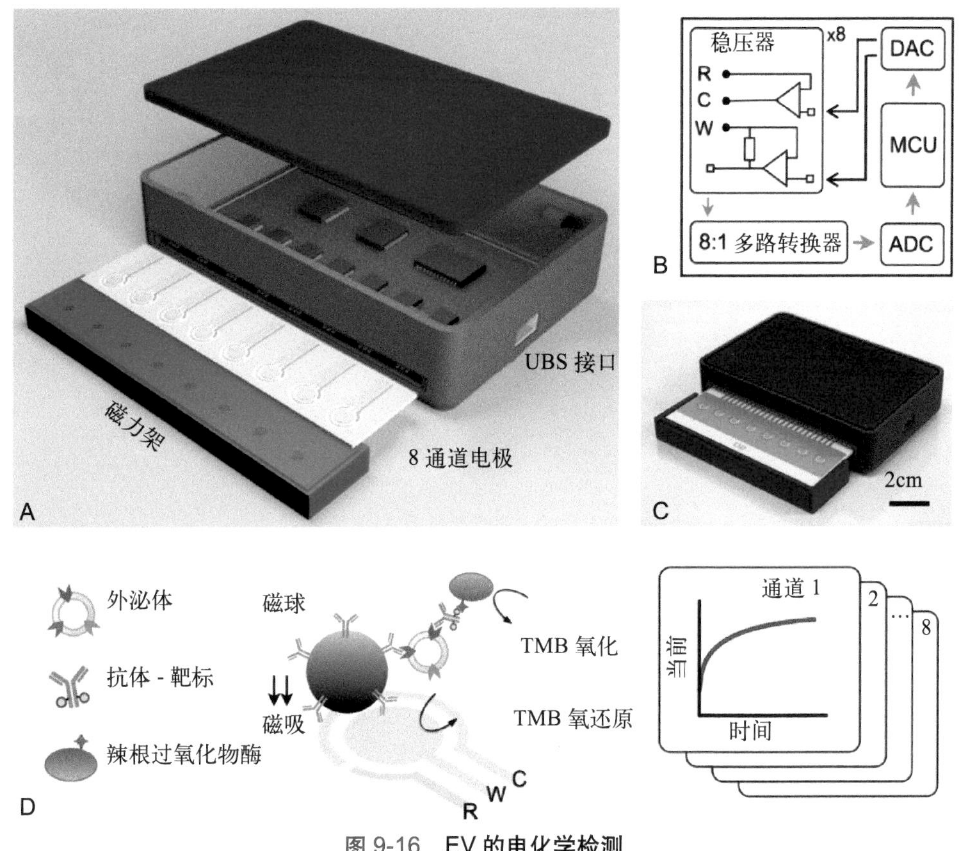

图 9-16　EV 的电化学检测

引自 ACS Nano，2016，10（2）：1802-1809.

六、磁传感检测

与前述磁免疫分离捕获不同，磁信号自身同样可以用来进行传感检测，且磁信号探测具有不受环境样品颜色背景干扰、灵敏度高、信号稳定等优势，其中巨磁阻生物传感器（giant magnetoresistance，GMR），因其可实现生物分子的现场快速定量检测，逐渐成为学者研究的热点。巨磁阻效应是指磁性材料的电阻率在有无外磁场作用时存在显著变化的现象。早在1998年美国海军实验室便提出利用GMR效应和免疫磁标记实现GMR生物传感器的策略，并证明了GMR传感器在生物检测领域应用的可行性，拉开了磁敏免疫分析技术的序幕。近年来，鉴于其优异的性能，磁敏免疫分析也被引入到EV检测。Wang等通过耦合多核磁性纳米探针、巨磁阻检测和微流控芯片技术三者的优势，提出了一种新型EV糖基化修饰分析检测平台，实现了EV聚糖的微量、快速、简便且灵敏的实时检测，有望在EV的糖组学分析领域发挥重要作用。

此外，学者们将大型磁共振系统小型化和微流控结合，同样也可以实现磁传感检测。Rho等报道了一种滤膜辅助的微流控芯片系统，可在10min内从300μl血液样本中分离红细胞分泌的EV，对其进行靶向磁性纳米颗粒标记，并利用小型磁共振系统进行检测，实现EV的精确定量和关键标记分子（CD44、CD47、CD55）的检测（图9-17）。

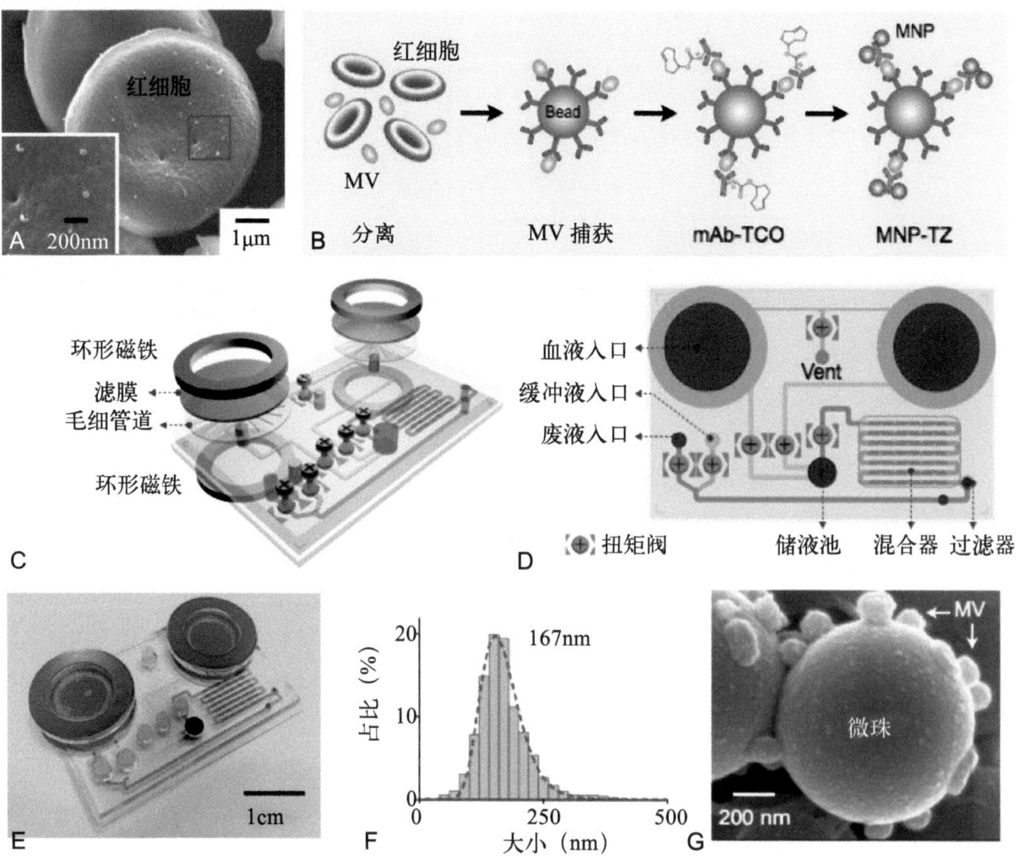

图9-17 **小型磁共振检测EV**

引自ACS Nano，2013，7（12）：11227-11233.

第三节　基于微流控芯片的 EV 分析新技术

鉴于 EV 含有丰富标志物及其在疾病诊疗中的关键作用，蛋白免疫印迹和聚合酶链式反应等常规手段已不能满足 EV 领域的分析需求，本节将从 EV 中蛋白质、核酸、聚糖和脂质分析的角度，聚焦领域内新兴分析技术，突出新方法在原位、高通量、异质性等方面的优势，为 EV 分析提供新视角和新思路。

一、蛋白质分析

EV 中的蛋白主要来源于细胞膜和胞浆（cytosol），以跨膜蛋白和胞质蛋白为主，可通过其携带的肿瘤抗原或炎症介质传递致病生物分子。EV 的蛋白质分析有助于识别其亚群，进而发现与疾病相关的潜在标志物。

传统的蛋白质分析，包括蛋白质印迹和酶联免疫吸附测定，操作相对复杂，通常需要大量样品和专用的仪器，这些局限性导致其很难广泛应用于临床，特别是对大样本患者或稀有分子的研究。为了简化蛋白分析过程，Yoshioka 等报道了一种名为 ExoScreen 的高灵敏度和快速分析血清中 EV 的传感器，采用光敏剂微珠的放大发光及邻近均相测定技术，特异性分析了血清中的 EV 表面蛋白丰度（图 9-18），其原理是当链霉亲和素包被的微珠被激光激发，导致单线态氧的释放，而受体微珠在其 200nm 范围内会放大激发的荧光信号，因此只需 5μl 血清且无须任何纯化步骤，利用上述方法通过检测 EV 表面蛋白 CD147/CD9 双阳表达情况，便可区分健康人和结直肠癌患者。与传统方法相比，基于微流控技术的 EV 表面蛋白分析只需少量样品，结合高通量处理，非常适合即时生物医学应用。近年来，基于微流控技术的 EV 蛋白分析新平台也陆续被报道，它们大多以亲和方式与囊泡表面的蛋白结合，达到分析的目的。Park 等利用抗体包被的磁珠富集 EV，使用结直肠癌临床相关肿瘤标志物 EGFR、EpCAM、CD24、GPA33 的抗体进行标记，开发了磁富集进行 EV 分离和电化学用于表面蛋白检测的一体化装置，通过酶促反应放大检测信号，用于临床样本血浆 EV 蛋白的高通量分析，并对患者和健康对照样本进行分类，准确率超过 96%，证明该方法具有监测结直肠癌患者的疾病进程及预后的能力。此外，抗体功能化的芯片只能分析 EV 的表面蛋白，而质谱分析技术可以对裂解后的全蛋白进行分析。Liang 等设计了一种抗体结合的金纳米球和金纳米棒，近距离会发生等离子体增强散射（nPES）的纳米芯片，与特异性抗体捕获的 EV 结合后，可直接对 1μl 血浆中肿瘤来源的 EV 进行定量，通过分析发现 EV 显著表达肝配蛋白 A 型受体 2（EphA2），与质谱分析结果一致，验证了 EphA2-EV 可作为检测胰腺癌的潜在标志物，将胰腺癌患者、胰腺炎患者和健康受试者区分开来，进一步能够为肿瘤分期和检测提供帮助。

除了表面蛋白分析外，检测 EV 的内在蛋白对阐明 EV 的生物学和病理学作用也具有重要意义。Zhang 等使用 MALDI-TOF 策略来分析多肽组 / 蛋白质组，通过分析质谱峰值，发现眼泪和眼泪中的 EV 具有区分干眼症患者和健康对照组的能力，为筛选干眼症潜在的疾病标志物提供了一种有效的方法。

二、核酸分析

除了蛋白质以外，EV 还含有丰富的核酸，包括不同形式的 RNA 和 DNA，它们

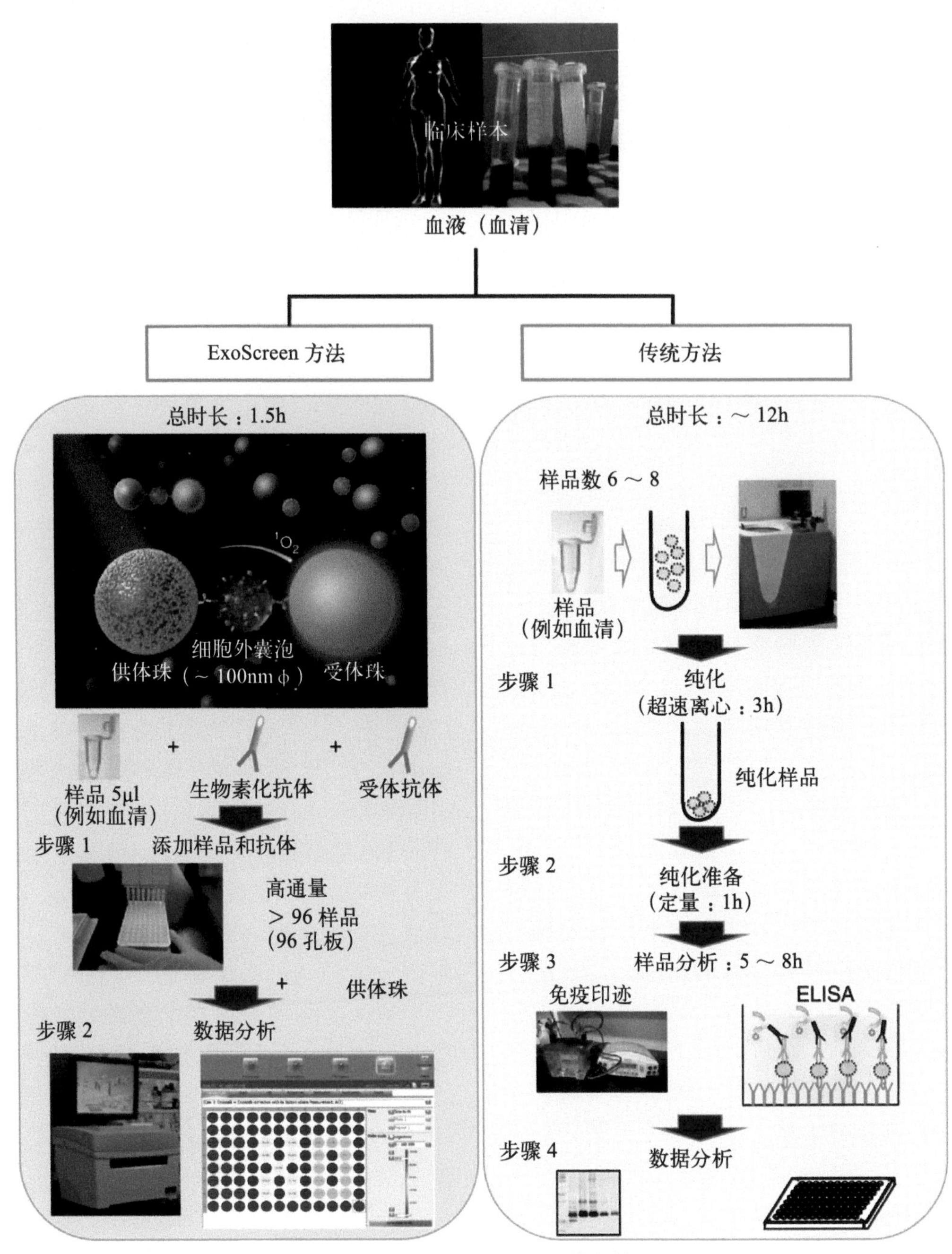

图 9-18　基于 ExoScreen 均相检测

引自 Nature Communications，2014，5：3591.

也是临床诊断和治疗监测的重要组成部分。EV 的核酸分析主要包括原位无损分析和裂解分析。原位分析主要是将可淬灭探针（分子信标或球形核酸等）和 EV 共孵育，进入 EV 内进行原位检测，其优势是可保持 EV 完整性，有利于同步多重分析或下游分析。分子信标是两端具有荧光团和淬灭剂的纳米级寡核苷酸探针，当目标物存在时荧光被恢复，具有高特异性和低背景荧光的优点，常被用于分子成像。Lee 等率先使用分子信标技术，原位快速分析了乳腺癌细胞系及人血清来源的 EV 中 miRNA-21。

不同于单一分子信标进入 EV 内部的方式，球形核酸是一种 DNA 功能化纳米颗粒，以组团的方式辅助探针，高效进入 EV 内部进行高灵敏传感分析。除上述原位分析外，裂解分析通常是将 EV 裂解后再进行后续核酸测序或扩增分析。近年来，学者们也借助于微流控强大的流体操控优势，实现 EV 分离、裂解和核酸扩增分析一体化。Shao 等构建了一种灵敏微流控平台 - 免疫磁性 EV-RNA 分析（iMER），将 EV 的靶向富集、RNA 分离和实时 RNA 分析集成一体化（图 9-19），能够从血液中特异性地富集胶质母细胞瘤来源 EV，将其裂解提取 RNA 和逆转录后，实现 RNA 含量快速分析，成功揭示了 EV 中 RNA 在研究原发性肿瘤表观遗传状态的能力。

三、糖基化和脂质分析

除蛋白质和核酸以外，囊泡上的聚糖和脂质也与多种生命关键过程相关，如细胞识别、通讯和疾病进展。糖基化作为生物体内最为广泛的蛋白质翻译后修饰方式，参与多种重要的生理生化活动，糖结构的微小变化会在很大程度上影响细胞生物学功能，特别是 EV 表面蛋白的糖基化在肿瘤发生发展、转移等关键病理步骤中发挥重要作用。同样，脂质能量储存和代谢也在多种细胞活动中起着重要作用，可用于维持肿瘤细胞的快速增殖、迁移和侵袭。因此，EV 的糖基化和脂质分析有利于研究肿瘤微环境的变化，便于更好地找到治疗肿瘤的方法。Zhang 等首先采用不对称流场 - 流分馏区分 EV 的两个亚群（大 EV 和小 EV）及非膜纳米颗粒（exomere），随后使用凝集素印迹技术对多种癌细胞来源的 EV 及其亚群可能参与疾病进程的异常糖基化位点进行分析，结果显示大 EV、小 EV 和非膜纳米颗粒具有不同的 N- 糖基化模式，且高通量糖组学研究表明，在唾液酸化水平较高的囊泡亚群也存在复杂的 N- 聚糖；进一步分析了 EV 亚型和非膜纳米颗粒的脂质组成，发现不同亚型的总脂质含

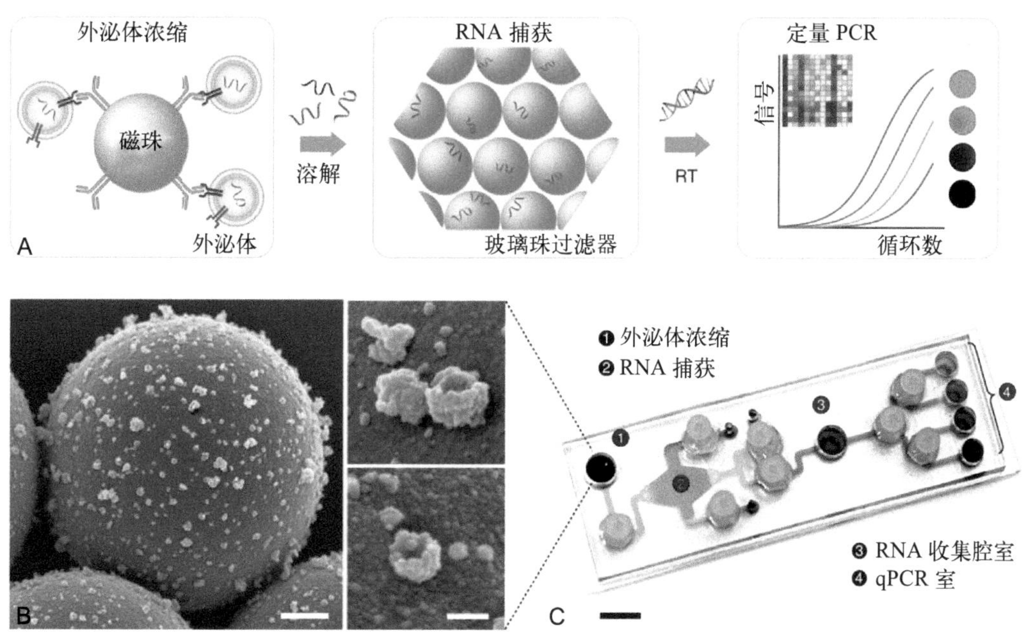

图 9-19　**基于微流控 EV 分离分析一体化**

引自 Nature Communications，2015，6：6999.

量和组成与细胞类型有关。为了精确定量细胞膜表面特定空间糖基化，Zhu 等设计了靶向 PD-L1 的适体和靶向聚糖的凝聚素 ConA 亲和探针，利用双识别诱导的邻位连接反应，结合荧光定量 PCR 的方法，实现了 EV PD-L1 糖基化的精确定量，结果显示相比于 EV 中的总 PD-L1，EV 中糖基化的 PD-L1 可能是一种更可靠的癌症诊断和免疫治疗疗效预测的标志物。

四、异质性分析

最新研究发现 EV 异质性既来自群体异质性即不同亚群（同属 EV 群体，但尺寸与荷载具有差异性），也可能源于单 EV 异质性。相同大小的 EV 有不同的细胞起源，同一细胞在不同条件下分泌的 EV 也不相同，而这些异质性的 EV 可能在癌症进展中发挥独特的生物学作用。就 EV 来源而言，目前的 EV 分析通常是基于群体细胞，无法精确判断 EV 的细胞来源，更无法区分同一细胞分泌的多种 EV，掩盖了 EV 在来源上的个体异质性。中国科学院大连化学物理研究所陆瑶课题组利用抗体条形码阵列的微流控芯片，对 1000 多个单细胞来源的囊泡进行高通量多重分析及免疫分型，发现了不同的细胞亚群分泌的 EV 和细胞因子均不同，即使来源于同一细胞的 EV 也具有不同的亚型，这些信息对揭示 EV 异质性及其规律至关重要。

就单 EV 水平而言，类似于单细胞异质性分析，同一 EV 亚群中单 EV 水平可能会存在差异表达，而这种差异表达可能源自 EV 绝对数量的增加（标志物表达量不变），也可能是标志物表达量的增加（绝对数量不变），或两者兼有，并且 EV 亚群标志物也有可能在特定的少量 EV 上高表达。因 EV 尺寸较小，且存在高度异质性，单 EV 异质性分析更具挑战。研究人员目前主要报道了以下几种策略：其一，从光路入手，优化或构建新的光路，使其能够达到纳米粒子的检测范围；其二，从 EV 自身入手，将纳米级 EV 尺寸标记后放大至微米级别，达到普通光学检测范围；其三，从微流控芯片入手，利用液滴数字化技术进行绝对定量检测。为了突破传统单个 EV 分析局限，Mcnamara 等报道了一种基于随机光学重建显微镜的单个细胞外囊泡三维成像方法，实现三维可视化共定位 EV 表面的 CD9 和 CD81 蛋白，提供了单个囊泡异质性、结构研究的新视角。厦门大学颜晓梅课题组首创性地结合瑞利散射和鞘流单分子荧光检测技术，研发了具有自主知识产权的纳米流式检测技术，成功进行了单个 EV 的蛋白和核酸分析。为了达到常规显微镜检测极限，也有研究者们另辟蹊径，借助于各种放大手段，将纳米级 EV 尺寸标记后放大至微米级别实现直接检测。Shen 等借助功能核酸探针，识别 EV 表面的 CD63 后，通过杂交链式反应产生 DNA 级联结构并携带荧光标记，将单个 EV 的整体尺寸扩大到 500nm 以上，实现了单个 EV 在传统流式细胞仪中的可视化检测。近年来得益于绝对定量数字化检测概念飞速发展，尤其是液滴数字化 PCR 及微孔数字化 ELISA 技术，单 EV 尺度异质性分析也见诸报道，其优势是能显著提高分析灵敏度，可实现 EV 个数的绝对定量。数字化分析旨在将样品混合物分成大量离散的小腔室，体积通常从飞升到纳升，大多数单个腔包含零个或一个目标分子，在特定的扩增反应之后，可以检测到靶标阳性的信号。通过计算阳性和阴性的数量，对混合物中的靶标进行绝对定量。南方医科大学郑磊课题组与姚舒怀课题组合作开发的一种基于液滴微流控的 EV 数字化检测一体化芯片技术，成功实现了癌症特异性 EV 的绝对计数，并实现了乳腺癌患者血浆样本中 EV 的定量检测，展示了其在癌症早期诊断的应用潜力（图 9-20）。厦门大学杨朝勇课题组创新发展了一种双目标特异性适体识别 EV 膜上的标志物并激活邻位连接系统，结合液滴数字 PCR 技术成功实现了精确定量分析肿瘤来源单 EVPD-L1 的丰度。Zhang 等开发了一个含微孔图案的数字化生物阵列，结合双探针杂交用于对 EV 中特定 mRNA 进行原位无 PCR 扩增的单分子检测，该平台将样本处理与原位单分子检测一体化，并集成了气动控制系统，简化了分析流程，提高了分析的可重复性。数字化分析能提供卓越的灵敏度和准确性，无须参考标准或内源性对照，在单分子及异质性分析方面具有不可替代的作用。

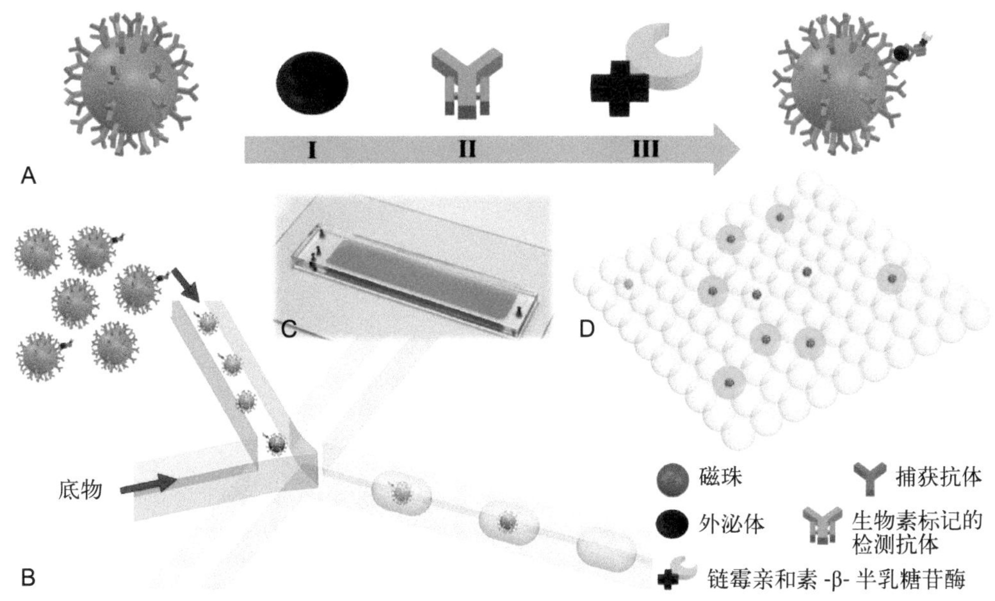

图 9-20　基于微流控芯片液滴数字化 EV 分析

引自 Nano Letter，2018，18（7）：4226-4232.

第四节　基于微流控芯片的 EV 功能化新技术

EV 因其优异的生物相容性和极低的免疫原性，受到学者们广泛关注，有望成为新一代的生物纳米诊疗载体。通过化学、生物、物理等方法对天然 EV 进行功能化修饰，如通过化学修饰或编辑、基因转染、膜融合、冻融或挤压可分别实现 EV 化学、生物和物理功能化，意义重大。

区别于传统滤膜挤压生成的功能化 EV，微流控芯片技术可借助于精细微加工技术，构建微纳流道、微纳米孔或针及微纳刮刀等，实现高通量或大规模类 EV 生成和功能化一体化。如 Jo 等借助微流控平台，将活细胞挤压至宽 10μm 以下的亲水阵列微通道内，高通量生成人工 EV。有研究进一步揭示，在挤压过程中，脂质膜受外力作用下，易于产生纳米孔道，当将药物与母细胞共孵育挤压流过时，可同步完成人工 EV 生成和功能化。如杨慧课题组提出了一种 EV 纳米穿孔器的微流控芯片平台，实现了高通量 EV 内负载多种治疗药物（图 9-21）。

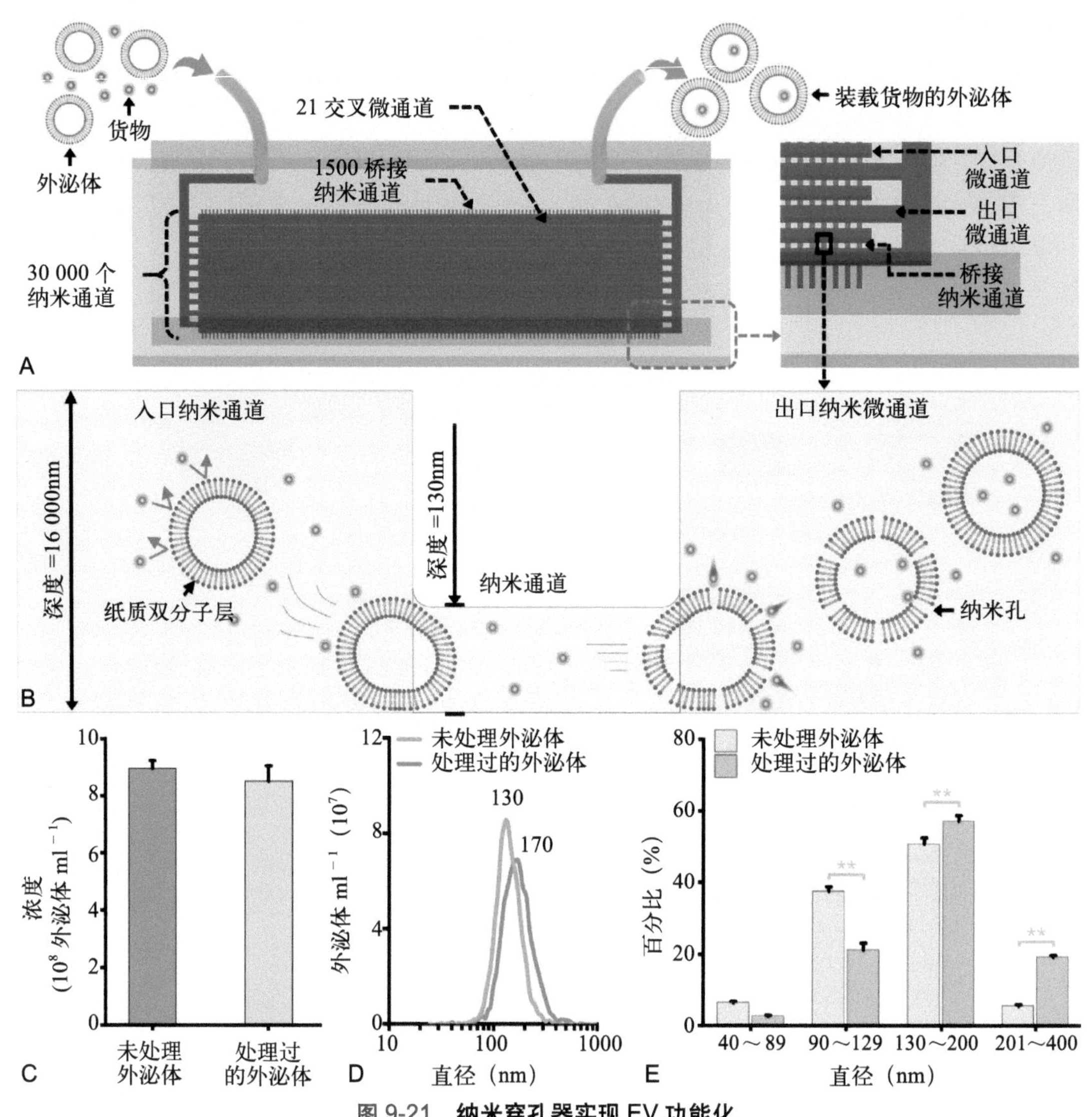

图 9-21　纳米穿孔器实现 EV 功能化

引自 Lab Chip，2014，14（7）：1261-9；Small，2021，17（35）：e2102150.

除了微流控物理挤压外，电穿孔、超声等常规手段也被学者集成至微流控平台，实现可控高效的功能化，其优势包括：可实现小体积 EV 的快速功能化；可借助于微流控对流体扰动，增加功能化基质和 EV 的接触概率；可控实现两者的接触，易于自动化控制负载比例或含量。Rao 等将磁性纳米材料和红细胞来源的 EV 共同引入微流控芯片内，借助芯片电穿孔，成功构建了具有红细胞膜涂层的磁性纳米颗粒，并显示出优异的生物相容性，增强了肿瘤磁共振成像和光热治疗效果（图 9-22）。随后，Liu 等报道了一种利用微流控芯片和超声处理来构建具有 EV 样膜结构的人工 EV 平台，体外及体内实验证实所获得的人工 EV 具有天然 EV 的免疫逃逸功能和靶向递送药物能力（图 9-23）。上述结果充分证实：利用微流控芯片辅助功能化技术可制备具有良好生物相容性和靶向性的仿生纳米粒子，并凸显了其广阔的科研和临床应用前景。

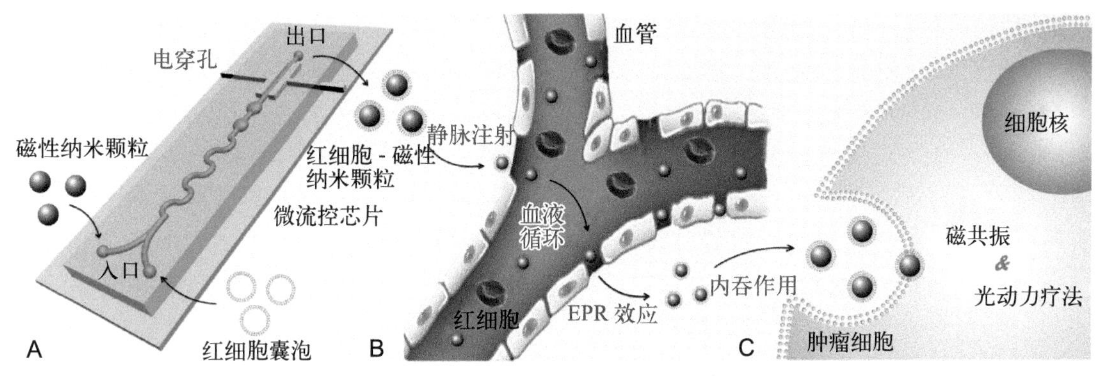

图 9-22　**基于微流控电穿孔 EV 功能**

引自 ACS Nano，2017，11（4）：3496-3505.

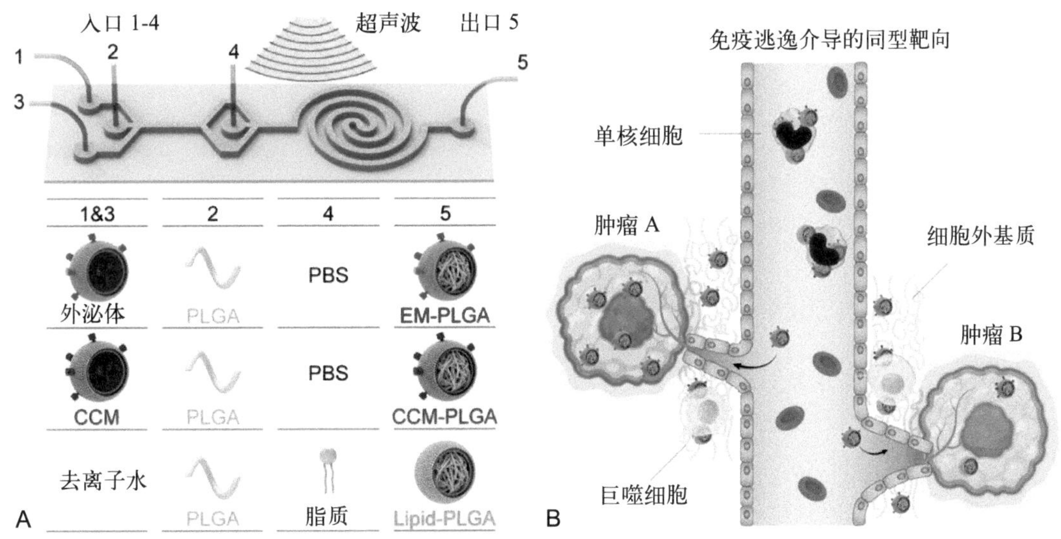

图 9-23　**基于微流控芯片超声 EV 功能化**

引自 Nano Letter，2019，19（11）：7836-7844.

第五节　总结和展望

回顾近年来 EV 研究突飞猛进的发展，最关键的正是得益于相关技术的变革及创新。与其他分析方法相比，微纳流控芯片因其对微量样品的高通量精准操控，已逐渐成为 EV 分离检测分析的理想手段之一。基于物理的 EV 分离占据产率优势，而基于生化 EV 分离在特异性上更优，目前还没有一种技术能同时兼顾产率和特异性双重优势，实际应用时主要根据实验需求选取合适的技术，并优化相关参数，以期取得满意的结果。

在此，我们从技术到问题多维度出发，聚焦小体积样本纯化到量产级别大规模样本处理，群体平均分析到单囊泡异质性分离检测分析，单一维度到多重维度分析等，对 EV 领域研究趋势进行展望，以期为读者带来一点灵感或思考。现总结如下：

1. 每种技术都有其优缺点，为了更高质量地获取目标 EV，可将传统方法和新兴方法联合或耦合，各取所长，优势互补，也可以将传统技术方案转移至微流控芯片上，借助于其优异的微纳尺寸效应，实现小体积高效分离或连续分离。

2. 可联合或集成多种具有不同优势或适用范围的新兴技术，比如物理法分离后获取全EV去除非囊泡内干扰物，再实施免疫分离获取特异性靶标EV。

3. 将分离检测分析一体化和自动化，克服手动操作带来的不便携性和人为误差。

4. 因EV在尺寸和荷载上均存在高度异质性，单EV分离检测分析愈发重要，特别是疾病机制和诊疗研究。

5. 区别于主流分离后分析，免分离均相分析技术在高通量检测上优势明显。

6. 相对于破坏性分析，原位无损检测可获取表型和分子型双重信息。

7. 鉴于EV优异的多重靶标潜能和极易获取性，可面向以EV为主的新一代复合标志物开发体外快速诊断、床边或居家检测卡盒，比如针对万癌之王的胰腺癌开发集成全血分离、EV纯化的检测卡，甚至是可穿戴检测设备，比如对汗液或泪液里的特异EV实施可穿戴检测。

8. 得益于EV出色的生物相容性和易于功能化性，未来实现在体功能化，即将芯片接口和人血管连接，实施EV在线分离和功能化一体化形成闭环治疗。

最后，目前的新技术主要还是偏向科研，未来可在稳定性、重复性及可量产方面持续发力，尽早从科研向临床转化，并进一步产业化，为人类福祉贡献力量。

第 10 章　细胞外囊泡的生物信息学分析

细胞外囊泡作为 DNA、mRNA、miRNA、蛋白质、脂质等信息物质在细胞间转运的载体，是细胞与细胞间通讯的重要媒介。其包含的 DNA、RNA 和蛋白质等内容物都可以通过高通量测序等组学方法进行检测，经过生物信息学分析，解析细胞外囊泡的内容物并筛选关键分子。本章内容主要介绍细胞外囊泡中内容物的组学和生物信息学分析。

第一节　细胞外囊泡的小 RNA 测序数据分析

由于细胞外囊泡尺寸比较小，通常认为其包含了大量小的非编码 RNA（small non-coding RNAs，smRNA），包括 rRNA、snoRNA、tRNA、piRNA 及 microRNA（miRNA）等。已有大量研究表明，细胞外囊泡中的小 RNA 可以被传递到靶细胞中调节靶细胞的生物学过程，这些小 RNA 是细胞外囊泡中非常重要的功能分子和生物标志物。因此，对细胞外囊泡中小 RNA 的表达分布的全面研究有助于理解细胞外囊泡的功能、筛选其关键功能分子，并揭示它们在细胞外囊泡中的潜在作用。

细胞外囊泡中的小 RNA 可以采用小 RNA 测序（small RNA-seq）的方式进行高通量检测。细胞外囊泡的小 RNA 测序实验和普通细胞的小 RNA 测序基本类似。这里我们将详细介绍如何通过生物信息学的方法处理和分析细胞外囊泡来源的小 RNA 测序数据，从而得到不同细胞外囊泡中的各种小 RNA 的表达水平，以进一步发现疾病标志物或筛选出关键功能分子。

一、测序数据质量控制及去除接头

研究小 RNA 的相关文献往往会提供其测序数据在公共数据库中存放的序列号（accession number），通过这个序列号，我们可以从 NCBI GEO（gene expression omnibus）和 SRA（sequence read archive）等公共数据库中获得小 RNA 测序的 fastq 格式的原始数据（raw data）。如果是自测样本，可以从测序公司直接得到 fastq 格式的原始测序数据。在建库过程中，会存在 RNA 片段的降解以及短链 RNA 的两端加上接头等情况，因此，为了保证下游分析输入数据的准确性，首先要对原始数据进行质量控制和去接头处理。

（一）使用 FastQC 软件对测序数据进行质控和统计

在对高通量测序数据进行质量控制时，最常用的软件就是 FastQC。FastQC 是一款基于 Java 的软件，它可以快速地对测序数据进行质量评估，得到多个测序数据的质量参数，让我们对测序数据质量有个初步的认识，从而判断后续的质控方式。FastQC 的主页（http：//www.bioinformatics.babraham.ac.uk/projects/fastqc/）有 FastQC 软件包的下载地址以及对该软件的一些简单使用说明。

FastQC 能在 Java 下以图形化界面运行，也能在命令行下运行，得到的结果均可以可视化展示，便于用户确定数据的质量情况。该软件在 Windows、Linux 或 Mac 上均可运行。FastQC 虽然能很好地检测高通量测序数据的好坏，但是并不能直接对 reads 进行过滤和修剪。因此，在本节了解测序数据质量之后，下一小节会详细讲解如何去除测序片段中的接头等质控过程。

FastQC 安装与使用如下。

1. Windows 系统：首先下载对应的软件包。点击链接即可下载：https：//www.bioinformatics.babraham.ac.uk/projects/fastqc/fastqc_v0.11.9.zip。下载后解压缩并双击 run_fastqc.bat 文件即可快速安装。

安装完成之后，点击“Help”>“Contents…”，可以查看 FastQC 的软件简介、基本操作、分析结果等详细信息。根据基本操作的步骤，点击“File”>“Open…”>选择要分析的 fastq 测序结果文件即可开始质控分析。

但是通常情况下高通量测序数据量较大，对 Windows 机器的内存等要求较高，因此大部分操作都会在服务器端的 Linux 系统下完成。在本节中，我们会着重介绍 Linux 系统下的安装与运行。

2. Linux 系统：FastQC 是在 java 环境下运行的，所以在安装 FastqQC 之前，Linux 下要有相应的 java 运行环境（JRE，Java Runtime Environment）。虽然目前大多数 Linux 发行版都已经安装了 java，还是应该先确定一下自己的 Linux 系统是否安装了 java 环境。如果没有的话，需要联系系统管理员或者自己预先安装 java 环境。输入下面任意一行命令，查看是否具有 java：

```
which java
# 或者
java—version
```

如果显示了安装位置或者安装版本，则是已有 java；如果显示“not found”，可以根据提示的命令安装下载。Ubuntu 系统可以通过执行以下命令安装 java。

```
sudo apt install default-jre
```

完成 java 环境配置后，可以用再用上面两种方式检查一下 java 环境安装是否成功。确定安装成功之后，就可以开始学习 Linux 下 FastQC 安装与使用了。

在 Linux 系统下可以直接使用 conda 安装 FastQC 软件，详细介绍可以参见 https：//anaconda.org/bioconda/fastqc 中的相关描述。安装代码选以下其中任意一行即可：

```
conda install -c bioconda fastqc
conda install -c bioconda/label/broken fastqc
conda install -c bioconda/label/cf201901 fastqc
```

通过输入下面一行代码查看 FastQC 是否安装完成，如果能输出 FastQC 的版本，则表明已经安装成功。

```
fastqc—version
```

如果想初步查看 FastQC 的各类参数，可以输入下面一行代码查看 FastQC 的所有参数及简单介绍。

FastQC 的主要参数解读：

-o 或 --outdir FastQC 生成的报告文件的储存路径，生成的报告的文件名是根据输入来定的；

--extract 生成的报告默认会打包成 1 个压缩文件，使用这个参数是让程序不打包；

-t 或 --threads 选择程序运行的线程数；

-q 或 --quiet 安静运行模式，一般不选这个选项的时候，程序会实时报告运行的状况。

FastQC 的使用较为简单。当使用 FastQC 进行质量检测一个样本时，只需在命令行输入以下代码，即可在当前文件夹生成一个 .html 网页文件和一个 .zip 文件。

```
fastqc 样本名称
```

如果需要批量处理样本，则只需要在命令后列出文件的名字即可。如果需要在指定文件夹 result 生成 .html 网页文件和 .zip 文件，如下加上参数 -o 即可。

```
fastqc 样本 1 样本 2…-o 文件夹
```

FastQC 生成的 html 文件中包含了对数据质量的统计和评估。可以使用常用浏览器直接打开，其中 Summary 中展示了数据的质量情况：绿色代表 PASS，黄色代表 WARN，红色代表 FAIL。通常来说，当出现黄色时，需要对数据结果进行详细查看。

（二）去除接头序列

前面已经介绍过，在文库制备的过程中会给目标测序片段加上一段短的已知核酸链，即接头（adapter）。为了防止这段接头序列对下游的比对分析产生影响，需要在比对之前将末端的接头序列去除（adapter trimming）。现有很多工具都能快速的去除接头，而目前较为常见的 Trimmomatic 便是一个快速去除接头的多线程命令行工具。该工具主要适用于去除 FASTQ 文件（Illumina 平台的产出的两种数据类型包括 phred-33 和 phred-64）中序列的接头，并根据碱基质量值对 fastq 数据进行修剪。需要注意的是，由于 Trimmomatic 过滤数据的步骤与命令行中过滤参数的顺序有关，因此，如果需要去接头，建议第一步就去接头，否则接头序列被其他的过滤参数剪切掉部分之后就更难匹配更难去除干净了。

Trimmomatic 安装使用的详情可参考官方手册：http：//www.usadellab.org/cms/uploads/supplementary/Trimmomatic/TrimmomaticManual_V0.32.pdf）。这里我们简单介绍一下如何安装并使用 Trimmomatic 去除 FASTQ 文件中序列的接头。

Trimmomatic 安装方式非常简单，只需要下载该软件包，并解压即可。

```
wget http：//www.usadellab.org/cms/uploads/supplementary/Trimmomatic/Trimmo-matic-0.38.zip
unzip Trimmomatic-0.38.zip
```

该软件有两种主要模式：双端模式和单端模式，即 SE 和 PE 测序数据，同时支持 gzip 和 bzip2 压缩文件并通过使用“.gz”或“.bz2”文件扩展名来识别。

在 SE 模式下，只有一个输入文件和一个过滤之后的输出文件：

```
java-jar < path to trimmomatic jar > SE[-threads < threads > ][-phred33|-phred64][-trimlog < logFile > ] < input >< output >< step 1 >< step 2 > ...
```

其中 -phred33 和 -phred64 参数指定 FASTQ 的质量值编码格式，如果不设置这个参数，软件会自动判断输入文件是哪种格式（v0.32 之后的版本都支持），虽然软件默认的参数是 phred64，但是如果不确定序列是哪种质量编码格式，可以不设置这个参数。

需要进一步注意的是，-trimlog 参数指定了过滤日志文件名，日志中包含以下 4 列内容：read ID，过滤之后剩余序列长度，过滤之后的序列起始碱基位置（序列开头处被切掉了多少个碱基），过滤之后的序列末端碱基位置，序列末端处被剪切掉的碱基数。由于生成的 trimlog 文件中包含了每一条 reads 的处理记录，因此文件体积巨大（GB 级别），如果后面不会用到 trim 日志，建议不要使用这个参数。

而在 PE 模式下，有两个输入文件，正向测序序列和反向测序序列，但是过滤之后输出文件有 4 个，过滤之后双端序列都保留的就是 paired，反之，如果其中一端序列过滤之后被丢弃了，另一端序列保留下来了就是 unpaired。

```
java-jar < path to trimmomatic.jar > PE [-threads < threads] [-phred33|-phred64] [-trimlog < logFile > ] > ][-basein < inputBase > | < input 1 > < input 2 > ][-baseout < outputBase > | < paired output 1 >< unpaired output 1 >< paired output 2 >< unpaired output 2 > < step 1 >< step 2 > ...
```

PE 模式的两个输入文件为 sample_R1.fastq，sample_R2.fastq 以及 4 个输出文件分别是 sample_paired_R1.clean.fastq，sample_unpaired_R1.clean.fastq，sample_paired_R1.clean.fastq，sample_unpaired_R1.clean.fastq。

从命名方式可以看出，通常 PE 测序的两个文件，R1 和 R2 的文件名是类似的，因此可以使用 -basein 参数指定其中 R1 文件名即可，软件会推测出 R2 的文件名，但是这个功能实测并不好用，因为软件只能自动识别推测三种格式的 -basein：

- Sample_Name_R1_001.fq.gz- > Sample_Name_R2_001.fq.gz
- Sample_Name.f.fastq- > Sample_Name.r.fastq
- Sample_Name.1.sequence.txt- > Sample_Name.2.sequence.txt

建议不用 -basein 参数，直接指定两个文件名（R1 和 R2）作为输入。

输出文件有 4 个，当然也可以像上文一样指定 4 个文件名，但是参数太长有点麻烦，有个省心的方法，使用 -baseout 参数指定输出文件的 basename，软件会自动为 4 个输出文件命名。例如 -baseout mySampleFiltered.fq.gz，文件名中添加 .gz 后缀，软件会自动将输出结果进行 gzip 压缩。输出的 4 个文件分别会自动命名为：

- mySampleFiltered_1P.fq.gz-for paired forward reads
- mySampleFiltered_1U.fq.gz-for unpaired forward reads
- mySampleFiltered_2P.fq.gz-for paired reverse reads
- mySampleFiltered_2U.fq.gz-for unpaired reverse reads

此外，如果直接指定输入输出文件名，文件名后添加 .gz 后缀就是告诉软件输入文件是 .gz 压缩文件，输出文件需要用 gzip 压缩。

如果觉得 Trimmomatic 的参数过多，不好理解，可以尝试使用 fastp 去除接头。在 fastp 中，不用输入接头序列，因为算法会自动识别接头序列并进行剪裁。当处理的数据为 SE 类型时，可以使用 -a 参数来输入已知接头；而对于 PE 类型数据，该软件将会基于 PE 数据的 overlap 准确地找到接头，去得更干净更准确。此外，fastp 对于去除接头会有一个汇总的报告，便于用户查看统计。具体操作以及参数使用，可参考官方文档：https：//github.com/OpenGene/fastp#adapters。

二、小 RNA 序列比对

对数据进行质控且去除接头之后得到了 clean reads，接下来就是如何将这些 clean reads 定位到参考基因组和已知的小 RNA 参考序列。由于测序的数据量通常比较大，因此需要能快速将 reads 比对到参考序列上，并且能并行化运行的比对软件。目前，对二代测序的 short reads 进行比对的常用软件有 Bowtie、BWA、HISAT 和 Tophat。

Bowtie 是一个超级快速的且较为节省内存的短序列比对工具。它在拼接 35 个碱基长度的序列时，可以达到每小时 2.5 亿次的拼接速度，非常适合高通量测序数据的分析。因此接下来的这一节，我们主要以 Bowtie2 为例详细介绍如何将 reads 比对到参考基因组。

关于 Bowtie2 有两种安装方式，一种是安装二进制软件，一种是源码安装。

通常来说，二进制软件已经是预编译版本了，因此当新手使用时，直接下载解压即可使用。Bowtie2 软件的下载地址为 https：//sourceforge.net/projects/bowtie-bio/files/bowtie2/，选择页面上合适的版本即可。

与二进制软件相比，源码安装较为复杂，需要通过编译器先编译这部分源代码，然后才能够使用。源码安装通常包含三个步骤：配置、编译、安装。

1. **配置**　命令行下输入以下代码，“安装路径”指的是该软件编译后的可执行软件存放的位置。如果使用默认的路径，则需要管理员权限。

```
./configure --prefix=“安装路径”
```

2. **编译**　过程较为简单，直接通过输入 make 编译

```
make
```

3. **安装**

```
make install
```

安装完成之后，可以添加到系统路径中，或者使用完整的安装路径使用。

在本节中，我们使用 Bowtie2 官网中提供的 λ 噬菌体序列为例，详细讲解如何将这一段序列比对到参考基因组。

在比对之前，需要对参考基因组建立索引。为了对 Bowtie2 内置的 λ 噬菌体的参考基因组建索引，先新建一个临时文件夹（位置任选），进入那个文件夹，然后运行（如果安装的 Bowtie2 没有添加到系统路径，则需要加上绝对路径或相对路径）：

```
bowtie2-build lambda_virus.fa lambda_virus
```

在这条命令结束前终端会打印很多行输出。当命令运行完毕时，当前文件夹会产生 4 个新的文件，它们的文件名都以 lambda_virus 开始，分别以 .1.bt2，.2.bt2，.3.bt2，.4.bt2，.rev.1.bt2 和 .rev.2.bt2 结束。这些文件构成了索引，也既是对应的索引文件。

你可以使用 bowtie2-build 对一组任意来源的 FASTA 文件构建索引，包括像 UCSC、NCBI 和 Ensembl 这些来源的参考序列。当对多个 FASTA 文件建立索引时，需要指定所有的文件，并用逗号隔开。更多关于如何用 bowtie2-build 建立索引的信息，请查看使用手册的建立索引部分（http：//bowtie-bio.sourceforge.net/bowtie2/manual.shtml#the-bowtie2-build-indexer）。

在上一步创建的文件夹中，现在含有 lambda_virus 的索引文件。接下来，在命令行继续运行下面这一行命令：

```
bowtie2 -x lambda_virus -U reads_1.fq -S eg1.sam
```

这个命令会运行 Bowtie2 的比对软件，它会使用上一步建立的索引，把一组非双端测序的 reads 比对到 λ 噬菌体的参考基因组上。这步比对的结果是 SAM 格式的，输出文件是 eg1.sam，同时比对的统计信息会被输出到终端控制台。

比对结果中包含了许多信息，如果要查看 SAM 结果的前几行，可以运行下面这一行命令：

```
head eg1.sam
```

会看到类似于如下的页面（图 10-1）：

头几行（以 @ 开始的）是 SAM 的头文件，余下的部分是 SAM 的比对结果，每行代表一个 read 或 mate。更多细节，请查看 Bowtie2 使用手册（http：//bowtie-bio.sourceforge.net/bowtie2/manual.shtml#sam-output）的 SAM 输出部分和 SAM 格式标准。

如果要比对 Bowtie2 自带的双端测序 reads，继续在同样的文件夹下，运行：

```
bowtie2 -x lambda_virus -1 reads_1.fq -2 reads_2.fq -S eg2.sam
```

```
@HD VN:1.0  SO:unsorted
@SQ SN:gi|9626243|ref|NC_001416.1|  LN:48502
@PG ID:bowtie2  PN:bowtie2  VN:2.0.1
r1  0   gi|9626243|ref|NC_001416.1| 18401   42  122M     *  0  0   TGAATGCGAACTCCGGGACGCTCAGTAATG
r2  0   gi|9626243|ref|NC_001416.1| 8886    42  275M     *  0  0   NTTNTGATGCGGGCTTGTGGAGTTCAGCCG
r3  16  gi|9626243|ref|NC_001416.1| 11599   42  338M     *  0  0   GGGCGCGTTACTGGGATGATCGTGAAAAGG
r4  0   gi|9626243|ref|NC_001416.1| 40075   42  184M     *  0  0   GGGCCAATGCGCTTACTGATGCGGAATTAC
r5  0   gi|9626243|ref|NC_001416.1| 48010   42  138M     *  0  0   GTCAGGAAAGTGGTAAAACTGCAACTCAAT
r6  16  gi|9626243|ref|NC_001416.1| 41607   42  72M2D119M   *  0  0   TCGATTTGCAAATACCGGAACATCTC
r7  16  gi|9626243|ref|NC_001416.1| 4692    42  143M     *  0  0   TCAGCCGGACGCGGGCGCTGCAGCCGTACT
```

图 10-1 SAM 文件内容示例

这个命令会比对一组双端测序的 reads 到参考基因组上，结果文件输出在了 eg2.sam 里面。

接下来，可以使用 SAMtools/BCFtools 做下游分析。SAMtools 是一个用来处理和分析 SAM 和 BAM 比对文件的集成工具包。BCFtools 是一个用来识别变异和处理 VCF 和 BCF 文件的集成工具包，通常它会被集成在 SAMtools 里面。把这些工具合起来使用，可以让你从 SAM 格式的比对文件中获取 VCF 格式中的被识别的变异。下面的例子假设你已经安装了 SAMtools 和 BCFtools，而且含有那些工具的二进制文件的文件夹地址已经在你的 PATH 环境变量里了。如果还未安装，可参考 http：//www.htslib.org/。

运行双端测序的示例：

```
bowtie2 -x lambda_virus -1 reads_1.fq -2 reads_2.fq -S eg2.sam
```

使用 samtools view 把这个 SAM 文件转换成一个 BAM 文件。BAM 是与 SAM 文字格式相对应的二进制格式。运行：

```
samtools view -bS eg2.sam > eg2.bam
```

使用 samtools sort 把这个 BAM 文件转换成排过序的 BAM 文件。

```
samtools sort eg2.bam eg2.sorted
```

现在我们有一个排过序的 BAM 文件了，它的名字是 eg2.sorted.bam。排序后的 BAM 是一种好用的文件格式，因为这些格式的比对结果是被压缩过并且排过序的，这样有利于长期存储和发现变异。

至此，clean reads 的比对完成了，如何将比对的结果量化用于下游生物信息学的进一步分析，可以见下一节的比对结果标准化。

三、比对结果标准化

通常我们比对到基因组之后得到的读段数量为 reads 数。但是在很多情况下，我们用 RPKM、FPKM、TPM 以及 RPM 等作为转录组数据定量的表示方法。这些表示方法都是对表达量的标准化方法。那么，为什么要使用这些定量后的数据而不使用 reads 数？这是因为落在一个基因区域内的 read 数目取决于基因长度和测序深度，而基因越长 read 数目越多，测序深度越高，则一个基因对应的 read 数目也相对越多。所以需要标准化这个过程，而标准化的对象就是基因长度与测序深度。

在高通量测序中，我们常用 TPM、RPKM、FPKM 以及 RPM 等作为转录组数据定量的表示方法。在这里，我们简单介绍一下不同的定量表示方法，这些不同的定量表示方法之间可以根据需要相互转换：

RPKM（适合于单端测序）：Reads Per Kilobase per Million mapped reads（每百万

比对上 reads 中每千个碱基的外显子比对上的 reads)，主要用来对单端测序（single-end RNA-seq）进行定量的方法。计算公式为：

RPKM = total exon reads/[mapped reads（Millions） * exon length（KB）]

total exon reads：某个样本 mapping 到特定基因的外显子上的所有的 reads；

mapped reads（Millions）：某个样本的所有比对上的 reads 总和；

exon length（KB）：某个基因的长度（外显子的长度的总和，以 KB 为单位）

FPKM（适合于双端测序）：Fragments Per Kilobase of exon model per Million mapped fragments（每百万个比对上的 reads 中每千个碱基的外显子比对上的 fragments)，主要是针对 pair-end 测序表达量进行计算。FPKM（推荐软件，cufflinks）和 RPKM 的计算方法基本一致。FPKM 和 RPKM 的区别就是一个是 fragment，一个是 read。

TPM（Transcripts PerKilobase Million）：Transcripts Per Kilobase of exon model per Million mapped reads（每百万个比对 reads 中每千个碱基的外显子比上的 Transcripts)，优化的 RPKM 计算方法，可以用于同一物种不同组织的比较。TPM（推荐软件，RSEM）的计算公式：

TPMi=（(Ni/Li）*1000000）/sum（Ni/Li+……..+Nm/Lm）

Ni：比对到基因 i 上的 read 数；

Li：基因 i 的外显子长度的总和。

RPM/CPM：Reads/Counts of exon model per Million mapped reads（每百万映射读取的 reads)。

RPM 的计算公式：

RPM=total exon reads/ mapped reads（Millions）

total exon reads：某个样本 mapping 到特定基因的外显子上的所有的 reads

mapped reads（Millions）：某个样本的所有 reads 总和

总的来说，不管是计算 FPKM、RPKM 还是计算 TPM，我们都要先得到一个 ReadCount 的矩阵（行为基因，列为样本)。在计算 FPKM 和 RPKM 时，都是先按列（也就是这个样本的总 read 数）进行标准化，之后再对基因的长度进行标准化。而 TPM 是先对基因长度进行标准化，之后再对列（这个时候就不再是这个样本的总 read 数了）进行标准化。TPM 的标准化方法更有优势，更适合在不同样本间比较，所以目前使用更加广泛。

第二节　小 RNA 表达量化常见工具

以上方法都是需要一步一步安装每一个软件，然后对细胞外囊泡中的小 RNA 进行定量。但是在这个过程中会遇到很多参数需要调整，对于初学者来说，为了几个样本而去摸透每一种工具是一件费时费力的事情。因此，能够有现成的工具一站式完成对细胞外囊泡中小 RNA 测序数据的定量分析显得尤为重要。针对这个问题，现在已经有多个打包好的工具，可以简单快捷地对小 RNA 定量。这些软件大部分都只需要用户安装并输入样本数据即可。

在本小节中，收录了性能优异且步骤简单的三种小 RNA 表达量化的工具，分别是 EVAtool、COMPSRA 和 exceRpt。接下来详细介绍每一种工具的安装及使用步骤。

一、EVAtool

EVAtool 是一个针对小 RNA reads 分配优化的 Python 包，可用于细胞外囊泡中一种或多种小 RNA 的定量。在 EVAtool

中，该工具前瞻性地收集了7种小RNA（miRNA、snoRNA、piRNA、snRNA、rRNA、tRNA和YRNA）的参考基因组作为默认值，便于评估细胞外囊泡中7种小RNA的丰度。该工具使用了2022年最新版本的高通量测序数据处理的工具软件（主要是bowtie2、samtool、fastq-dump、bedtools和trimmomatic-0.39.jar），并设计了高性能算法Optimized Reads Assignment Algorithm（ORAA）。该工具在处理映射到多个参考序列的短读段时具有很大优势，它能够根据不同样本中不同小RNA的丰度确定reads的分配顺序（流程图见图10-2）。除了这7种小RNA之外，它还能够处理其他小非编码RNA-seq数据只需在配置文件中进行少量修改。EVAtool对非生物信息方向的人员非常友好，该工具将几乎所有结果可视化，并支持在线报告。更多详细介绍见EVAtool主页面：http：//bioinfo.life.hust.edu.cn/EVAtool。

EVAtool的使用非常简单，首先通过点击主页面的Download all files或者直接在网页输入链接（http：//bioinfo.life.hust.edu.cn/EVAtool/ref/refs.zip），或者在命令行输入：

```
wgethttp：//bioinfo.life.hust.edu.cn/EVAtool/example/example.fastq.gz
```

然后在指定文件夹（本例中使用文件夹名称为./example）解压缩该文件从而获得所有的7种默认参考序列文件及参数文件。除此之外，为了用户方便测试，可以先用EVAtool提供的小样本进行测试，下载地址为http：//bioinfo.life.hust.edu.cn/EVAtool/example/example.fastq.gz，用户可以通过点击该链接下载或者在命令行使用wget下载。

安装运行EVAtool有两种方式，一种是通过pip直接安装python包；另一种是用户在有docker的权限下，使用EVAtool的docker镜像。

通过pip安装python包并在命令行运行：

```
pip install evatool
evatool-i example.fastq.gz -o（absolute path for output or.）
```

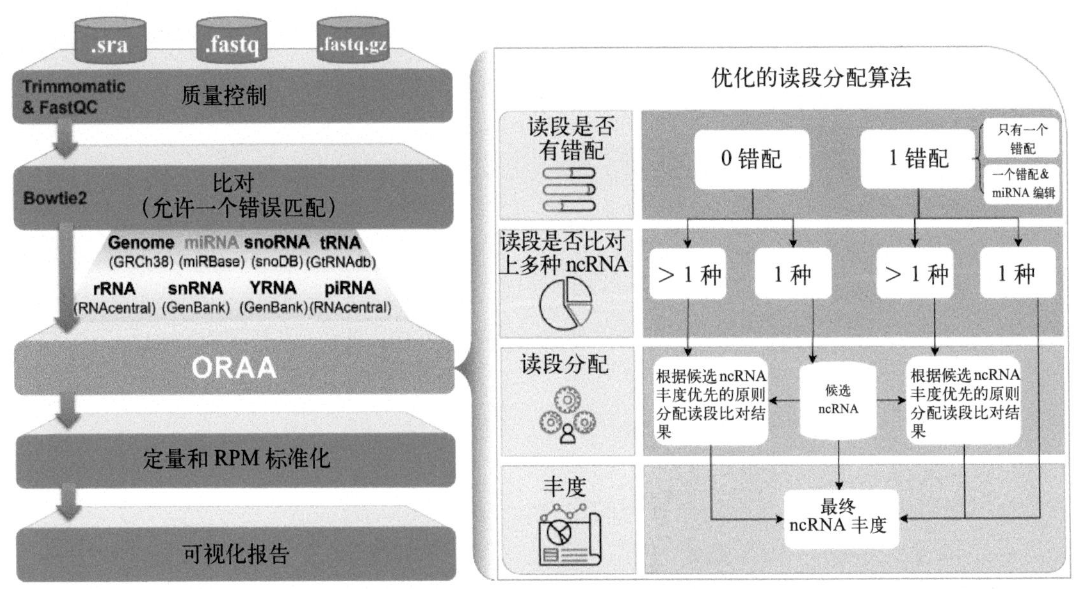

图10-2 EVAtool模块及数据处理流程图

引自Briefings in Bioinformatics，2022，23（5）：1-5.

通过Docker安装镜像并在命令行运行：

```
docker pull guobioinfolab/evatool
docker run -it -v $PWD：/ < work_path > -w/
< work_path > guobioinfolab/evatool -i example.
fastq.gz -o < absolute path for output or. >
```

-v 指的是挂载到 docker 镜像的目录，-w 是在镜像容器中的工作目录。

用户至少需要输入 2 个参数，每个参数的具体含义如下：

-i：带路径的 sra 文件（必需），

-o：输出目录（必需），

-c：使用路径配置文件（非必需），

-n：ncRNA 类型列表（非必需）。

该工具运行速度较快，经测试 1G 左右的数据在 10min 之内就可以得到结果。更详细的参数调整以及结果展示请查阅官方文档 http：//bioinfo.life.hust.edu.cn/EVAtool/。

二、exceRpt

exceRpt 是一个细胞外 RNA 处理工具包，旨在处理从低输入小 RNA 测序样本（例如从细胞外制剂获得的样本）中获得经过污染以及通常质量较差的数据。当然，该工具完全能够处理来自更多标准细胞制剂的数据，并且只需对命令行调用进行少量修改，还能够处理 WGS/ 外显子组和长 RNA-seq 数据。

流程图（图 10-3）详细说明了 exceRpt 数据处理的不同阶段，包括原始读数的预处理、污染物去除、与内源（人 / 小鼠）基因组和注释转录组的比对，最后与大量外源序列进行比对以检测外来核酸。

exceRpt 需要通过 docker 方式安装：

```
docker pull rkitchen/excerpt
```

安装完成之后，可以使用以下命令从 exceRpt 数据库下载感兴趣的基因组 / 物种（当前为 hg19、hg39 或 mm10 之一）。在这里，我们以下载人类基因组和转录组（hg38）的最新版本为例：

```
mkdir~/DirectoryContainingMyexceRptDatabase
cd~/DirectoryContainingMyexceRptDatabase
wget
http：//org.gersteinlab.excerpt.s3-website-us-
east-1.amazonaws.com/exceRptDB_v4_hg38_
lowmem.tgz
tar -xvf exceRptDB_v4_hg38_lowmem.tgz
```

然后，如果用户还未准备好自己的数据集，可以从 SRA 获取公开可用的数据集作为例子，通过以下命令下载（注：wget 后面不换行，直接跟上下载链接）：

```
mkdir~/DirectoryContainingMyInputSample
cd~/DirectoryContainingMyInputSample
wget
ftp：//ftp.ddbj.nig.ac.jp/ddbj_database/dra/
sralite/ByExp/litesra/SRX/SRX010/SRX010851/
SRR026761/SRR026761.sra
```

最后，指定输出结果的存放目录：

```
mkdir~/DirectoryInWhichToPutMyResults
```

运行 exceRpt：

```
docker run-v ~/DirectoryContainingMyInputSampl
        e：/exceRptInput \
    -v~/DirectoryInWhichToPutMyResults：
        /exceRptOutput \
    -v~/DirectoryContainingMyexceRptDat-
        abase/hg38：/exceRpt_DB/hg38\
    -t rkitchen/excerpt \
     INPUT_FILE_PATH=/exceRptInput/
    SRR026761.sra
```

除了输入文件的路径与文件名必须指定之外，exceRpt 提供了许多参数供用户根据自己的需求修改添加。更多详细信息见 exceRpt 的官网：http：//github.gersteinlab.org/exceRpt/。

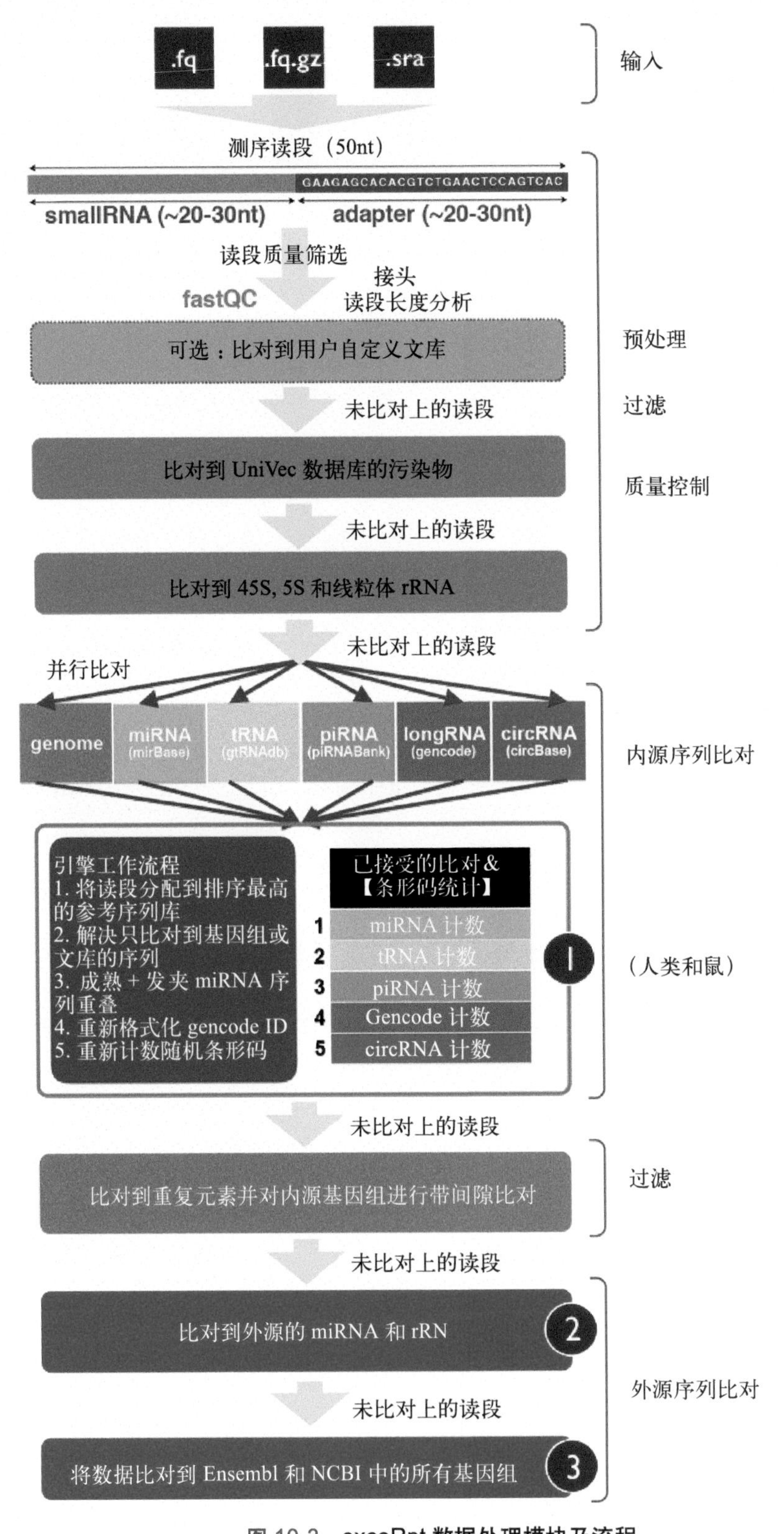

图 10-3　exceRpt 数据处理模块及流程

引自 Cell Systems，2019，8（4）：352-357.e3.

三、COMPSRA

COMPSRA 是一个全面的模块化独立平台，用于从小 RNA 测序数据中识别和量化小 RNA。COMPSRA 包含预先构建的可定制标准 RNA 数据库和序列处理工具，以实现一站化小 RNA 分析。COMPSRA 由五个功能模块组成（图 10-4）：质量控制、reads 比对、注释、微生物序列比对和功能模块。它们被集成到一个管道中，每个模块也可以独立使用。

COMPSRA 是通过 java 语言实现的，因此需要 Java Runtime Environment（JRE）（8 以上版本，见 http：//www.oracle.com/technetwork/java/javase/downloads/index.html）。有了 java 环境之后，可从 https：//regepi.bwh.harvard.edu/circurna/COMPSRA_v1.0.zip 或 GitHub 网站 https：//github.com/cougarlj/COMPSRA 下载 COMPSRA。

完成 COMPSRA 的下载之后，通过以下命令下载 STAR。

```
java -jar COMPSRA.jar -tk -dr -ck star
```

然后，根据需要下载注释数据库。COMPSRA 支持 hg38 和 hg19 版本的人类参考基因组以及 miRNA、piRNA、tRNA、

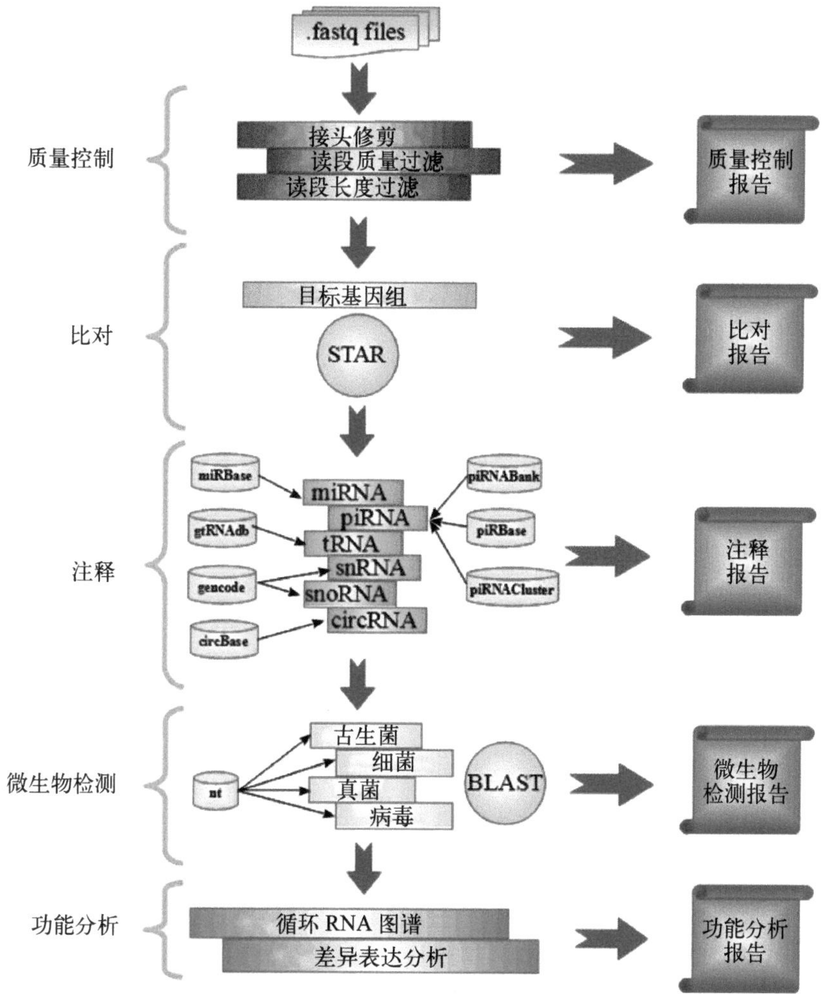

图 10-4　COMPSRA 数据处理模块及流程

引自 Scientific Reports，2020，10（1）：4552.

snoRNA、snRNA 和 circRNA 小 RNA 的参考基因组。该数据库表示为 RNA 名称和基因组版本的组合，用“_”连接，如 miRNA_hg38、piRNA_hg38 和 snoRNA_hg19。用户可以通过以下命令下载这些数据库。

```
java -jar COMPSRA.jar -tk -dr -ck miRNA_hg38，piRNA_hg38，tRNA_hg38，...
```

在运行 STAR 进行比对之前，用户应该下载参考基因组并建立索引。可以通过以下命令下载人类参考基因组 hg38：

```
java -jar COMPSRA.jar -tk -dr -ck star_hg38
```

COMPSRA 可以在第一次运行时建立索引。如果失败，请进入 STAR 安装目录，通过命令 chmod 修改 COMPSRA.jar 的执行权限。

接下来，以 COMPSRA 提供的样本数据作为输入数据，运行 COMPSRA。

在运行前需要下载包含各种文件的压缩包并解压：

```
Wget https：//regepi.bwh.harvard.edu/circurna/COMPSRA_V1.0.zip
unzip COMPSRA_V1.0.zip
```

解压之后的文件夹中包含以下类型的文件：

-COMPSRA.jar：这是 COMPSRA 编译好的 jar 包。

-COMPSRA_tutorial_v1.0.pdf：COMPSRA v1.0 教程。

-bundle_v1：该目录包含 COMPSRA 可能使用的所有资源，例如数据库、参考基因组、插件。

-example：该目录包含用于演示的示例。

处理单个样本的时候可以使用以下命令：

```
java-jar COMPSRA.jar -refhg38-qc-ra TGGAATTCTCGGGTGCCAAGG -rb 4-rh 20-rt 20-rr 20-rlh 8，17 -aln -mt star -ann -ac 1，2，3，4，5，6 -mic -mtool Blast -mdb archaea -in ./example/sample01.fastq -out ./example_out/
```

如果要同时输入多个样本，则输入下面命令：

```
java-jar COMPSRA.jar -refhg38 -qc -ra TGGAATTCTCGGGTGCCAAGG -rb 4-rh 20-rt 20-rr 20 -rlh 8，17 -aln -mt star -ann -ac 1，2，3，4，5，6 -mic -mtool Blast -mdb archaea -inf ./example/sample.list -out ./example_out/
```

更多参数和结果解释请查看官网手册：https：//github.com/cougarlj/COMPSRA。

第三节　细胞外囊泡 RNA 数据库简介

高通量小 RNA-seq 技术为全面研究 EV 中的小 RNA 提供了绝佳机会。迄今为止，很多数据库从细胞外囊泡中挑选了几种分子进行了注释分析。例如，Vesiclepedia、ExoCarta 和 EVpedia 从已有的研究中挑选出来源于细胞外囊泡中的 4 种类型的生物活性分子（蛋白质、RNA、代谢物和脂质）。除此之外，一些数据库还从细胞外囊泡的测序数据中深入评估了 RNA 的丰度。目前，exRNA Atlas 是最大的细胞外 RNA（exRNA）表达图谱数据库，其中包含 159 个 EV 和 205 个 MV 样本。而 ExoRBase 专注于 87 个 EV 样本。ExoBCD 对来自 4 个数据集的乳腺癌中的差异表达基因和细胞外囊泡 miRNA/lncRNA 进行了分析。EVmiRNA 是一个专注于 EV 中 miRNA 表达谱的综合数据库。EVAtlas 是 EVmiRNA 的升级版，与 EVmiRNA 相比，增加了两倍的数据量以及 7 种类型的小 RNA，并且更多地关注 EV 中的 ncRNA 功能。由于这些细胞外囊泡相关的小 RNA 数据库对于研究细胞外囊泡的功能有重要作用，因此我们在这一节详细介绍几个比较有代表性的细胞外囊泡中转录组相关的数据库，如 EVmiRNA 和 EVAtlas。除此之外，还列出了一些常见的细胞外囊泡的数据库，感兴趣的用户可以到对应的网站上进一步了解和使用。

一、EVmiRNA（http：//bioinfo.life.hust.edu.cn/EVmiRNA/#!/）

EVmiRNA 收集了细胞外囊泡中的 miRNA 表达谱。在 EVmiRNA 数据库中，作者分析了来自 17 种组织 / 疾病的细胞外囊泡来源的 462 个 smRNA 测序数据集（图 3-17）。EVmiRNA 数据库中包含了 miRNA 表达谱、miRNA 调节通路、miRNA 功能、miRNA 相关药物及相对应的文献。

该数据库的使用十分简单（图 10-5），用户在首页的两个搜索栏中输入感兴趣的 miRNA 或者输入作者提供的样例，或者再在右边选择不同的 EV 来源等限制条件，如给出的“Blood-exosomes”，再点击搜索（“Search”）即可（图 10-5A）。得到的结果中包含了 7 类信息，分别是“Basic information of miRNA”“miRNA Expression”“Pathway information”“Function”“Small molecular drug”“Publication”以及“miRNA target infor-mation”（图 10-5B）。除此之外，用户还可以根据顶部导航栏点击不同的模块快速浏览和查询细胞外囊泡中 miRNA 相关的信息（图 10-5C）。

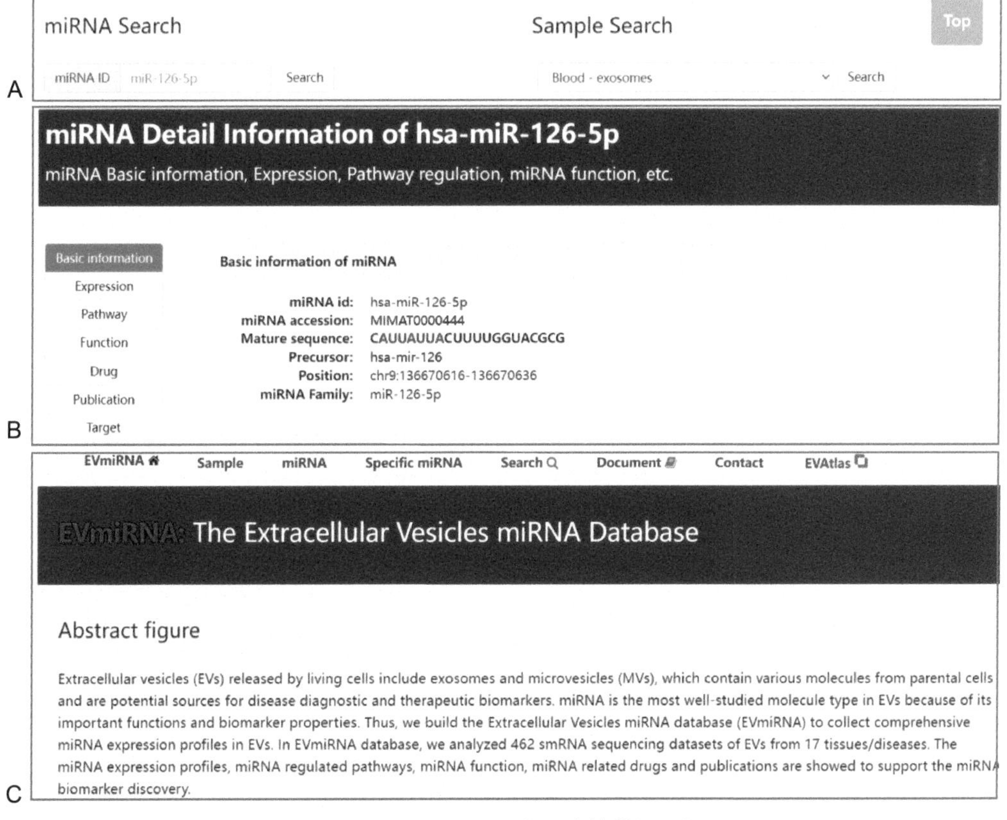

图 10-5　EVmiRNA 数据库的使用示例

二、EVAtlas

EVAtlas 是 EVmiRNA 数据库的更新版本。该数据库采用了一个名为动态分配的算法（RDAA，Reads Dynamic Assignment Algorithm），考虑了短序列在匹配到多种小 RNA 序列上时如何分配的问题。最终量化了超过 2030 个样本中 7 种 ncRNA 类型（miRNA、snoRNA、piRNA、snRNA、rRNA、tRNA 和 Y RNA）的表达谱。这些样本来自 24 种不同条件（组织、疾病和正常）下的细胞外囊泡的小 RNA-seq 测序数据集（图 10-6）。

EVAtlas 提供了 4 个功能模块：①浏览和比较来自 24 种条件下 8 个来源（血浆、血清、唾液、尿液、精液、母乳、原代细胞和细胞系）的 EV 中小 RNA 的表达水平；②根据候选 ncRNA 在相关组织中的表达情况对其进行优先排序；③探索 24 种条件下 EV 中特异性表达的小 RNA；④浏览和查询小 RNA 功能、相关药物、靶基因和 EV 的相关分离方法。

在这里我们以“Lung”来源的 EV 样本为例，演示用户如何使用 EVAtlas。如图 10-7 所示，用户可以从网站首页看到 EVAtlas 包含的模块信息（图 10-7A）以及整个数据库中包含的数据统计（图 10-7B）。通过点击模块并选择感兴趣的组织或 EV 来源（图 10-7C），如肺（Lung），得到在 Lung 相关来源的不同疾病条件下 sEV 和 lEV 相关的研究样本以及文献（图 10-7D）。点击感兴趣的疾病状况下的 Project ID 列下的紫色按钮，用户可以得到该条件下不同类型的小 RNA 的表达情况（图 10-7E），以及进一步选择一个小 RNA，则可得到不同组织来源的 EV 中该小 RNA 的表达趋势（图 10-7F）。

三、exRNA Atlas（https：//exrna-atlas.org/）

exRNA Atlas 是细胞外 RNA（exRNA）通讯联盟（ERCC）的数据库。数据库由 ERCC 创立，旨在推动研究人员共享资源，建立 exRNA 研究的统一标准。数据库信息包括人类和小鼠生物流体中的小分子 RNA 测序数据和 qPCR 衍生的 exRNA 图谱，数据库使用 exceRpt 小 RNA-seq 流程处理所有小 RNA-seq 数据集，并且 ERCC 开发的质量

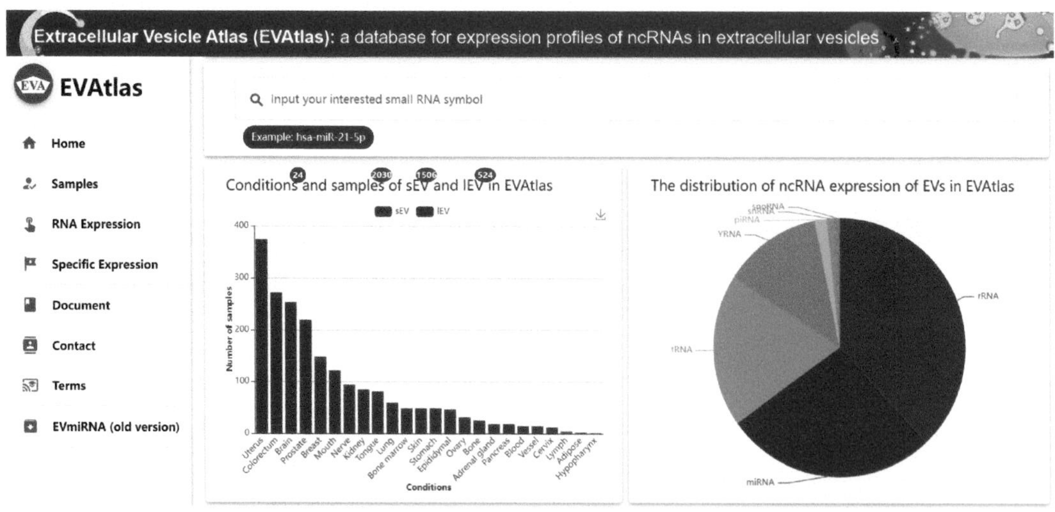

图 10-6　EVAtlas 数据库首页

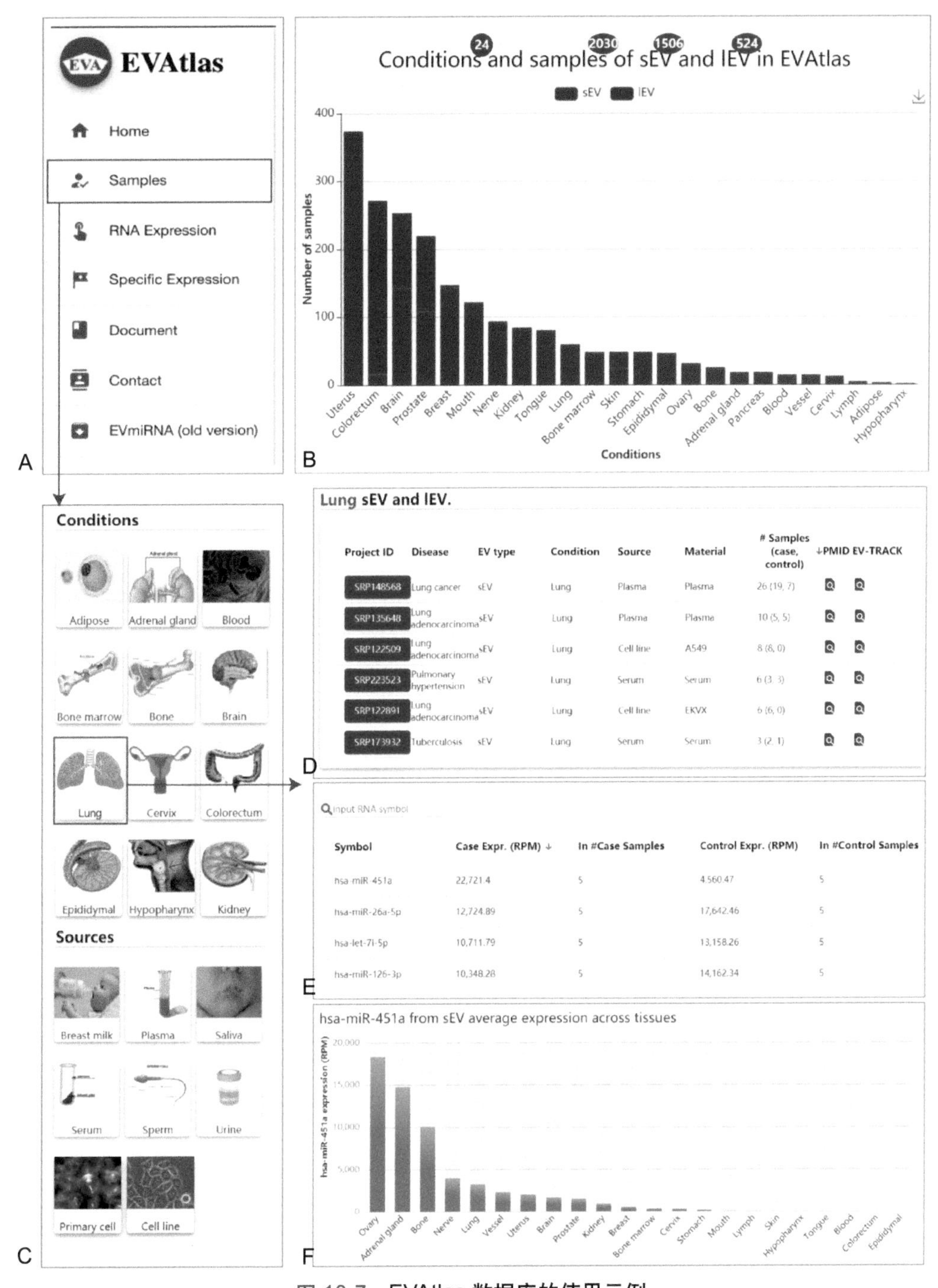

图 10-7　EVAtlas 数据库的使用示例

指标被统一应用于这些数据集（图 10-8）。

四、exoRBase（http：//www.exorbase.org/）

exoRBase 是细胞外囊泡中长 RNA（exLR）相关的数据库，这些数据来源于不同人体体液中的 RNA-seq 样本分析。exLR 包含信使 RNA（mRNA）、长链非编码 RNA（lncRNA）和环状 RNA（circRNA）。

为了使数据更为丰富和准确，该数据

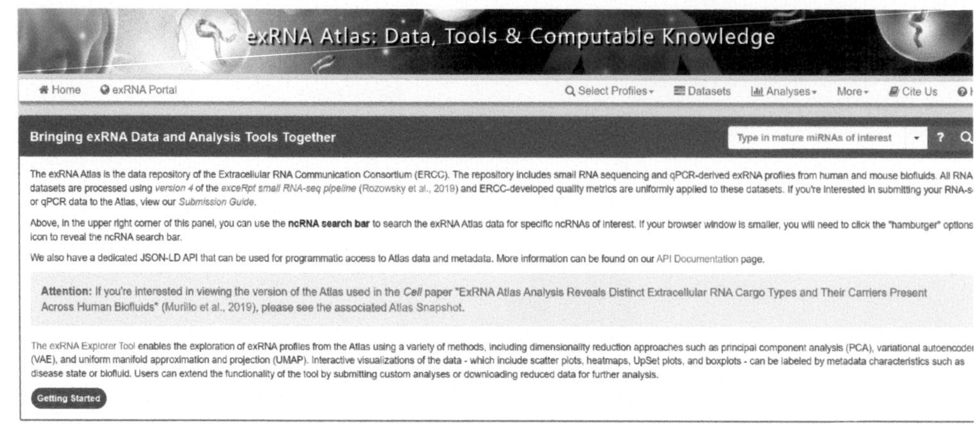

图 10-8　exRNA Atlas 数据库首页

库通过收集来自人体的四种体液约 1000 个细胞外囊泡的 RNA-seq 数据，将 exoRBase 数据库更新到了 2.0 版。exoRBase 2.0 整合和可视化了 RNA 表达谱，以及添加了通路水平的变化和循环细胞外囊泡起源的异质性。

exoRBase 2.0 提供了 exLR 的全面注释和表达图谱（图 10-9）。它将有助于从人体体液中识别新的 exLR 特征，并将有助于发现新的循环生物标志物，以改善肿瘤的诊断和治疗。

五、ExoBCD（https：//exobcd.liumwei.org）

ExoBCD 是一个全面的 web 数据库（https：//exobcd.liumwei.org）。在该数据库中，共鉴定出 3 类 306 个有价值的 EV 分子，包括 49 个潜在生物标志物（英文

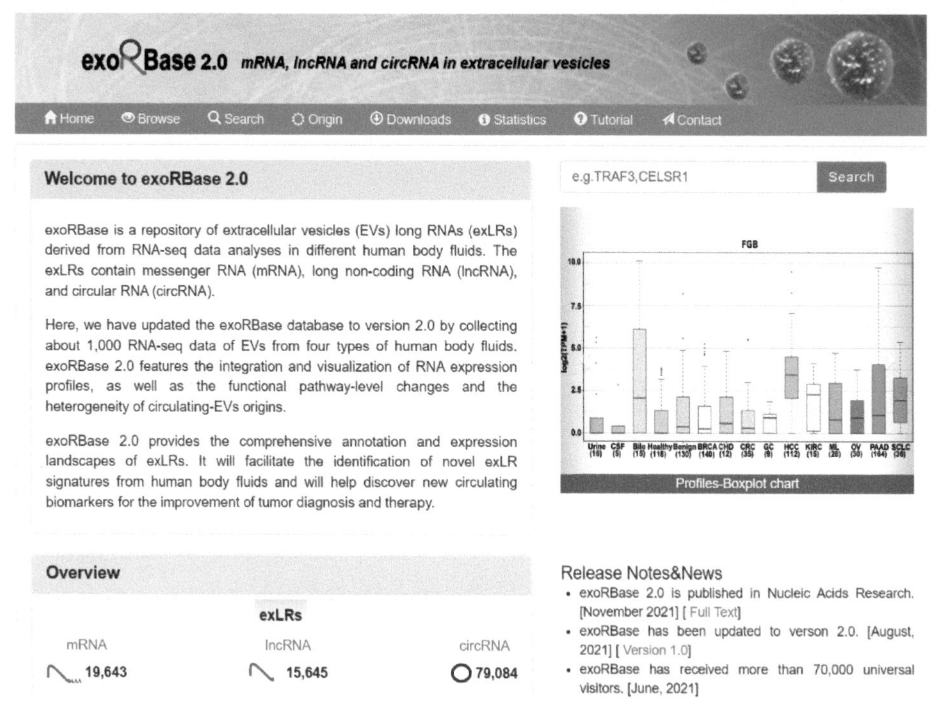

图 10-9　exoRBase 2.0 数据库首页

全称，PBs）和 257 个生物感兴趣的分子（building information modeling，BIM）包括 121 个 mRNA、172 个 miRNA 和 13 个 lncRNA，以及它们的分子特征、生物学实验、基因表达模式、总体存活率、综述文献、肿瘤分期或亚型及临床应用等详细信息（图 3-22）。所有这些内容都直接或间接地来源于 950 篇论文、4 个高质量高通量数据集的预测分析以及 1191 例 TCGA 乳腺癌病例验证，被完全合并成 15 种注释类型和 20 907 个条目。最终证明 36 个 EV 内的分子（最有价值的包括 IGF1R 和 FRS2）可以作为乳腺癌预后诊断的潜在生物标志物，并提供了查询界面，方便用户浏览和可视化 EV 分子注释信息。总之，ExoBCD 数据库整合了高通量表达数据分析和文献调研，提供了全面而广泛的资源，具有友好的界面和可视化的统计。

第四节　细胞外囊泡中的 mRNA

mRNA 作为生物体内一种重要的生物大分子，能携带各种 DNA 遗传信息，参与生物体内各种重要的生物学过程。近些年来，许多研究表明细胞外囊泡中存在完整的 mRNA 并有可能在疾病的发生发展过程中扮演重要角色。但是，目前对于 EV 中的 mRNA 了解十分有限。在本章，我们将以细胞外囊泡中的 mRNA 为主，讲解如何通过生物信息学方法处理细胞外囊泡中的 mRNA 芯片数据、转录组测序数据（RNA-seq）以及之后的下游常规分析。

一、基因芯片数据处理

基因芯片技术原理为碱基互补杂交检测方法，通过芯片制造技术将序列已知的探针固定在面积极小的硅片上，待检测的序列与基因芯片上匹配的核酸探针发生互补匹配时会发生荧光，通过测定荧光强度来判断待检测序列的含量。当杂交检测完成，扫描仪将自动生成扫描图，经过网格划分，去除噪声等图像处理流程，生成每一个位点的荧光信号强度值并输出。基因芯片产生的数据预处理流程一般包括杂交荧光信号标准化、基因芯片质控、探针芯片与基因名的匹配。

荧光信号标准化　对基因芯片信号进行标准化处理，以消除由于实验操作所导致的探针信号的变化，使得各样本之间的数据可以进行比较。常见的芯片信号标准化方法有 MAS5.0（MicroArray Suite 5.0）和 RMA（Robust Multichip Average）方法，包括背景矫正、标准化处理和汇总的流程。MAS5.0 算法由 Affymetrix 公司开发，可用于基于独特设计的 PM（Perfect Match）-MM（Mismatch）探针寡核苷酸芯片的标准化。MAS5.0 算法同时考虑 PM 和 MM 探针的信号进行标准化。相较于 MAS5.0 算法，RMA 仅计算 PM 探针的信息量，基于多组探针的信号分布来判断是信号还是噪声，使得该算法的适用性更广。不同的芯片设计，其数据的处理也有所差异。这里以 Affymetrix 公司的芯片为例，基因芯片标准化操作可以通过以下示例代码完成，以下代码在 R 语言中运行，使用到 R 的软件包 affy 和 GEOquery。

数据标准化示例代码如下：

```
work_dir < - “/Users/luot/Server3_sync/workspace/EV_RNA”
setwd（work_dir）
library（affy）
library（GEOquery）
# 下载原始数据。
```

```
# getGEOSuppFiles 函数可通过接受一个 GEO accession number，然后下载与其相关的所有原始数据。
GSE_id < -"GSE83920"
rawdata_info  < - getGEOSuppFiles（GSE_id, fetch_files = T）
untar（file.path（work_dir,GSE_id,paste0（GSE_id,"_RAW.tar"）），exdir = GSE_id）
# 读取 CEL 文件。
# list.celfiles 函数可返回给定 path 下的 CEL 格式的文件的路径
# ReadAffy 函数将读入给定路径下的所有的 CEL 格式的文件，并返回一个 AffyBatch 对象
celFiles < - list.celfiles（path = file.path（work_dir, GSE_id），full.names=TRUE）
data.affy < - ReadAffy（filenames = celFiles）
data.affy
# RMA 方法标准化。并提取表达矩阵
data.rma < - rma（data.affy）
expr.rma < - exprs（data.rma）
# MAS5.0 方法标准化。并提取表达矩阵
data.mas < - mas5（data.affy）
expr.mas < - exprs（data.mas）
```

二、基因芯片的质控

对数据进行标准化之后，还需要对芯片数据的质量进行检查，即基因芯片的质控。基因芯片的质控可以通过以下过程完成：①基因芯片灰度图，观察芯片扫描图像的灰度，是否存在大范围异常亮区或异常暗区，以此来剔除质量较差的芯片。②通过用箱式图或密度分布图查看每个芯片检测到的信号量的分布，剔除具有异常分布的芯片。③通过查看不同基因芯片之间 RNA 在不同位置的降解情况，剔除具有异常降解的芯片。基因芯片数据的质控可以在 R 语言中完成，以下是示例代码及结果图（图 10-10）。

通过基因芯片灰度图查看芯片质量

```
image（data.affy）
```

通过箱式图或密度分布图查看芯片质量

```
boxplot（data.rma）
hist（data.rma）
```

通过 RNA 在不同位置的降解情况查看芯片质量

```
plotAffyRNAdeg[AffyRNAdeg（data.affy）]
```

三、基因芯片探针注释

基因芯片探针的注释在芯片数据质控完成之后进行。基因芯片通过杂交测序方法来获取相对应基因的表达量，不同的基因芯片厂商或是同一厂商的不同型号芯片的探针与基因名字的对应关系不完全相同，因此在进行进一步的分析时需要注释出这些探针所对应的基因名。同时为了防止非特异性结合的问题，同一个基因通常会对应有多个探针，需先对探针进行注释，然后合并基因的重复探针。

一般有三种方法可以获取到探针与基因的对应关系：

（1）使用基因芯片厂商官方提供的注释信息进行探针的注释。此方法是作为探针注释的金标准，但是操作流程复杂，且难以进行批量化注释，不推荐使用。

（2）使用基因芯片所对应的 Platform（GPL）文件进行注释。这是一种较为常见的方法，通常的基因芯片都能通过 GPL 文件进行注释。

（3）使用 bioconductor，一个 R 的软件包管理器来进行注释，对于大多数基因芯片对应的平台，bioconductor 中包含了所需的注释信息，在注释时仅需要从芯片注释包中提取探针注释信息。使用该方法较为简便，但是当 bioconductor 没有提供该基因芯片对应的注释包时将无法进行注释。

以下是芯片注释的示例代码，在 R 语言中完成。

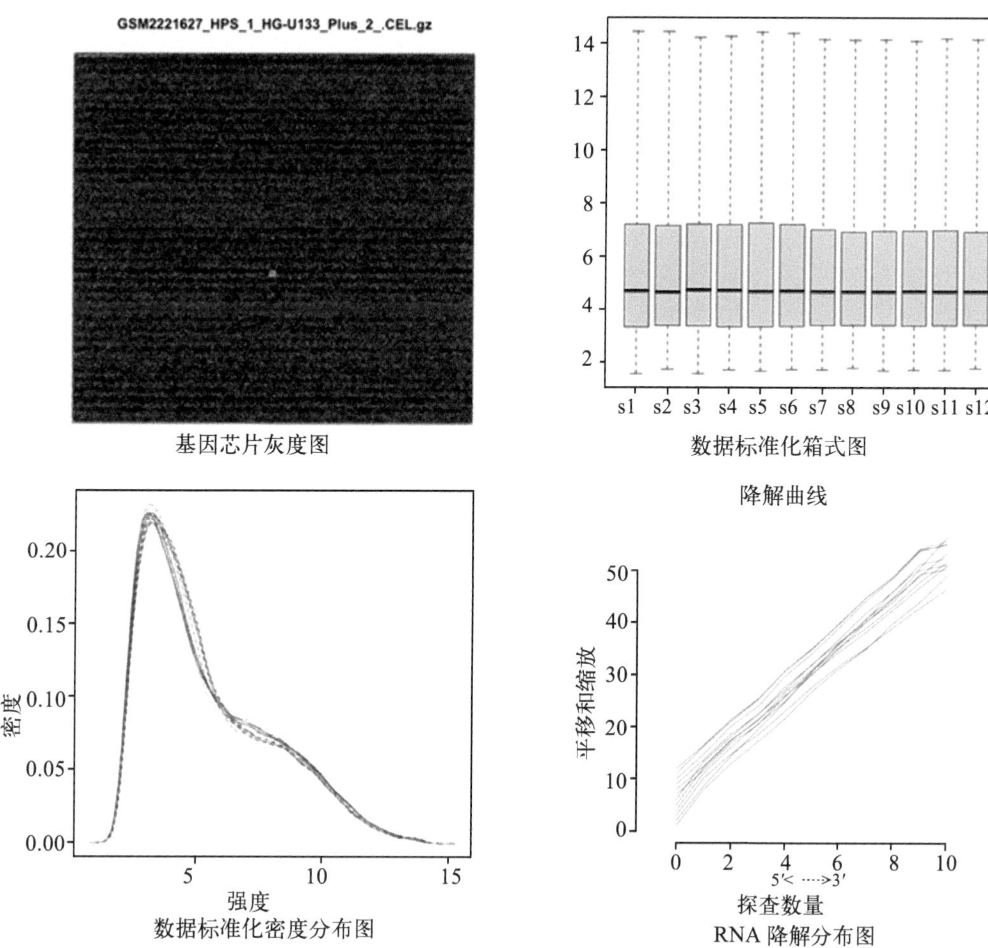

图 10-10　**芯片标准化可视化图**

```
# 通过 Platform（GPL）文件进行注释
# 查询 GEO 对应的 GPL 信息
GEO_INFO < - getGEO（GSE_id，destdir =
file.path（work_dir，GSE_id），GSEMatrix =
FALSE，AnnotGPL = TRUE,）
gpl < - Table（GEO_INFO@gpls[[1]]）[，c
（'ID'，' Gene Symbol'）]
gpl < -gpl[nchar（gpl[，2]）> 1，]
gpl < -dplyr：：bind_rows（apply（gpl，1，
function（x）{
        gs_df < - data.frame（symbol=strsplit
          （x[2]，' ///'）[[1]]）
        gs_df$ID < - x[1]
        return（gs_df）
}））
# 通过 bioconductor 包管理进行注释
# 查询数据所使用的平台，hgu133plus2
# show（data.affy）
# 输出以下信息，找到对应的平台
# AffyBatch object
# size of arrays=1164x1164 features（24 kb）
# cdf=HG-U133_Plus_2（54675 affyids）
# number of samples=12
# number of genes=54675
# annotation=hgu133plus2
# notes=
# 安装相应平台的软件包 获取探针对应信息
# BiocManager：：install（"hgu133plus2.db"）
# library（hgu133plus2.db）
# gpl < - toTable（hgu133plus2SYMBOL）
# 注释探针，合并重复的基因名
expr.rma.ann < - merge（gpl，expr.rma，by.x =
"ID"，by.y = "row.names"，all = T）
expr.rma.ann < - na.omit（expr.rma.ann）
```

```
expr.rma.ann < - aggregate (x = expr.rma.ann[,
3 : ncol (expr.rma.ann) ], by =list (expr.rma.
ann$symbol), FUN = median)
```

四、二代测序技术

RNA-seq 是最常用的二代测序技术，其使得研究者得以高效、快速地从 mRNA 水平探究基因的功能与生物体的复杂性。RNA-seq 技术同样在细胞外囊泡 RNA 的研究中发挥重要的作用。RNA-seq 的生物信息学分析流程通常包括：①测序数据的质控与过滤；②测序数据的比对；③基因表达量定量。

（一）数据的质控与过滤

RNA-seq 的原始数据通常是 fastq 测序文件，其需要进行质量控制和预处理，以确保下游分析的数据的可靠性。数据的质控与过滤可以通过软件 fastp 完成。fastp 是一款高效、易用的软件，可以仅对 fastq 文件读取一次而进行全面质控，可实现包括过滤低质量测序数据、自动去除接头污染序列、可直接输出质控序列和生成人性化的质控统计报告等。以下是使用方法：

```
# 对于单末端测序数据，小写的 i 和小写的 o 参数分别指定输入和输出文件。
fastp -i in.fq.gz -o out.fq.gz
# 双末端测序数据，-i 和 -o 参数用于指定 read1 的输入和输出，大写的 -I 和 -O 用于指定 read2 的输入和输出。
fastp -i in.R1.fq.gz -I in.R2.fq.gz -o out.R1.fq.gz -O out.R2.fq.gz
# 在默认参数下，HTML 格式报告保存在 fastp.html
```

（二）测序数据的比对

数据质控完成后的下一步就是将测序所得的短序列对比到已经完成注释的基因组上，以获取测序片段在基因组上的位置。短序列的比对可以通过 HISAT2 等软件完成。HISAT2 是一款高效的短序列比对的工具，主要用于转录组数据的比对，是 HISAT 比对工具的升级版。HISAT2 使用了两种算法的索引框架，优化了索引建立策略。同时采用新的比对策略解决测序产生的短序列跨越长度比较大的内含子的问题。以下是使用方法：

```
#HISAT2 index 建立，索引的建立可通过 HISAT2 官网下载和自建索引两种方式完成。
#HISAT2 官网下载（http://daehwan-kimlab.github.io/hisat2/download/），目前官网提供人类、小鼠、褐家鼠、黑腹果蝇、线虫、酿酒酵母这 6 个物种的 index 文件。
# 自己构建 index。对于不包含在官网的物种可以自己构建 index。
hisat2-build genome.fa genome
# 可选参数：-p 使用的线程数（默认：1）
# 序列比对，HISAT2 的输出文件默认为 sam 格式，sam 格式文件占用存储较大，通过 samtools 工具（http://www.htslib.org/），一个用于高通量测序数据处理，包含了处理 sam 和 bam 格式文件的应用程序集合，将 sam 文件转换为 bam 文件，减少输出文件大小和对 bam 文件进行排序操作。
hisat2 -x genome.fa -1 R1.fastq.gz -2 R2.fastq.gz -p 8 |samtools view -Sb > out.bam
```

（三）基因表达量的定量

完成对测序序列的比对之后，需要计算出基因转录本上的每个区域有多少条 reads 片段比对上。定量的过程可以通过 featureCounts 软件完成。featureCounts 是一款可以同时使用于 RNA-seq 和 DNA-seq 的定量工具，具有运行速度快，占用系统资源少的特点。featureCounts 软件使用与参考基因组比对后的 bam 文件计算比对的 reads 数，同时需要注释文件，注释文件与在测序数据的比对中所使用的基因组的版本一致。

软件的使用如下：

```
featureCounts -T 8 -p -t exon -g gene_id -a genome.gtf -o featureCounts.out.txt out.bam
```

```
# 参数说明：
# -T 8：线程数为 8
# -p：表示数据为 paired-end，双末端测序数据
# -t exon 表示 以 exon 定量
# -g gene_id 表示定量的输出名称为 gene_id
# -a genome.gtf 表示输入的 GTF 基因组注释文件
# -o 输出文件
# out.bam 输入的比对的 bam 文件
```

五、mRNA 下游分析

mRNA 的下游分析通常指对测序样本完成定量之后，对基因表达进行进一步分析的后续流程。下游的分析通常包括：差异表达分析和富集分析。

（一）差异表达分析

主要是分析两组样本间的基因表达是否有差异，计算出一组样本与其他组的差异表达的基因。差异表达分析可以通过 R 语言中的 DESeq2 等软件包完成。DEseq2 采用负二项分布的统计模型分析差异表达基因。DESeq2 为 DEseq 的升级版，但 DEseq2 目前仅适用于存在生物学重复的试验的差异分析中。DEseq2 分析差异基因的主要步骤为：①使用 DEseq2 包的 DESeqDataSetFromMatrix 函数构建一个 dds（DESeqDataSet）的对象；②利用 DEseq2 包的 DESeq 函数对原始 count 进行差异分析；③用 DEseq2 提供的 result 函数提取差异分析的结果，根据阈值获取差异基因的信息。

构建 dds 对象

```
dds < - DESeqDataSetFromMatrix（countData = cts，colData = coldata，design= ~ batch + condition）
# 将所有样本基因表达量之和小于 1 的基因过滤掉，过滤低质量的低 count 数据，降低计算压力
dds_filter < - dds[rowSums（counts（dds））> 1, ]
```

DESeqDataSetFromMatrix 函数接受三个输入文件

表达矩阵（countData）：是通过转录本定量生成的 reads-count 的合并后的矩阵。其中行为基因名，列为样品名，表达量值为整数。

样品信息矩阵（colData）：为数据框类型，第一列是样品名称，第二列是样品的处理情况（对照还是处理等）。可以从表达矩阵中导出或是自己单独建立。

差异比较矩阵（design）：为差异比较矩阵，提供实验设计中哪些样本是对照组，哪些是实验组。

对 dds 计算差异基因

使用 DESeq 计算差异基因，使用 result 函数提取分析结果

```
dds_out < - DESeq（dds_filter）
res < - results（dds_out）
```

提取差异基因

通常选取 Foldchange 值和经过 FDR 矫正过后的 p 值作为阈值，即 padj 值（p 值经过多重校验校正后的值）小于 0.05，log2FoldChange 大于 1 的基因作为差异基因集。

```
diff_gene_deseq2 < - subset（res_deseq, padj < 0.05 &（log2FoldChange > 1 | log2FoldChange < -1））
```

（二）富集分析

也称为功能富集分析，其前提假设认为一个生物过程（功能）通常是由一组基因共同参与，而不是由单个基因独自完成。富集分析通过计算一组基因在某个功能节点上是否相比于随机出现的频率显著更高。常用的富集分析包括基因本体（gene ontology，GO）富集分析、京都基因与基因组百科全书（Kyoto Encyclopedia of Genes and Genomes，KEGG）富集分析和 MSigDB 基因集富集。GO 数据库包含了一个结构化的生物学模型，涵盖了细胞组分、

分子功能、生物学过程三个方面。KEGG通路富集是一个较为全面和准确的代谢通路和信号通路的集合。

MSigDB数据库定义了一些特定的基因集合，包括H和C1-C7八个系列（Collection）。H：hallmark gene sets（效应）特征基因集合，共50组；C1：positional gene sets位置基因集合，基于染色体位置；C2：curated gene sets：基于通路、文献等基因集合；C3：motif gene sets：模式基因集合；C4：computational gene sets：计算基因集合，通过挖掘癌症相关芯片数据定义的基因集合；C5：GO gene sets：Gene Ontology基因集；C6：oncogenic signatures：癌症特征基因集合；C7：immunologic signatures：免疫相关基因集合。富集分析可以通过DAVID（The Database for Annotation, Visualization and Integrated Discovery）在线工具和在R语言中使用clusterProfiler软件包实现。DAVID是一个包含全面的功能富集和注释的在线网站工具，可以为基因或蛋白列表提供系统综合的生物功能注释。clusterProfiler是一个R语言软件包，常用于基因集的功能注释和富集分析及富集分析结果的可视化。富集分析的常用算法包括过表征分析（over representation analysis，ORA）和基因集富集分析（gene set enrichment analysis，GSEA）。过表征分析采用超几何分布检验判断已知的生物功能或过程在给定的基因列表中是否过表征。基因集富集分析的核心原理为判断给定的基因集中的基因是随机分布在排序的基因列表中，还是主要分布在排序的头部或者尾部。

（三）DAVID使用流程

1. 进入主页（https：//david.ncifcrf.gov/home.jsp），依次选择“Shortcut to DAVID Tools”，“Functional Annotation”（图10-11）。

2. 在“Enter Gene List”输入框中输入需要查询的基因名称列表，也可以通过“Choose From a File”选项输入，一行一个基因。在“Select Identifier”选择对应的基因ID的类型。在“Select species”选项中填入对应的物种名。在“List Type”选项中，选择“Gene List”。最后点击“Submit List”开始分析流程（图10-12）。

3. 在查询的结果中，Disease表示基因列表相关的疾病信息。Gene_Ontology表示GO富集分析的结果。Pathways表示通路分析的结果。通过展开对应的选项查看更多的信息。点击“Function Annotation Chart”，进行进一步的分析（图10-13）。

图10-11 DAVID富集分析网站主页

图 10-12　DAVID 数据和参数提交页面

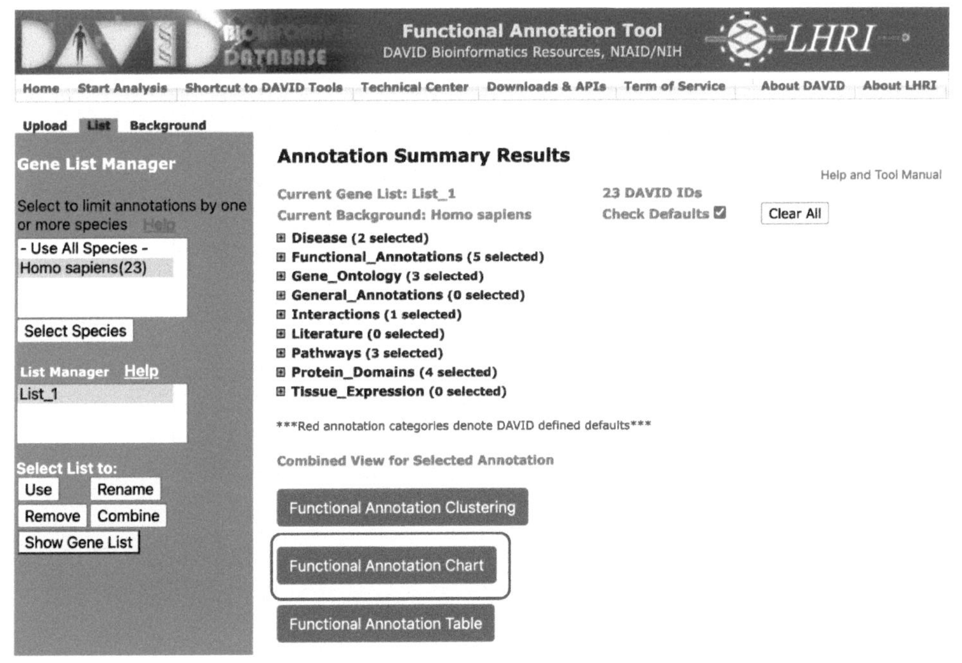

图 10-13　DAVID 数据查询结果页面

4. 在新的页面中“Options”选项可以调整富集相关的参数，通过“Download File”按钮可以下载富集分析的结果（图10-14）。

（四）clusterProfiler 软件包的使用方法

```
library (clusterProfiler)
data (geneList, package= "DOSE ")
gene < - names (geneList) [abs (geneList) > 2
# GO 过表达分析
ego < - enrichGO (gene          = gene,
                  universe      = names
                                  (geneList),
                  OrgDb         = org.Hs.eg.db,
                  ont           = "CC",
                  ont           = "CC",
                  pAdjustMethod = "BH",
                  pvalueCutoff  = 0.01,
                  qvalueCutoff  = 0.05,
                  readable      = TRUE)
# GO 基因集富集分析
ego < - gseGO (geneList     = geneList,
               OrgDb        = org.Hs.eg.db,
               ont          = "CC",
               minGSSize    = 100,
               maxGSSize    = 500,
               pvalueCutoff = 0.05,
               verbose      = FALSE)
# KEGG pathway 过表达分析
kk < - enrichKEGG (gene         = gene,
                   organism     = 'hsa',
                   pvalueCutoff = 0.05)
# KEGG pathway
kk2 < - gseKEGG (geneList     = geneList,
                 organism     = 'hsa',
                 minGSSize    = 120,
                 pvalueCutoff = 0.05,
                 verbose      = FALSE)
```

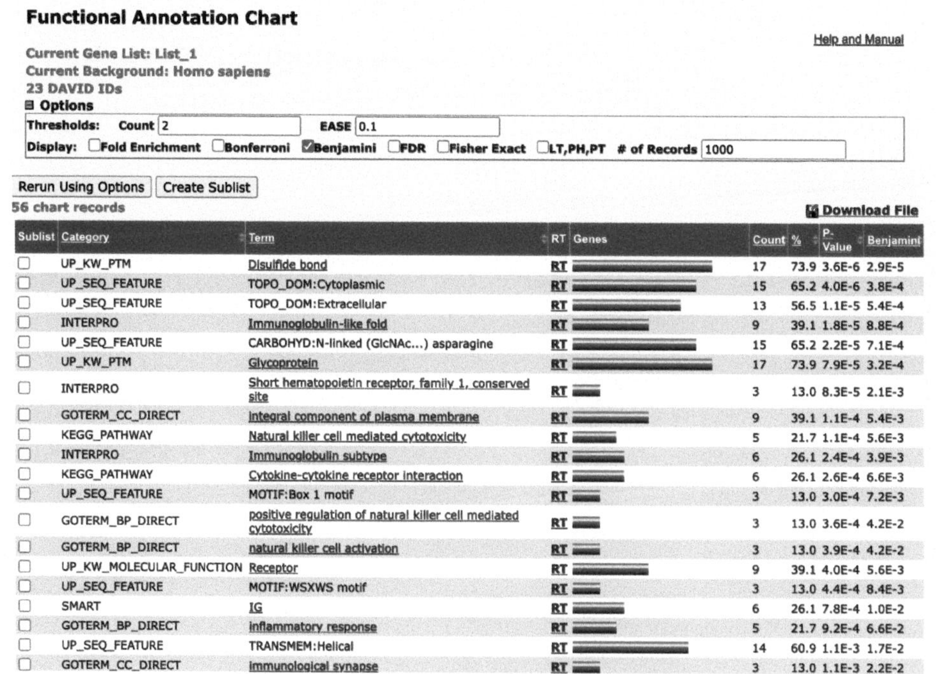

Functional Annotation Chart

Help and Manual

Current Gene List: List_1
Current Background: Homo sapiens
23 DAVID IDs
Options
Thresholds: Count 2 EASE 0.1
Display: Fold Enrichment Bonferroni Benjamini FDR Fisher Exact LT,PH,PT # of Records 1000

Rerun Using Options | Create Sublist
56 chart records
Download File

Sublist	Category	Term	RT	Genes	Count	%	P-Value	Benjamini
	UP_KW_PTM	Disulfide bond	RT		17	73.9	3.6E-6	2.9E-5
	UP_SEQ_FEATURE	TOPO_DOM:Cytoplasmic	RT		15	65.2	4.0E-6	3.8E-4
	UP_SEQ_FEATURE	TOPO_DOM:Extracellular	RT		13	56.5	1.1E-5	5.4E-4
	INTERPRO	Immunoglobulin-like fold	RT		9	39.1	1.8E-5	8.8E-4
	UP_SEQ_FEATURE	CARBOHYD:N-linked (GlcNAc...) asparagine	RT		15	65.2	2.2E-5	7.1E-4
	UP_KW_PTM	Glycoprotein	RT		17	73.9	7.9E-5	3.2E-4
	INTERPRO	Short hematopoietin receptor, family 1, conserved site	RT		3	13.0	8.3E-5	2.1E-3
	GOTERM_CC_DIRECT	integral component of plasma membrane	RT		9	39.1	1.1E-4	5.4E-3
	KEGG_PATHWAY	Natural killer cell mediated cytotoxicity	RT		5	21.7	1.1E-4	5.6E-3
	INTERPRO	Immunoglobulin subtype	RT		6	26.1	2.4E-4	3.9E-3
	KEGG_PATHWAY	Cytokine-cytokine receptor interaction	RT		6	26.1	2.6E-4	6.6E-3
	UP_SEQ_FEATURE	MOTIF:Box 1 motif	RT		3	13.0	3.0E-4	7.2E-3
	GOTERM_BP_DIRECT	positive regulation of natural killer cell mediated cytotoxicity	RT		3	13.0	3.6E-4	4.2E-2
	GOTERM_BP_DIRECT	natural killer cell activation	RT		3	13.0	3.9E-4	4.2E-2
	UP_KW_MOLECULAR_FUNCTION	Receptor	RT		9	39.1	4.0E-4	5.6E-3
	UP_SEQ_FEATURE	MOTIF:WSXWS motif	RT		3	13.0	4.4E-4	8.4E-3
	SMART	IG	RT		6	26.1	7.8E-4	1.0E-2
	GOTERM_BP_DIRECT	inflammatory response	RT		5	21.7	9.2E-4	6.6E-2
	UP_SEQ_FEATURE	TRANSMEM:Helical	RT		14	60.9	1.1E-3	1.7E-2
	GOTERM_CC_DIRECT	immunological synapse	RT		3	13.0	1.1E-3	2.2E-2

图 10-14　DAVID 参数修改及分析结果下载页面

第五节　细胞外囊泡的蛋白质组及相关数据库分析

蛋白质是 EV 的重要组成部分和功能分子。由于 EV 与其他亚细胞器有着不同的生成机制和功能，其蛋白质组成也与细胞或其他亚细胞结构有所不同。EV 的蛋白质可以分为两类：第一类是非特异性的蛋白质，通常来自产生该 EV 的母细胞的细胞质蛋白和膜蛋白，这类蛋白可能参与 EV 的产生过程。这一类蛋白包括黏附蛋白和跨膜蛋白如四跨膜蛋白家族（CD9、CD63 和 CD81）、多聚免疫球蛋白受体（PIGR）；细胞质蛋白，如肌动蛋白（actins）、微管蛋白（tubulin）、膜突蛋白（moesin）等；代谢相关的蛋白酶，如磷酸甘油醛脱氢酶（GAPDH）、丙酮酸激酶 -2（PKM-2）、热休克蛋白（HSP70、HSP90）等。它们可能被作为 EV 的标志物，用于验证 EV 纯度，如四跨膜蛋白家族、主要组织相容性复合体（MHC）、热休克蛋白、肿瘤易感基因 101（Tsg101）、内体分类复合体结合蛋白（Alix）等。另一类则是与 EV 的来源细胞和疾病种类有关的特异的蛋白质，也是蛋白质组分析的重点，可以作为该疾病的诊断和预后标志物，以及用于研究 EV 在特定生理过程和疾病发生发展过程中的作用。这类蛋白包括细胞表面受体如表皮生长因子受体（EGFR）、成纤维细胞生长因子受体（FGFR）、血小板衍生生长因子受体（PDGFR）等。如头颈鳞癌（HNSCC）癌细胞释放的 EV 携带 CD73，这种 EV 在肿瘤微环境（TME）中被肿瘤相关巨噬细胞（TAM）吞噬，激活 TAMs 中的 NF-κB 通路，从而通过增加 IL-6、IL-10、TNF-α 和 TGF-β1 等细胞因子的分泌来达到免疫抑制，介导免疫逃避，促进恶性进展，携带 CD73 的 EV 是 HNSCC 免疫检查点治疗中抗 PD-1 反应的潜在预测因子。再比如，骨髓瘤细胞释放的 EV 携带有骨髓瘤特异的表面分子 CD138，骨髓瘤患者外周血中 CD138+ 的 EV 数目与患者骨病严重程度呈正相关。因此对细胞外囊泡中的蛋白质组分和功能的探索对于了解细胞外囊泡在信号传递以及肿瘤的发生发展过程中非常重要。

EV 蛋白质组分析主要包括以下步骤。

提取：早期的蛋白质鉴定实验首先通过凝胶电泳分离囊泡蛋白，然后通过质谱（mass spectrometry，MS）将高丰度的蛋白鉴定出来。随着高通量蛋白质组学技术的发展，蛋白质的鉴定数目被提高到了几千甚至上万。现在基于高通量质谱的蛋白质鉴定方法大致流程为：先将蛋白样品酶解消化为小分子肽段，再对经色谱技术分离的肽段进行质谱检测，扫描并采集所有肽段母离子的碎片信息，根据肽指纹图谱即肽段的质谱数据结合肽段数据库以及生物信息学分析方法可以确定肽段的分子质量等信息，再通过肽段拼接实现完整蛋白质的鉴定，包括定性定量鉴定、结构鉴定和翻译后修饰情况鉴定等。

鉴定：质谱仪产生的原始数据需要用相应软件进行处理，例如 MaxQuant，它是一款定量蛋白质组学软件，用于分析大型质谱数据集，专门针对高分辨率的 MS 数据。预处理之后的数据会被用于数据库搜索，常用的搜库软件如 Proteome Discoverer，常用蛋白质数据库如 UniProt Human database。在搜库时需要根据具体实验流程进行参数设置，参数包括所用数据库、样品物种、肽段质量容差（peptide mass tolerance）、所用的蛋白酶、最大漏切位点数（missed cleavage）、最少匹配肽数目、FDR 阈值等。

注释：蛋白质鉴定后还可对其进行注释，常用的提供注释的数据库包括 GO、

KEGG、COG 等。将鉴定到的蛋白质利用 Interproscan 软件进行分析，该软件会对多个结构域数据库（如 Pfam、PRINTS、ProDom、SMART、ProSite、PANTHER）进行搜索，因此注释的结果较为全面。KEGG、COG 注释是将鉴定到的蛋白质进行 BLAST 比对（blastp，evalue ≤ 1e-4），对于每一条序列的 BLAST 结果，选取 score 最高的比对结果进行注释。

下游分析：提供蛋白质组测序服务的公司往往会进行初步的数据处理，最终提交到研究人员手中的通常含有已鉴定出的蛋白质的编号，每种蛋白质在各个样本中含量的表格，以及每种鉴定出的蛋白质注释结果的表格。后续分析中往往需要鉴定出差异表达蛋白，对编码该蛋白的基因进行通路富集分析等。

在鉴定差异表达蛋白时，韦恩图（Venn diagram）能够清晰简洁地展示出不同组的样本中共有和特有的蛋白，R 语言中有几个可以绘制韦恩图的包，在此简要介绍 VennDiagram 包的使用方法及示例结果图（图 10-15）。

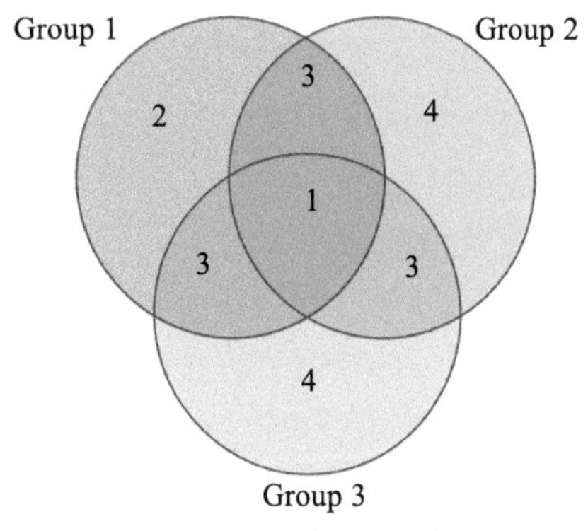

图 10-15　韦恩图示例

```
library（VennDiagram）
library（RColorBrewer）#RColorBrewer 包用于
  调整图中的配色
# 以 3 个组举例画韦恩图
set1 < - c("p1","p2","p3","p4","p5","p6","p
7"," p8"," p9")
set2 < - c("p6","p7","p8","p9","p10","p11",
  " p12"," p13"," p14"," p15"," p16")
set3 < - c("p1","p3","p5","p7","p13","p15",
  " p16"," p17"," p18"," p19"," p20")
venn.diagram（
  x = list（set1，set2，set3），
  category.names = c（"Group 1"，"Group
  2"," Group 3"），
  cat.cex=2，# 修改组名字体大小
  cex=2，# 修改每个分区数字的字体大小
  filename = "venn.png"，
  margin=0.05，
  fill = brewer.pal（3，"Set1"）
）
```

火山图（volcano plot）也是展示差异表达蛋白的常用方法，它可以展示两组共有的每种蛋白在两个（组）样品中表达水平的差异，以及差异的统计学显著性。火山图中的每一个点表示一个蛋白，横坐标表示某一个蛋白在两样品中表达量差异倍数（fold change，FC）的对数值 [log2（FC）]；纵坐标表示 t 检验 p value。横坐标的绝对值越大，说明某基因在两组样品之间的表达差异越大；纵坐标值越大，说明基因在分组间的表达差异越显著，结果越可靠。以下简要介绍使用 R 语言 ggplot2 包绘制火山图的方法及示例结果图（图 10-16）。

```
library（ggplot2）
library（ggrepel）#ggrepel 包用于给图上的点加
  标签
Dat < -read.csv（'data_for_volcano_plot.csv'，
  header = T，sep=','）
> head（Dat）
  Gene log2FoldChange    pvalue      padj
1   p1          0.5100 1.86e-08 0.0003053
2   p2         -2.1290 5.66e-08 0.0004191
3   p3          0.9003 7.66e-08 0.0004191
4   p4         -1.6870 3.74e-06 0.0068090
5   p5          0.3659 3.37e-06 0.0068090
6   p6          1.5340 2.98e-06 0.0068090
```

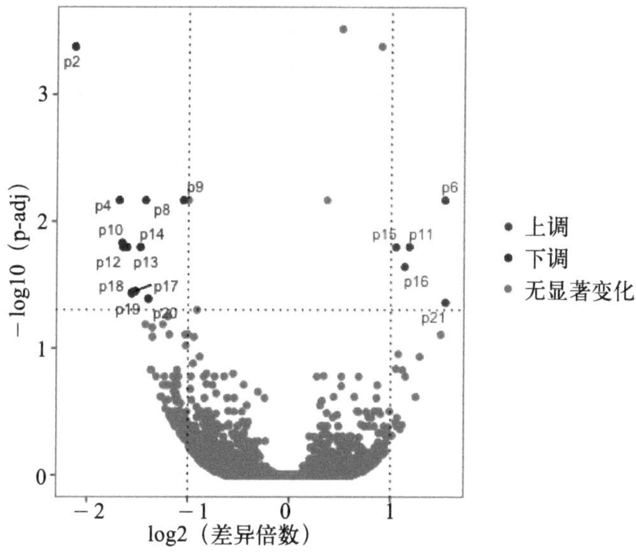

图 10-16　**火山图示例**

```
ggplot（Dat，aes（x=log2FoldChange，y=-log10
  （padj），color=threshold））+
  geom_point（）+
  scale_color_manual（values=c
  （"#DC143C"，"#00008B"，"#808080"））+#
  确定点的颜色
  geom_text_repel（
    data = Dat[Dat$padj < 0.05&abs
  （Dat$log2FoldChange）> 1，]，
    aes（label = Gene），
    size = 3，
    segment.color = "black"，show.legend =
  FALSE ）+# 添加关注的点的基因名
  theme_bw（  ）+# 修改图片背景
  theme（
    legend.title = element_blank（  ），# 不显示
  图例标题
    axis.text.y=element_text（size=12），# 修 改
  纵坐标刻度字体大小
    axis.title.x=element_text（vjust=1，size=15），
  # 修改横坐标名大小
    axis.title.y=element_text（vjust=1，size=15），
  # 修改纵坐标名大小
    legend.text = element_text（size = 12）# 修
  改图例文字大小
  ）+
  ylab（'-log10（p-adj）'）+# 修改 y 轴名称
  xlab（'log2（FoldChange）'）+# 修改 x 轴名称
  geom_vline（xintercept=c（-1，1），lty=3，
  col=" black"，lwd=0.5）+# 添 加 横 线
  |FoldChange| > 2
  geom_hline（yintercept = -log10（0.05），
  lty=3，col=" black"，lwd=0.5）# 添 加 竖 线
  padj < 0.05
```

鉴定出组间差异表达的蛋白质后，可以在 EV 蛋白质数据库中检索该蛋白相关的基因等信息。EVpedia（http：//evpedia.info）是一个原核和真核生物 EV 的高通量数据综合数据库，该数据库提供原核生物、非哺乳类真核生物和哺乳动物囊泡成分（蛋白质、mRNA、miRNA、脂质）的高通量分析数据。ExoCarta（http：//exocarta.org）是首个 EV 标志物综合数据库，收录了包括人、大鼠、小鼠、绵羊、豚鼠、果蝇、马、兔、牛在内的几个物种的 EV 蛋白质、RNA 和脂质分子数据。ExoCarta 含有 EV 蛋白的相互作用关系网及生物学通路。获得的蛋白质数据也可进一步导入到 FunRich 工具（http：//www.funrich.org），以便进行功能富集和相互关系网络分析。

以 ExoCarta 搜索 CD73 蛋白为例：

（1）首页 QUERY 页面可通过基因、蛋白质或 miRNA 名称进行检索（图 10-17）。

（2）检索的结果页面，点击 Gene Name 列的结果或 Gene Symbol 列结果会跳转到该基因的详细信息页面，内容包括实验细节、相关通路和蛋白质相互作用（图 10-18、图 10-19）。

ExoCarta 导航栏的 Browse 还可以通过 Organism、Content Type、Sample Material、Gene Symbol 分类进入查阅基因。点击 Protein evidence 之后网站展示出可供浏览的基因，点击每个基因后显示的详细内容与上文中 QUERY 的结果类似（图 10-20、图 10-21）。

鉴定出的差异蛋白质还可以用于检索其所在的蛋白质互作网络（protein-protein interaction networks，PPI），PPI 网络由蛋

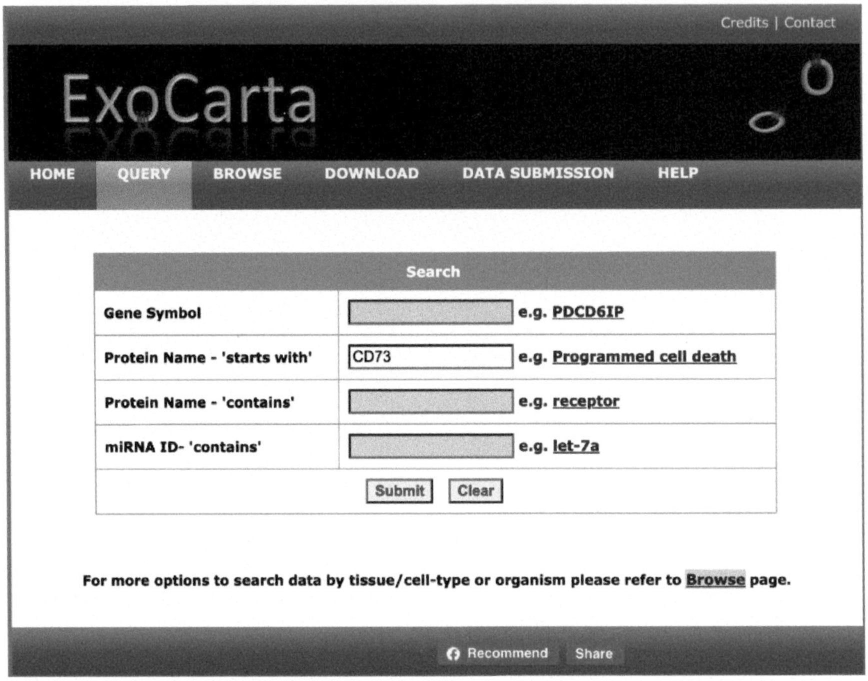

图 10-17　ExoCarta 的检索页面

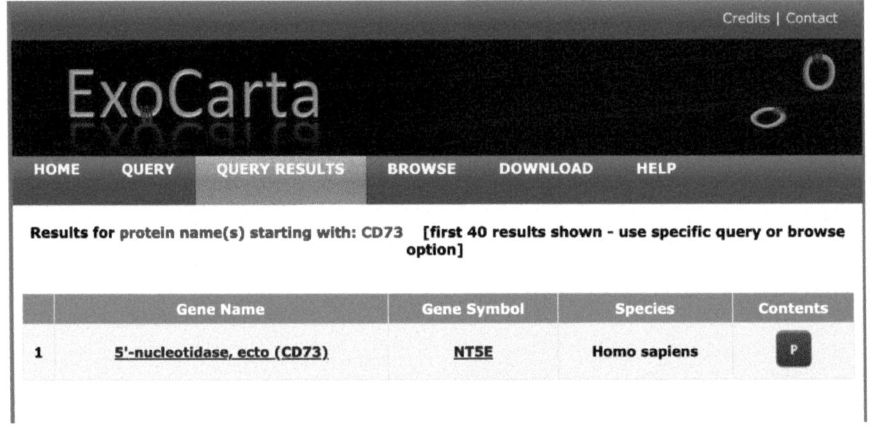

图 10-18　CD73 的检索结果

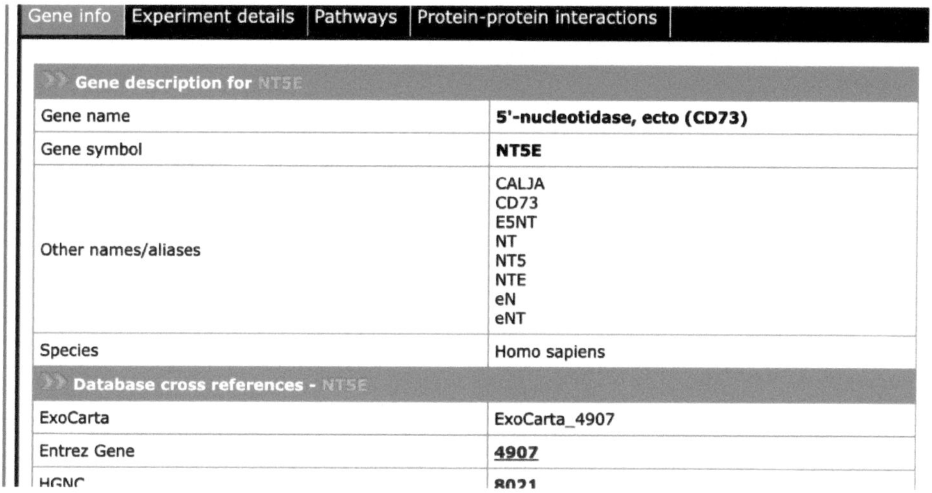

Gene info | Experiment details | Pathways | Protein-protein interactions

Gene description for NT5E	
Gene name	**5'-nucleotidase, ecto (CD73)**
Gene symbol	**NT5E**
Other names/aliases	CALJA CD73 E5NT NT NT5 NTE eN eNT
Species	Homo sapiens
Database cross references - NT5E	
ExoCarta	ExoCarta_4907
Entrez Gene	4907
HGNC	8021

图 10-19　点击检索结果可获取详细信息

HOME　QUERY　BROWSE　DOWNLOAD　DATA SUBMISSION　HELP

Browse by				
Organism	Content Type	Sample Material	Gene Symbol	
Homo sapiens	Protein evidence	Adipocytes	A	B
Rattus norvegicus	mRNA evidence	Amniotic fluid	C	D
Mus musculus	miRNA evidence	Aqueous humor	E	F
Ovis aries	rRNA evidence	Ascites	G	H
Cavia porcellus	tRNA evidence	Astrocytes	I	J
Drosophila melanogaster	snoRNA evidence	B cell lymphoblastoid cells	K	L
Equus caballus	snRNA evidence	B cells	M	N
Oryctolagus cuniculus	lncRNA evidence	Basophilic leukemia cells	O	P
Bos taurus	lincRNA evidence	Bladder cancer cells	Q	R
	ncRNA evidence	Bone marrow cells	S	T
	Lipid evidence	Brain cancer cells	U	V
		Breast cancer cells	W	X
		Breast milk	Y	Z

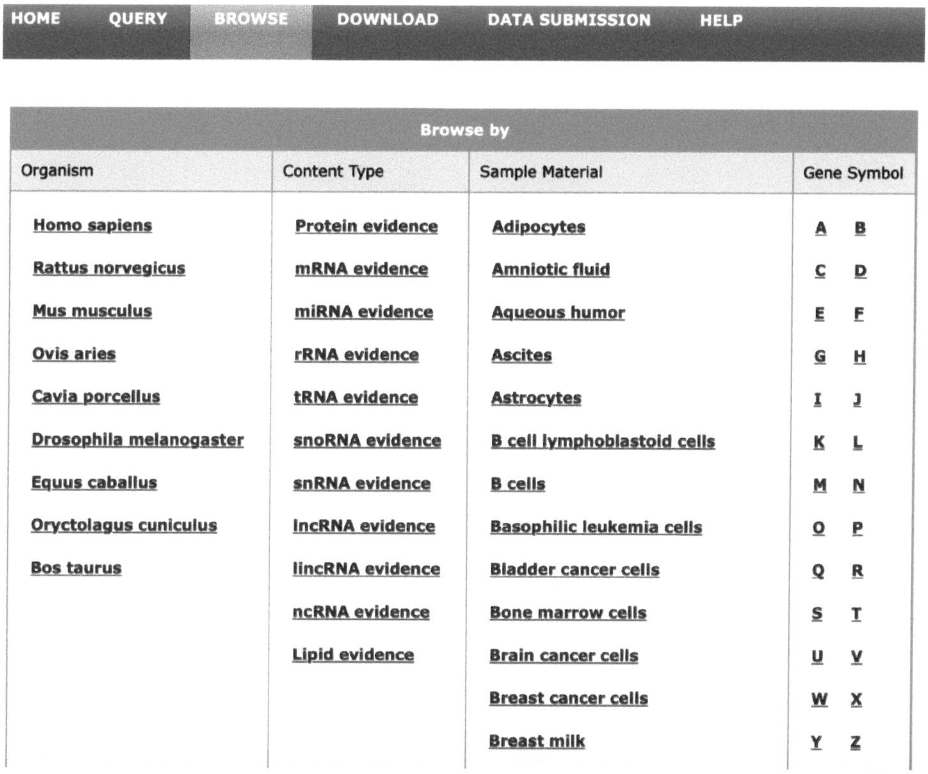

图 10-20　ExoCarta 的 Browse 页面

Browse results for content type: protein

	Gene Name	Gene Symbol	Species	Contents
1	protein kinase C, delta	PRKCD	Bos taurus	P
2	golgi-associated, gamma adaptin ear containing, ARF binding protein 1	GGA1	Homo sapiens	P
3	hemoglobin subunit beta	LOC100850059	Bos taurus	P
4	salvador family WW domain containing protein 1	SAV1	Bos taurus	P
5	protein phosphatase 1, regulatory subunit 12B	PPP1R12B	Homo sapiens	P
6	valyl-tRNA synthetase	VARS	Homo sapiens	P
7	serpin peptidase inhibitor, clade A (alpha-1 antiproteinase, antitrypsin), member 5	SERPINA5	Homo sapiens	P
8	family with sequence similarity 174, member A	FAM174A	Homo sapiens	P
9	complement component 1, q subcomponent binding protein	C1qbp	Rattus norvegicus	P
10	solute carrier family 6 (neurotransmitter transporter), member 4	SLC6A4	Homo sapiens	P
11	symplekin	SYMPK	Homo sapiens	P

图 10-21　点击 Protein evidence 后列出的可供浏览的基因

白质彼此之间的相互作用构成，展示它们共同作用参与生物信号传递、基因表达调节、能量和物质代谢及细胞周期调控等功能。STRING 数据库（https：//string-db.org）是一个搜索蛋白质之间相互关系（包括 PPI 和调控等关系）的数据库，除了实验数据外，它还包含了从 PubMed 摘要中进行文本挖掘的结果、来自其他数据库的综合数据，以及使用生物信息学方法的预测结果。

以搜索 CD73 蛋白的 PPI 为例：

（1）数据库首页输入蛋白质名称和物种，点击 search。左侧导航栏还提供根据序列搜索和根据名称或序列同时搜索多个蛋白质的功能（图 10-22 ～图 10-24）。

（2）如果输入单个蛋白质名称，与该蛋白质相互作用的所有蛋白质的互作图都会被数据库输出；如果同时输入多个蛋白质名称或序列，数据库则只会显示输入蛋白质之间的相互作用网络图。点击节点和连线会给出蛋白质详情和证据详情（图 10-25、图 10-26）。

（3）点击结果网络图下方的 Settings，可以调整网络类型（功能互作网络或是蛋白质复合体），网络中的边代表的意义（用颜色表示证据的类型或是用粗细表示数据支持的强度），选择哪种类型的证据用于预测分数等（图 10-27）。

（4）点击网络图下方的 Analysis，展示蛋白网络的简要统计，如节点数和边数。平均节点度是蛋白质在网络中平均有多少相互作用。聚类系数是网络节点连接的度量。在 Analysis 可对网络进行功能富集，包括 Biological Process、Molecular Function、KEGG Pathways 与 Reactome Pathways 等(图 10-28)。

（5）该网站还提供结果导出，点击网络图下方的 Exports，可以下载分析结果的 PNG 图片和 SVG 矢量图、TSV 表格、蛋白质序列和蛋白质注释等（图 10-29）。

Version: 11.5
LOGIN
REGISTER
SURVEY
STRING
Search
Download
Help
My Data
Protein by name
Protein by sequence
Multiple proteins
Multiple sequences
Proteins with Values/Ranks
Protein families ("COGs")
Organisms
Examples
Random entry
SEARCH
Single Protein by Name / Identifier
Protein Name:
CD73
Organisms:
Homo sapiens
Advanced Settings
SEARCH

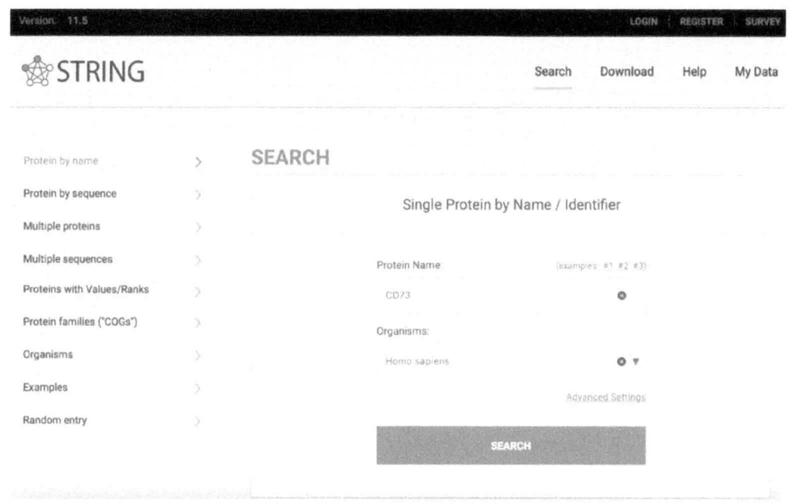

图 10-22　STRING 数据库首页

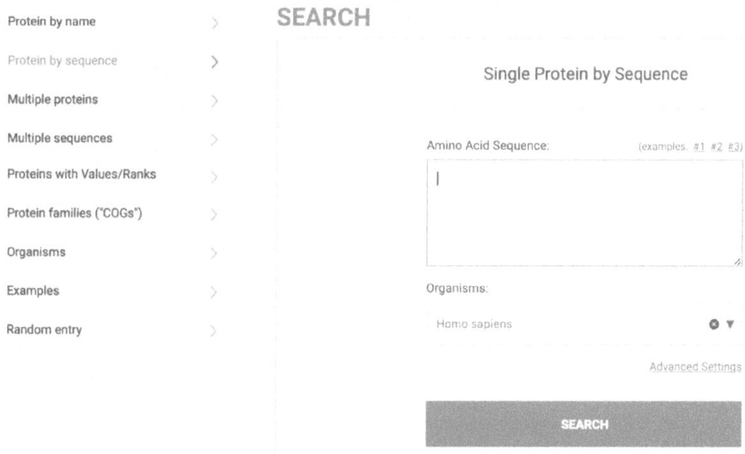

Protein by name
Protein by sequence
Multiple proteins
Multiple sequences
Proteins with Values/Ranks
Protein families ("COGs")
Organisms
Examples
Random entry
SEARCH
Single Protein by Sequence
Amino Acid Sequence:
(examples: #1 #2 #3)
Organisms:
Homo sapiens
Advanced Settings
SEARCH

图 10-23　根据蛋白质序列搜索的页面

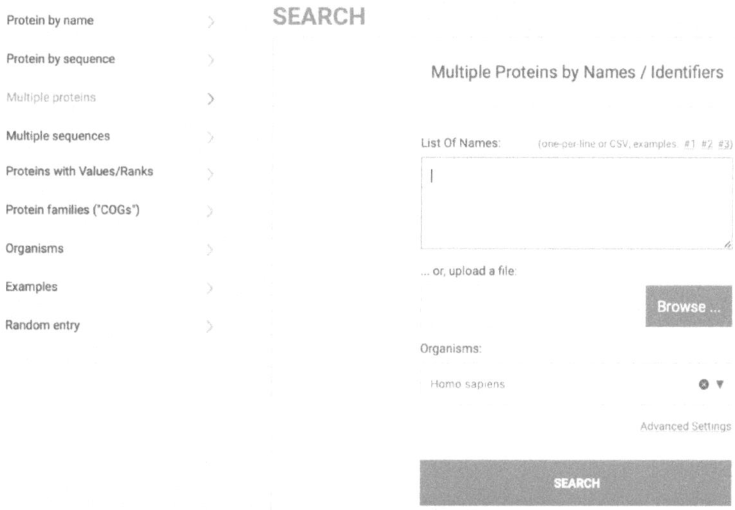

Protein by name
Protein by sequence
Multiple proteins
Multiple sequences
Proteins with Values/Ranks
Protein families ("COGs")
Organisms
Examples
Random entry
SEARCH
Multiple Proteins by Names / Identifiers
List Of Names:
(one-per-line or CSV; examples: #1 #2 #3)
... or, upload a file:
Browse ...
Organisms:
Homo sapiens
Advanced Settings
SEARCH

图 10-24　同时搜索多个蛋白质的页面

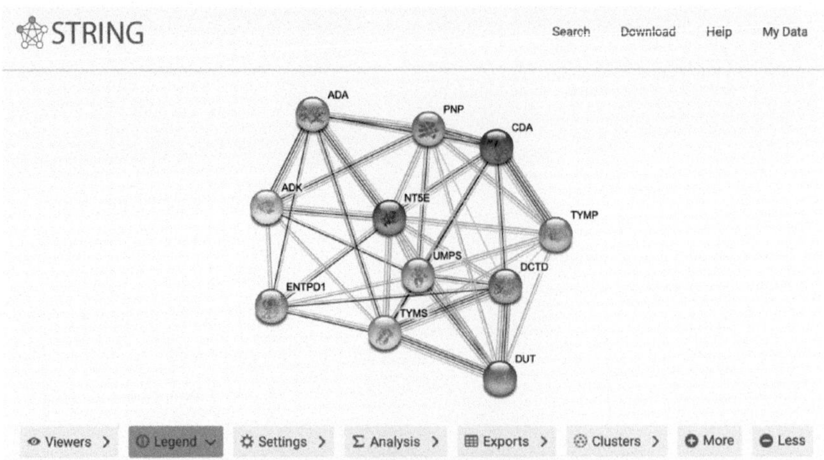

图 10-25　检索结果的网络图

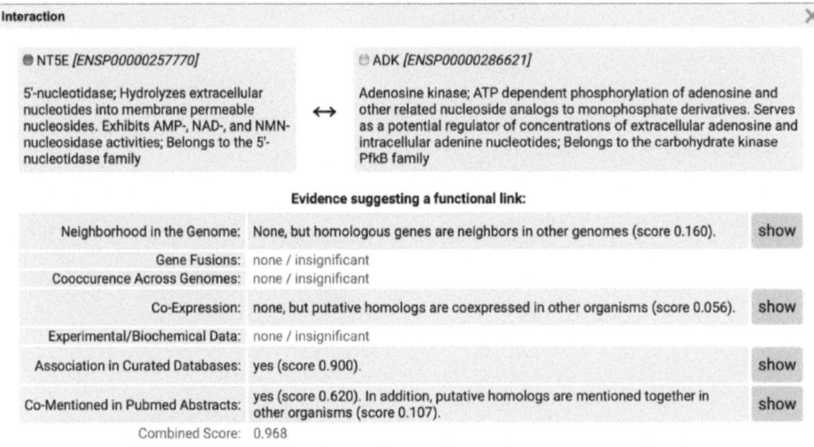

图 10-26　点击 NT5E 和 ADK 之间连线后展示的详情

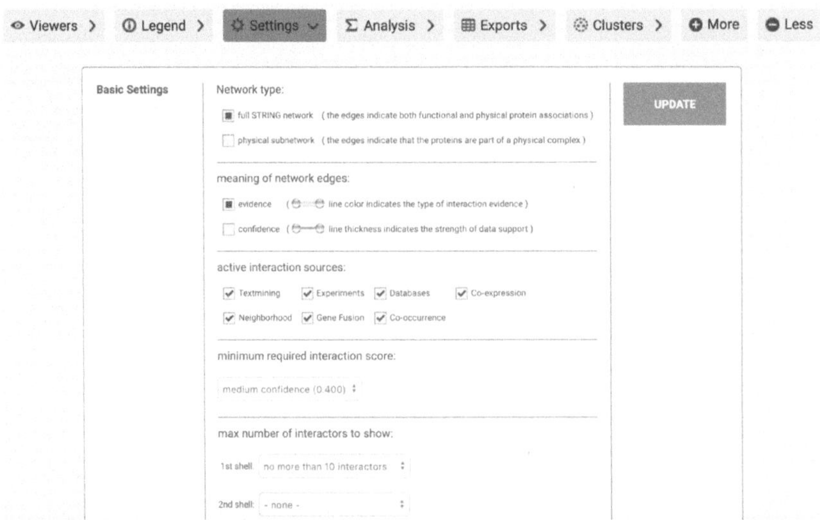

图 10-27　Settings 页面提供对图中展示信息的个性化调整

Viewers　Legend　Settings　Analysis　Exports　Clusters　More　Less

Network Stats

number of nodes: 11
number of edges: 41
average node degree: 7.45
avg. local clustering coefficient: 0.775

expected number of edges: 11
PPI enrichment p-value: 6.25e-12
your network has significantly more interactions than expected (what does that mean?)

Functional enrichments in your network

Note: some enrichments may be expected here (why?)
explain columns

Biological Process (Gene Ontology)

GO-term	description	count in network	strength	false discovery rate
GO:0006226	dUMP biosynthetic process	2 of 3	3.07	0.00040
GO:0046078	dUMP metabolic process	3 of 5	3.03	1.66e-06
GO:0009177	Pyrimidine deoxyribonucleoside monophosphate biosynthet...	3 of 5	3.03	1.66e-06
GO:0046102	Inosine metabolic process	2 of 4	2.95	0.00059
GO:0006231	dTMP biosynthetic process	2 of 4	2.95	0.00059

(more ...)

Molecular Function (Gene Ontology)

GO-term	description	count in network	strength	false discovery rate
GO:0019239	Deaminase activity	3 of 32	2.22	0.0027
GO:0016814	Hydrolase activity, acting on carbon-nitrogen (but not peptid...	3 of 34	2.2	0.0027
GO:0016763	Transferase activity, transferring pentosyl groups	3 of 52	2.01	0.0028
GO:0003824	Catalytic activity	11 of 5486	0.55	0.0027

Reference publications (PubMed)

publication	(year) title	count in network	strength	false discovery rate
PMID:31868071	(2020) High-Throughput Screening Assays for Cancer Immu...	3 of 3	3.25	7.21e-05

图 10-28　蛋白质网络的分析结果页面

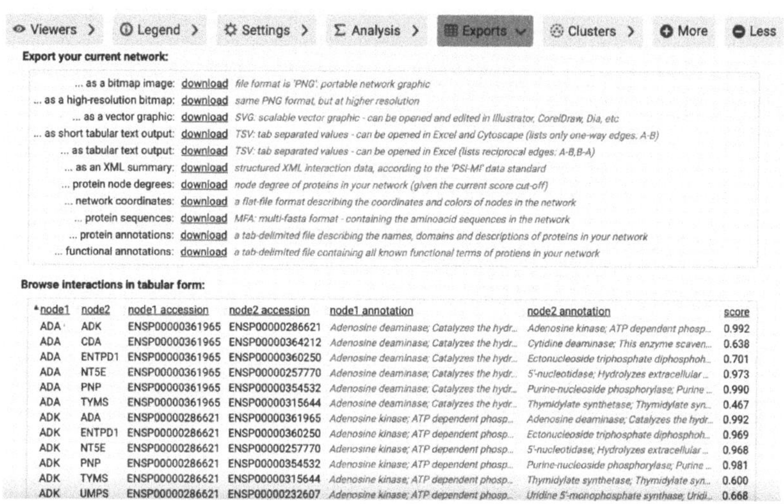

图 10-29　结果导出页面

第六节　细胞外囊泡中的代谢组分析

代谢组是与细胞表型直接相关的一组分子，是 EV 中研究最少的组成部分。代谢物的定义是生物体中发生的化学反应的（小分子）终产物或中间体。它们在化学结构方面有所不同，因此在极性、亲油性和稳定性方面也有所不同。代谢物的分类基于分子的官能团。小分子量代谢物（分子量在 1000Da 以下）包括醇、酰胺、氨基酸、羧酸和糖。以脂质及其衍生物组成的脂质组是一个单独的分析领域，有自己的分类。代谢组在癌症和其他疾病中具有潜在的诊断价值，在体外受控条件下释放到培养基中的 EV 的代谢组分也可以提供关于细胞之间通信的重要视角。

一、代谢物的提取分离

目前，对广泛的低浓度代谢物进行快速筛选和高通量分析的最合适方法是基于色谱和质谱的工具。这种方法可以定量鉴定样品中数百甚至数千种代谢物。基于质谱的分析广泛用于代谢物的指纹图谱和分析，亦可用于仅研究目标分析中选定的一类化合物。目前还存在许多基于色谱和质谱组合的不同分析技术。根据研究目的的不同，代谢组学的检测方法分为靶向代谢检测和非靶向代谢检测。

1. 靶向代谢组可以针对具有某一特性的代谢物有偏向地进行检测，目的是检测样品中是否存在目标代谢物，并获取该代谢物在样本中的含量。如果研究者对所研究通路非常明确，就适用于靶向代谢检测的方法，靶向检测可以灵敏准确地对目标代谢物进行定量。

2. 非靶向代谢组则是对生物体内源性代谢物进行系统全面的检测，对检测到的大量代谢物进行分析从而找出差异代谢物，非靶向检测方法可以尽可能多地检测出代谢物，并且是无偏向性的检测方法，灵敏度和准确度相较于靶向的检测方法低一些，但检测数量更高。当研究者无目标代谢物或代谢通路，使用非靶向的检测方法可以先检测出大量代谢物，再筛选出差异代谢物。

二、代谢组的鉴定

EV 代谢组的鉴定过程与蛋白质组也比较相似，具有囊泡分离和鉴定、样品上机、数据库搜索的过程。靶向和非靶向的检测方法中，样品制备、代谢物定性和定量方法会有不同。靶向检测方法对样品提取的要求会更高，以获得更有针对性的检测结果，而非靶向方法则更注重更高的适应性，以检测出更多的代谢物。靶向代谢组在进行物质定量时，是对物质进行绝对定量，以获取样品中物质的绝对浓度和含量。而非靶向代谢组在进行物质定量时，是对代谢物进行相对定量，以获取样本中代谢物的相对含量。

三、代谢组的数据处理

其过程包括数据过滤、特征检测、比对和数据标准化等几个步骤。在这一过程中一系列质谱图的原始数据会被整理成为标准数据表格，包括鉴定出的代谢物名称、ID 以及在样本中的定量值。研究者们从代谢组测序公司获得的鉴定结果往往已经是标准化的表格形式。标准化后的数据可以采用主成分分析（PCA），偏最小二乘判别分析（PLS-DA）和其他机器学习方法进行降维分析，在鉴定出的众多代谢物中找到造成样本组间差异影响最大的代谢物，被筛选出的代谢物可进行后续分析。

后续可以进行代谢通路富集和代谢网络构建分析。代谢物分子之间有复杂的相互作用，网络（Network）概念的引入便于描述这种复杂的关系。一般用网络中的点代表代谢物，边代表代谢物之间的相互作用。有时边的方向、长度等可以代表生物学意义。

以下介绍如何用代谢通路分析工具 MetaboAnalyst（https：//www.metaboanalyst.ca/）进行统计分析和通路分析：

（1）进入 MetaboAnalyst 网站，首页左侧 Data Formats 提供示例数据，在此使用 human_cachexia.csv 浓度表格作为演示。点击首页 Click here to start。该网站提供从下机原始数据处理到统计分析的多种功能，点击 Statistical Analysis（图 10-30、图 10-31）。

（2）上传数据时根据数据类型选择 Concentration，以及每行为一个样本。点击 Submit。随后是对数据的完整性检查和缺失值处理。完整性包括每组有至少三个样本，配对样本要有标注、数据类型是数值型、缺失值和恒定值。如果有需要处理的缺失值可点击 Missing Values 进行设置，比如如果某代谢物在所有样本中缺失超过 50% 就移除，或者用最小值的 1/5 来填充

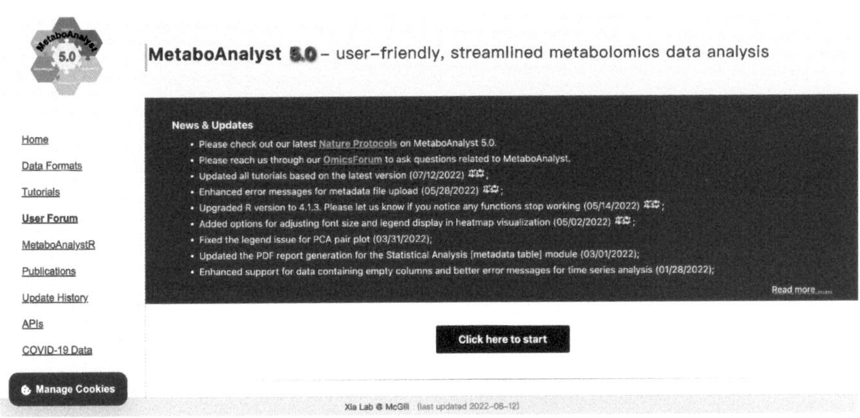

图 10-30　MetaboAnalyst 首页，左侧工具栏有示例数据和教程

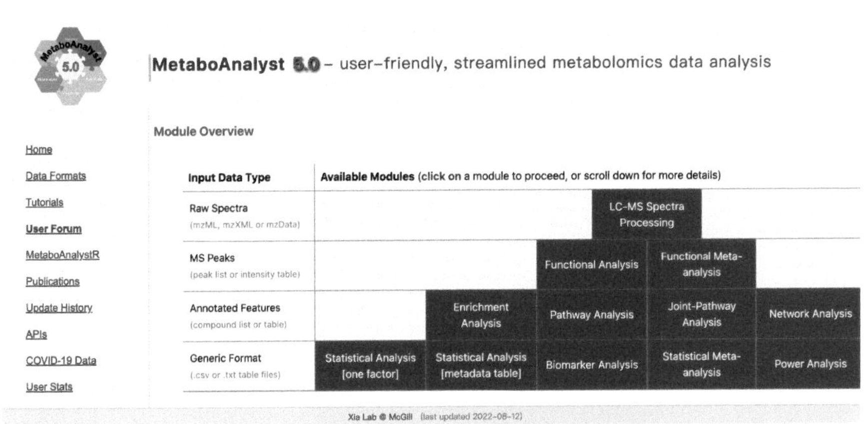

图 10-31　MetaboAnalyst 提供的多种分析

（图 10-32 ～图 10-34）。

（3）数据过滤用来去除浓度异常的代谢物，比如浓度非常小的代谢物与平均值或中位数比较来进行过滤；或者一些由于仪器背景噪声造成的几乎恒定的值，可以通过标准差来去除；还有一些重复性较低的数据，可以用 QC 样品的相对标准偏差（RSD = SD/ 均值）来测量。RSD 百分比高的特性应该从后续分析中移除（建议阈值为 LC-MS 20%，GC-MS 30%）（图 10-35）。

（4）数据归一化。由于不同样品本身的性质不同或实验过程中存在的系统误差，或者需要消除极值效应，在进行分析时需要对数据进行归一化（如总和归一化）、数据转换（取对数或取二次方根）和数据换算（data scaling，如 Pareto Scaling）以便于样本之间和代谢物之间进行比较。选择

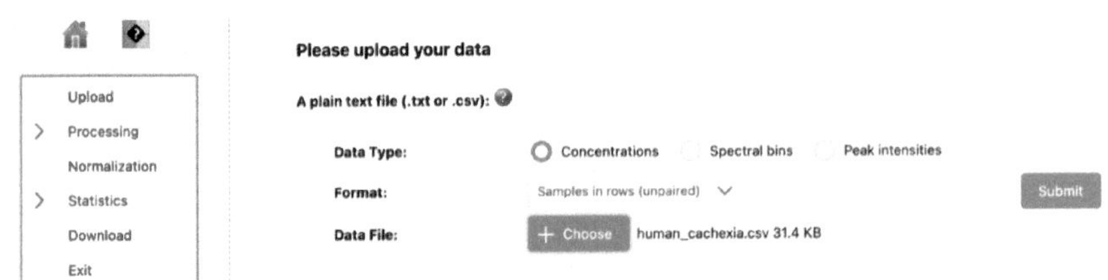

图 10-32　数据上传页面

Data processing information:

Checking data content ...passed.

Samples are in rows and features in columns

The uploaded file is in comma separated values (.csv) format.

The uploaded data file contains 77 (samples) by 63 (compounds) data matrix.

Samples are not paired.

2 groups were detected in samples.

Only English letters, numbers, underscore, hyphen and forward slash (/) are allowed.

Other special characters or punctuations (if any) will be stripped off.

All data values are numeric.

A total of 0 (0%) missing values were detected.

By default, missing values will be replaced by 1/5 of min positive values of their corresponding variables

Click the **Proceed** button if you accept the default practice;

Or click the **Missing Values** button to use other methods.

Edit Groups　　Missing Values　　▷ Proceed

图 10-33　数据检查信息

Missing value estimation:

Sho

Too many missing values will cause difficulties for downstream analysis. There are several different methods for this purpose. The default method replaces all the missing values with a small values (the half of the minimum positive values in the original data) assuming to be the detection limit. Click **next** if you want to use the default method. The assumption of this approach is that most missing values are caused by low abundance metabolites (i.e. below the detection limit).

MetaboAnalyst also offers other methods, such as replace by mean/median, k-nearest neighbours based on similar features - KNN (feature-wise), k-nearest neighbours based on similar samples - KNN (sample-wise), probabilistic PCA (PPCA), Bayesian PCA (BPCA) method, singular value decomposition (SVD) method to impute the missing values (ref.). Note for KNN, k is set to 10 (the default value). Please choose the one that is the most appropriate for your data.

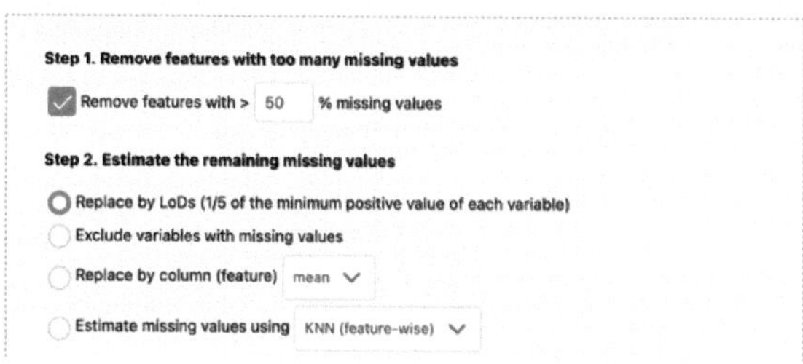

Step 1. Remove features with too many missing values
Remove features with > 50 % missing values
Step 2. Estimate the remaining missing values
Replace by LoDs (1/5 of the minimum positive value of each variable)
Exclude variables with missing values
Replace by column (feature) mean
Estimate missing values using KNN (feature-wise)

图 10-34　缺失值处理页面

- **Between 500 - 1000 variables**: 25% will be filtered;
- **Over 1000 variables**: 40% will be filtered;

Sho

Please note, in order to reduce the computational burden to the server, the **None** option is only for less than 5000 features. The maximum allowed number of variables is 5000. For power analysis, the max number is **2500** to improve power and to control computing time. Over that, the IQR filter wi still be applied to keep only top maximum features, even if you choose None option.

Filtering features if their RSDs are > 25 % in QC samples

- None (less than 5000 features)
- Interquantile range (IQR)
- Standard deviation (SD)
- Median absolute deviation (MAD)
- Relative standard deviation (RSD = SD/mean)
- Non-parametric relative standard deviation (MAD/median)
- Mean intensity value
- Median intensity value

Submit　　Proceed

图 10-35　数据过滤方法选择页面

好归一化方式后点击 View Result 查看归一化前后数据的变化（图 10-36）。

（5）数据归一化之后，可以查看不同分析的结果，并将结果下载（图 10-37）。

（6）通路分析。从主页进入 Pathway Analysis，可以直接用代谢物名或 ID 号进行富集，也可以用代谢物的浓度表格进行富集（图 10-38）。在这里用代谢物浓度表格的示例数据，点击 Submit，随后同样需要数据检查步骤，和统计分析不同的是，通路分析还有一步，代谢物的 Name Check，这一步是检查代谢物名称是否规范，只有规范命名的代谢物才能进行匹配，如果有需要调整的名称，可以点击右侧的 View 来选择正确的匹配（图 10-39、图 10-40）。

（7）数据检查、缺失值处理和数据过滤完成之后，进行通路分析的 Set Parameter，这里采用默认设置，物种是 Homo sapiens，通路数据库是 KEGG（图 10-41）。点击 Proceed 出现结果页面，左侧是通路分析气泡图，每个气泡代表一个通路，横坐标代表通路影响因子，值越大代表预测的该通路越可靠，纵坐标代表 p 值取负对数，点击每个气泡，右侧会出现相应的网络图。分析结果可点击左侧 Download 下载（图 10-42）。

Normalization Overview:

The normalization procedures are grouped into three categories. You can use one or combine them to achieve better results.

- Sample normalization is for general-purpose adjustment for systematic differences among samples;
- Data transformation applies a mathematical transformation on individual values themselves. A simple mathematical approach is used to deal with negative values in log and square root (FAQs #14)
- Data scaling adjusts each variable/feature by a scaling factor computed based on the dispersion of the variable.

Sample normalization

- None
- Sample-specific normalization (i.e. weight, volume)　Specify
- Normalization by sum
- Normalization by median
- Normalization by a reference sample (PQN)　Specify
- Normalization by a pooled sample from group (group PQN)　Specify
- Normalization by reference feature　Specify
- Quantile normalization (suggested only for > 1000 features)

图 10-36　数据归一化方法选择页面

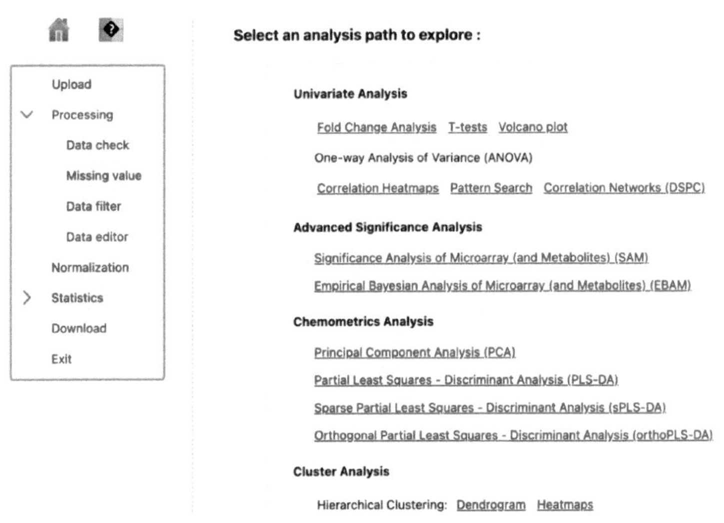

图 10-37　查看不同结果的入口，左侧工具栏 Download 可以下载结果

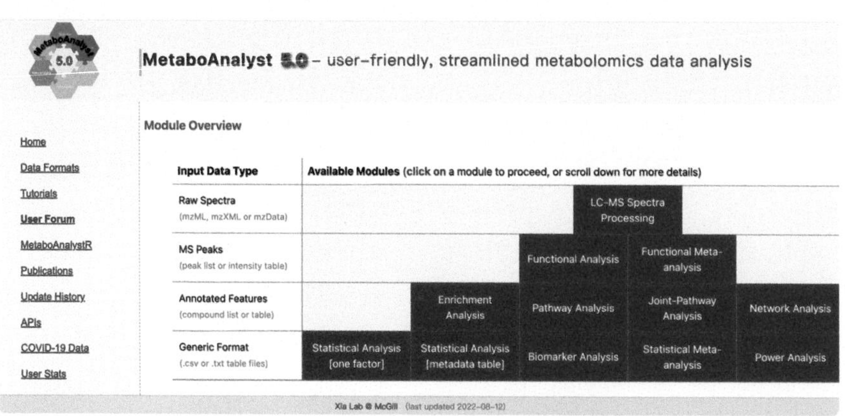

图 10-38　Pathway Analysis 通路分析

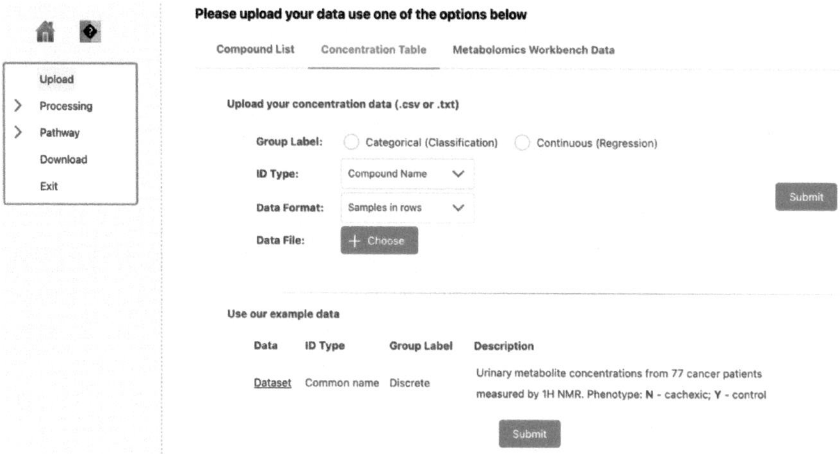

Please upload your data use one of the options below

Compound List　Concentration Table　Metabolomics Workbench Data

Upload
Processing
Pathway
Download
Exit

Upload your concentration data (.csv or .txt)

Group Label: Categorical (Classification)　Continuous (Regression)

ID Type: Compound Name

Data Format: Samples in rows

Data File: + Choose

Submit

Use our example data

Data	ID Type	Group Label	Description
Dataset	Common name	Discrete	Urinary metabolite concentrations from 77 cancer patients measured by 1H NMR. Phenotype: N - cachexic; Y - control

Submit

图 10-39　上传数据页面

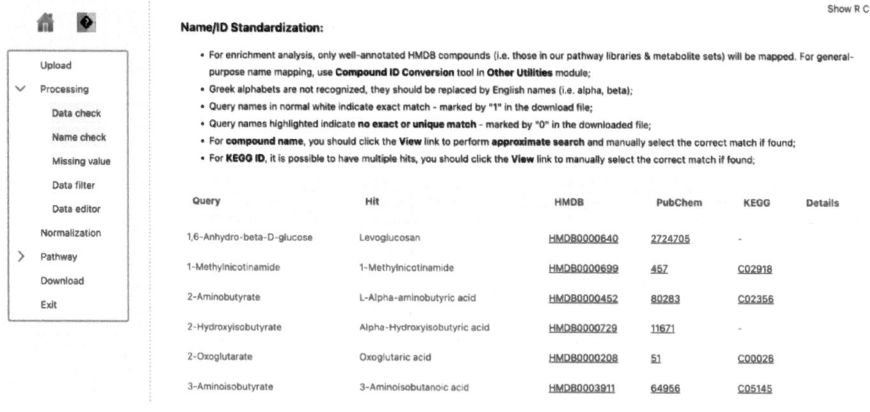

图 10-40　代谢物名称检查页面

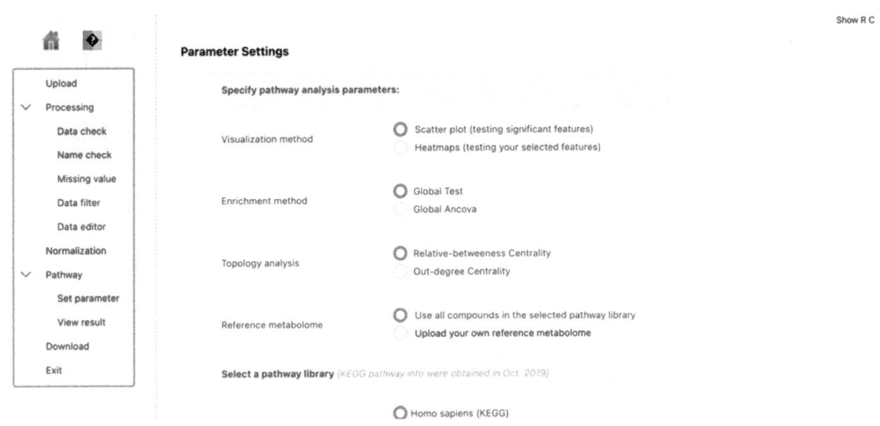

图 10-41　设置通路分析的参数页面

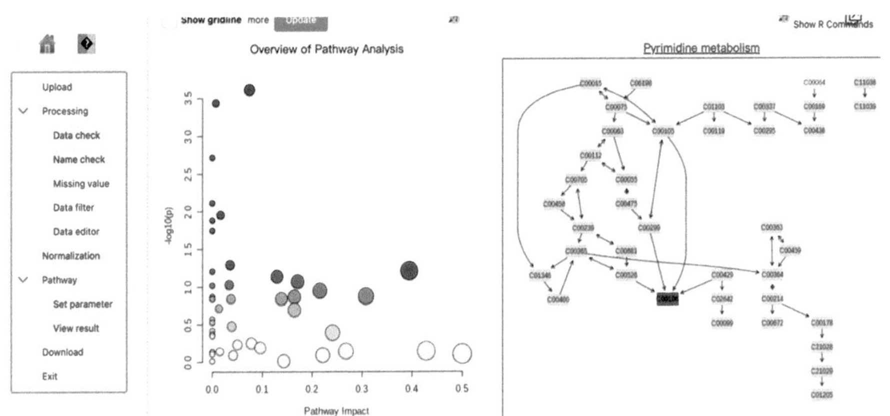

图 10-42　通路分析结果，点击左侧工具栏 Download 下载的结果示意图

第 11 章　干细胞来源细胞外囊泡：从基础研究到临床应用

第一节　概　　述

干细胞是一类具有高度自我更新能力的细胞，能够产生至少一种高度分化的子细胞，在细胞疗法和再生医学中具有巨大潜力，不仅可以用于修复受损的组织器官，而且可以在炎症性疾病、自身免疫性疾病及神经退行性疾病等多种疾病的治疗中发挥关键作用。根据分化潜力不同，干细胞可进一步分为全能干细胞、多能干细胞和专能干细胞，其中属于多能干细胞的间充质干细胞（mesenchymal stem cell，MSC）目前应用最为广泛。MSC 起源于中胚层，能分化为成骨细胞、成软骨细胞、脂肪细胞、肌肉细胞等多种细胞，是干细胞治疗的主要细胞类型。自 1995 年 Arnold Caplan 首次将 MSC 的研究从实验室扩展到临床应用以来，MSC 的临床研究已经涉及神经系统、骨骼、肺、肾、心血管等多种系统疾病，表现出巨大的治疗潜能。

MSC 能够直接迁移到病变部位，通过多向分化，实现组织修复再生，还可以通过旁分泌作用，尤其是产生细胞外囊泡（extracellular vesicles，EV）发挥治疗效应。EV 通常具有与其亲代细胞相似的生物学特征，携带母细胞来源的蛋白质、mRNA、miRNA、DNA 片段和脂质等信息分子，促进细胞间交流进而调控受体细胞生物学行为，实现再生、重塑。MSC 衍生的 EV（MSC-EV）还可以通过自分泌影响干细胞自我更新、增殖、分化，促进干细胞的自我表型，抑制细胞凋亡，在组织修复再生中与干细胞发挥协同作用。多项研究显示，MSC-EV 介导的细胞间通讯作用是 MSC 发挥治疗效应的关键。Ryang Hwa Lee 通过 RT-PCR 测定人类特异性 Alu 序列追踪静脉注射至小鼠体内的人 MSC 的命运，发现大多数细胞进入肺部并在短时间内消失，96h 后其他 6 个组织（肝、脑、心、肾、胰腺、骨髓）中仅检测到总 Alu 序列的 0.01%。其他全身应用 MSC 的研究也表明，MSC 移植后存活率低、寿命短、迁移能力差，认为 MSC 的治疗效应可能不在细胞本身，而是依赖于其分泌的具有细胞间通讯作用的物质。EV 作为介导细胞间通讯作用的关键媒介，受到广泛关注。

研究表明，MSC-EV 能够与受体细胞作用，调节受损组织局部微环境，表现出与 MSC 相似的治疗效应。在急性肝炎中，MSC-EV 通过发挥抗炎、抗凋亡及抗纤维化作用，减轻免疫系统介导的肝损伤。此外，MSC-EV 还在炎症性疾病、肺、肾、中枢神经系统等疾病中作用明显。与 MSC 直接移植相比，MSC-EV 还具有一些潜在的优势。首先，MSC-EV 体积小，膜结合蛋白（包括 MHC 分子）表达量较低，因此引起免疫排斥反应的风险较低。其次，其体积方面的优势也表现在全身注射后引起即时血液介导的炎症反应（IBMIR）的风险较低。再次，作为一种非细胞物质，MSC-EV 不存在异位组织或肿瘤形成的风险。此外，MSC-EV 对冻融的抵抗力较强，可以在冷冻条件下长时间保存（－20℃保存 6 个月或－80℃保存 2 年）。与 MSC 相比，MSC-EV 除了能在体外保存更长时间，还具有较高体内稳定性，可以携带“货物”穿梭于细胞之间，将生物活性物质安全运输到受体细胞发挥作用，是理想的天然药物递送载体。MSC-EV 对生物屏障的穿透性强，尤其是对血脑屏障的穿透性也使其成监测和治疗神经系统疾病的优势选择。

本章节将详述 MSC-EV 的特征及功能，重点讨论 MSC-EV 在基础研究和临床转化领域的现状及瓶颈，推动 MSC-EV 的转化进程。

第二节　干细胞来源细胞外囊泡的研究现状

一、分离提取技术

（一）供体细胞的提取

1. *骨髓间充质干细胞*　经供者知情同意后，收集供者捐赠的骨髓组织并置于含有 1% 链霉素 - 青霉素和 10% 胎牛血清的 α-MEM 培养基中。在 37 ℃、5% CO_2 条件下培养 5 ～ 7d，镜下观察到梭形骨髓间充质干细胞从骨髓组织块爬出后，每 3 天更换一次培养基，直至细胞融合度达到 80% ～ 90%。将 P0 的原代细胞继续传代培养，3 ～ 6 代细胞冻存于液氮，用于后续实验。

2. *脐带间充质干细胞*　经健康足月产妇知情同意后，收集其捐赠的约 10cm 脐带组织，用含有 1% 链霉素 - 青霉素的 PBS 冲洗 1 ～ 2 次，去除脐动脉和脐静脉。将脐带剪成 2 ～ 3cm 的小段，纵向剪开，去除内膜。使用显微器械将剩余组织剪碎，得到约 1mm × 1mm 的组织块，置于培养皿中，加入含有 1% 链霉素 - 青霉素和 10% 胎牛血清的 α-MEM 培养基。在 37℃、5% CO_2 条件下静置培养。每隔 3d 半量换液一次，7 ～ 10d 时可观察到梭形间充质干细胞从脐带组织块爬出，约 10d 时去除组织块并进行全量换液，直至细胞融合度达到 80% ～ 90%。将 P0 的原代细胞继续传代培养，3 ～ 6 代细胞冻存于液氮，用于后续实验。

3. *脂肪间充质干细胞*　经供者知情同意后，收集供者捐赠的皮下脂肪组织。将收集的脂肪组织置于含有 1% 链霉素 - 青霉素和 10% 胎牛血清的 α-MEM 培养基中。用显微器械将脂肪组织剪成约 1mm × 1mm 的组织块，在 37℃、5% CO_2 条件下培养 5 ～ 7d。将 P0 的原代细胞继续传代培养，3 ～ 6 代细胞冻存于液氮，用于后续实验。

4. *真皮间充质干细胞*　经供者知情同意后，收集供者捐赠的皮肤组织。用显微剪将皮肤表皮层去除，暴露下方粉白色真皮组织，将真皮组织剪成约 1mm × 1mm 的组织块。置于含有 1% 链霉素 - 青霉素和 10% 胎牛血清的 α-MEM 培养基的培养皿中，在 37℃、5% CO_2 条件下培养 5 ～ 7d。将 P0 的原代细胞继续传代培养，3 ～ 6 代细胞冻存于液氮，用于后续实验。

（二）细胞外囊泡的分离

1. *差速离心*　差速离心法是目前应用最广泛的囊泡分离方法，也是囊泡分离的金标准。分离步骤如下。

（1）收集的间充质干细胞培养上清在：3000 × g，4℃条件下离心 20min，共 2 次，去除细胞碎片。

（2）去除了细胞碎片的间充质干细胞上清在 120 000 × g，4℃条件下离心 40min，得到细胞外囊泡沉淀。

（3）PBS 清洗细胞外囊泡一次，120 000 × g，4℃条件下离心 40min，得到最终细胞外囊泡沉淀，50 ～ 150μl PBS 重悬，置于－ 80℃保存。

2. *超滤法* 是一种能将大体积的样品浓缩到小体积样品的分离方法，通常需要结合差速离心、尺寸排阻等方法对细胞外囊泡进行进一步分离纯化。对于细胞外囊泡样品的分离浓缩，使用的超滤柱的截留分子量为 50 ～ 100kDa。分离步骤如下。

（1）离心去除样品中细胞碎片。

（2）将样品装入超滤柱。如果样品量大于柱子的容量，柱子可以重复使用 4 ～ 5 次，但每次使用后浓缩效率降低，应根据使用情况调整离心时间。

（3）离心 10min，高浓度样品需要增加离心时间。

（4）离心后去除滤过的液体，囊泡被保留在过滤柱上方的小体积浓缩液中。

（5）收集浓缩液，1000g 离心 2min。

（6）回收的细胞外囊泡浓缩液可以进一步纯化分离或者－ 80℃保存。

3. *多聚物沉淀法* 多聚物沉淀法是一种快速沉淀细胞外囊泡的方法，目前已有许多商品化试剂盒基于此原理实现细胞外囊泡的分离纯化，例如 Invitrogen 公司 EV 提取试剂盒和 ExoQuick 提取试剂盒。最常见的用于细胞外囊泡沉淀的多聚物为聚乙二醇（PEG），PEG 具有较强的亲水性，能够“抢夺”细胞外囊泡周围的水分子使细胞外囊泡在疏水环境下聚集，并在低速离心条件下沉淀。具体分离步骤详见不同商品化试剂盒说明书。

4. *密度梯度离心* 是利用不同密度梯度的介质通过离心力将囊泡分离纯化的方法。常用的有蔗糖密度梯度离心法和碘克沙醇密度梯度离心法。其优势在于可以将蛋白质、核酸等杂质从细胞外囊泡样本中分离，得到更高纯度的细胞外囊泡。以碘克沙醇密度梯度离心为例，具体步骤如下。

（1）制备不同浓度的碘克沙醇溶液。

（2）在超速离心管中分别加入不同浓度的碘克沙醇溶液，不扰乱不同密度层是成功分离纯化的关键。

（3）在制备好的碘克沙醇梯度液上轻柔地加入 500μl 细胞外囊泡浓缩样品。

（4）将样品在 4℃下 100 000×g 离心 16 ～ 18h。

（5）离心后，从上到下收集，根据 1ml/管，分成若干管。

（6）使用分光光度计在 244nm 处测量溶液的吸光度，计算每个组分的密度，细胞外囊泡的密度为 1.13 ～ 1.19g/ml。

（7）将含有细胞外囊泡的组分在 4℃ 100 000g 离心 1 ～ 2h 后，使用 PBS 将细胞外囊泡沉淀重悬，－ 80℃保存。

5. *尺寸排阻色谱* 是一种利用不同尺寸的组分在凝胶柱中的滤过速度不同分离细胞外囊泡的方法。由于细胞外囊泡被洗脱时，更小的蛋白质、核酸杂质仍留在凝胶柱中，尺寸排阻色谱适用于进一步纯化已浓缩的细胞外囊泡样本。分离步骤如下。

（1）利用差速离心、超滤等方法将细胞外囊泡从细胞培养上清分离。

（2）将凝胶柱竖直固定，小心地打开凝胶柱顶盖，少量多次加入至少 10ml 缓冲液平衡凝胶柱，并保持其湿润。

（3）更换底盖，并去除上方缓冲液。

（4）在凝胶柱上方加入需分离纯化的细胞外囊泡浓缩样品，打开底盖准备收集馏分。

（5）洗脱出的前 3ml 包含过大而无法进入凝胶基质的分子，不含细胞外囊泡。

（6）之后每 0.5ml 收集为 1 馏分，囊泡主要出现在第 3 ～ 4.5ml 的馏分中。

6. *联合方法* 目前已报道的细胞外囊泡分离方法包括从细胞培养上清或生物体液中将细胞外囊泡分离浓缩的差速离心法、超滤法、多聚物沉淀法，以及用于进一步分离纯化细胞外囊泡浓缩液的密度梯度离心法和尺寸排阻法。差速离心法能够从大体积样本中分离细胞外囊泡，是最常用的细胞外囊泡分离方法，但是少有实验室能够满足对大型离心设备的要求；超滤法程序简单，能够实现大体积样本中细胞外囊泡的分离，然而分离的细胞外囊泡中有较重的蛋白污染；基于多聚物沉淀法的商品化细胞外囊泡提取试剂盒能够实现简单而且快速的细胞外囊泡分离，然而多数试剂盒价格昂贵，提取的细胞外囊泡中可能有多聚物残留；密度梯度离心法能够去除细胞外囊泡样品中的蛋白质、核酸杂质，保证细胞外囊泡的纯度，但只适用于预先浓缩分离的细胞外囊泡样品，且耗时长、步骤复杂、细胞外囊泡损失量较大；尺寸排阻色谱法能够将蛋白质、核酸等杂质和细胞外囊泡分离，分离过程中细胞外囊泡损失量小，能够实现单颗粒细胞外囊泡分离，然而此方法也只适用于细胞外囊泡的进一步纯化，且无法同时实现多种细胞外囊泡的分离纯化。根据不同的研究需求，操作者可将不同细胞外囊泡分离方法结合，取长补短。

二、研究现状

（一）基本性质研究

1. MSC-EV 的标志物　干细胞具有多向分化潜能，表面表达干性标志物。MSC-EV 作为 MSC 分泌组的成分，同样携带源自母体细胞的关键信息。鉴定 MSC-EV 应同时考虑细胞外囊泡标志物（如 CD9、CD63、CD81 等）与干细胞干性标志物（如 CD73、CD90、CD105 等）。

2. MSC-EV 的分类　同其他细胞来源的细胞外囊泡类似，MSC-EV 也可根据其产生机制分为微囊泡、外泌体和凋亡小体。干细胞来源微囊泡由干细胞以出芽的方式直接分泌；外泌体的产生则首先由 ESCRT 依赖或非 ESCRT 依赖机制介导形成内含体，继而在胞内形成多囊泡体，成熟后接着被溶酶体降解或向细胞膜移动，最后通过膜融合释放，形成外泌体；凋亡小体是细胞在凋亡过程中形成的体积较大的囊泡。目前认为 MSC-EV 的生物发生过程与其他细胞的囊泡发生过程并无显著差异。

3. MSC-EV 的成分研究　MSC-EV 的成分包括蛋白质、核酸和脂质等，有研究报道，MSC-EV 的成分受到母体细胞的培养环境和生长状态的影响。

（1）蛋白质成分：蛋白质是 MSC-EV 中最常见的生物活性分子。有研究发现，MSC-EV 携带的蛋白质可以分为与细胞外囊泡生物发生相关的蛋白如 ESCRT 蛋白、四联跨膜蛋白、细胞骨架蛋白，以及介导受体细胞生物学功能的蛋白。

（2）核酸成分：在 MSC-EV 中有 DNA、mRNA 和 miRNA 等核酸成分。目前认为 MSC-EV 中含有丰富的未成熟 miRNA，被受体细胞内化后转化为成熟 miRNA 发挥作用。Su 等发现骨髓间充质干细胞 EV 中的 MiR-29b-3p 可以调节衰老相关的胰岛素抵抗；Zhu 等的研究揭示低氧处理的间充质干细胞分泌的 EV 可以通过 miR-125b 促进心肌缺血后的心肌修复，抑制心肌细胞死亡；Liu 等发现间充质干细胞 EV 携带的 miR-126 可以促进骨折修复。

（3）脂质成分：MSC-EV 通过脂质双分子层将多种生物组分包含在内，发挥多种生物学功能，脂质组分是形成和维持 MSC-EV 最重要的成分。此外也有研究表明，MSC-EV 中存在生物活性的脂质成分可以介导受体细胞的代谢活动。

（二）生物学功能研究

1. 作用模式　MSC-EV 相较于人工合成药物的一大优势是其携带生物活性分子，对特定组织细胞具有亲和力。

细胞外囊泡与受体细胞的相互作用包括多种形式，如直接结合、膜融合及内吞等，目前最受认可的作用模式为：受体细胞膜的信号分子识别细胞外囊泡，接着介导对囊泡的内吞作用，在受体细胞内完成对囊泡“货物”的内化和降解。此外，受体细胞膜与细胞外囊泡也可通过磷脂双分子膜融合直接传递囊泡内容物。

2. 器官分布　MSC-EV 作为一种潜在的生物治疗策略，一方面具备直接的治疗效应，通过全身或局部移植发挥作用；另一方面，作为一种纳米颗粒，MSC-EV 还可作为药物递送的载体，递送相关治疗药物到相应部位发挥作用。与单一组成的药物相比，MSC-EV 在目标器官的靶向分布和在其他器官的非靶向分布都有很大的不确定性，因此利用可视化技术研究 MSC-EV 的体内分布情况对其应用具有重要意义。

目前可通过荧光标记后的活体成像或离体成像实现对 MSC-EV 体内分布的可视化。体内成像通常在活体状态下对实验动物进行麻醉、固定和成像，能够全面显示 MSC-EV 的全身分布。然而，由于机体三维结构复杂，活体二维成像时组织器官相互覆盖，可能导致成像精度受限。离体成像通常在处死实验动物后的短时间内快速取出器官进行成像分析，由于排除了活体成像时复杂三维结构的干扰，因此精度较高。然而，受限于目前的解剖手段，可用于离体成像的组织器官比较有限，因此离体器官成像不能全面反映 MSC-EV 全身分布的趋势。

3. 治疗效果　MSC-EV 携带母体细胞的“货物”，体积小不易聚集成栓，易穿透生物屏障，已在多种疾病的治疗中体现出明显的优势。

（1）组织再生

①骨和软骨组织再生：多项研究表明，MSC-EV 结合生物支架材料在骨组织再生领域中具有广阔的前景。Takeuchi 等将骨髓来源 MSC-EV 与胶原海绵支架结合，显著促进了颅骨缺损模型中的血管和骨再生。Zhang 等将骨髓 MSC-EV 负载于磷酸三钙支架，显著促进颅骨再生。Chen 等利用基于三维打印的组织工程技术，将骨髓 MSC-EV 负载于软骨细胞外基质 / 甲基丙烯酸明胶。这种三维生物活性支架能够减轻软骨细胞线粒体功能障碍，增强软骨细胞迁移能力，并促使滑膜巨噬细胞的 M2 表型极化，从而促进兔软骨再生。

②神经组织再生：MSC-EV 能够穿透血脑屏障，将内源性或外源性治疗分子递送至大脑，在神经组织再生中具有广阔的应用前景。Hu 等的研究证明脐带 MSC-EV 通过增加 FOXO3a 的表达水平，抑制小胶质细胞凋亡，从而减轻缺血再灌注后的神经细胞损伤。Han 等的研究发现，三维培养的 MSC-EV 与水凝胶结合的微针阵列可以促进脊髓损伤后神经组织的修复。Zhao 等则通过不同剂量的 MSC-EV 治疗揭示了其在外周神经挤压损伤中的修复作用；Doeppner 等在脑卒中的模型中明确了 MSC-EV 对神经修复的促进作用。

③肌肉及内脏组织再生：MSC-EV 还被认为在肌肉组织如心肌、骨骼肌以及内脏器官的修复再生中具有促进作用。心肌受损时，心肌细胞坏死、瘢痕组织形成，从而导致代偿性心室重构、心功能异常及心力衰竭。Huang 等报道了 MSC-EV 与 MSC 的联合应用在急性心肌梗死中通过促进心肌组织再生发挥的治疗作用。除此之外，MSC-EV 也明显促进了肝、肺、肾等脏器的修复。Rong 等的研究发现骨髓来源 MSC-EV 可以通过 Wnt/β-catenin 通路减轻肝纤维化，促进肝脏组织的再生修复。多项研究证实，MSC-EV 的 miRNA 可通过抗炎作用促进急性肺损伤的修复。Zhou 等的研究表明脐带来源 MSC-EV 通过激活 ERK1/2 通路改善氧化应激、抑制细胞凋亡和增强细胞增殖能力，从而促进肾组织修复。

④皮肤损伤修复：MSC-EV 被证实具有促进伤口愈合的潜能，因此可用于皮肤损伤修复。研究表明，MSC-EV 通过激活 AKT、ERK、STAT3 等信号通路，增强血管内皮细胞的成管能力和成纤维细胞的增殖能力，促进伤口愈合。在 Kwon 等的一项临床研究中，脂肪组织来源 MSC-EV 与激光的联合应用可以减少激光治疗的周期且减轻激光治疗引起的红斑。

（2）免疫调节：MSC-EV 具有免疫抑制作用，在系统性红斑狼疮、类风湿关节炎等疾病上展现广泛的治疗潜能。Willis 等的研究发现，MSC-EV 可以通过调节巨噬细胞参与的免疫反应来减轻支气管肺发育不良的症状进而恢复肺功能。Sun 等认为 MSC-EV 传递的 microRNA-27b 可以通过靶向 JMJD3，下调 NF-kappaB 通路治疗感染引起的败血症。Zhu 等的临床研究中，COVID-19 感染者通过鼻腔吸入雾化处理的自体脂肪组织来源 MSC-EV 能够有效缓解症状。

（3）其他作用：目前关于 MSC-EV 在一些恶性疾病如肿瘤中发挥的作用仍存在争议。有研究认为，MSC-EV 可以促进针对肿瘤的免疫反应，抑制肿瘤的增殖和扩散；也有研究认为，MSC-EV 会促进肿瘤中的血管生成，进而促进肿瘤的生长。在 Ono 等的临床试验中，骨髓来源 MSC-EV 中的 miRNA 能够使转移性乳腺癌转向静止。而 Zhang 等的研究则发现，骨髓来源 MSC-EV 可通过 STAT3 通路促进肺癌细胞的转移。

（三）工程化应用

MSC-EV 通过传递其携带的具有治疗效应的“货物”发挥作用，因此对关键“货物”进行工程化改造能够提高 MSC-EV 的应用效率。Feng 等通过对骨髓来源 MSC 进行基因改造使其分泌的 EV 富含 MiR-6924-5p，从而增强其在骨组织溶解中的治疗作用。Huang 等发现用阿托伐他汀预处理过的 MSC-EV 在心肌梗死中的治疗效果有显著提升。Tao 等的研究发现过表达 miR-140-5p 的 MSC 分泌的 EV 对于促进软骨再生和预防骨关节炎的效果增强。MSC-EV 作为一种具有脂质双分子层结构的纳米载体，能够靶向特定的器官和组织，也常被用于药物的靶向递送。Zhu 等将 MSC-EV 作为化疗药物 PTX 的载体应用于脑胶质细胞瘤中，大大提高了 PTX 的治疗效果。

三、总结与展望

MSC-EV 具备低免疫原性及高生物活性，可以穿过多种生物屏障且能向病损区域趋化，在各类疾病的治疗中体现出明显的优势。尽管如此，目前 MSC-EV 的临床应用仍较为局限。主要障碍体现在：首先，虽然组织来源广泛，但是不同组织来源的 MSC-EV 异质性明显，导致其对疾病的治疗效果有所差异；其次，目前培养条件下获取的 MSC-EV 产量不足，从细胞扩增到收获囊泡周期较长且步骤较多，无法满足临床应用的需求；再次，自体 / 异体干细胞获取仍存在伦理问题；最后，MSC-EV 性质不稳定，母体细胞状态和培养条件的改变都可能导致 MSC-EV 的性质发生变化。后续研究应重点关注 MSC-EV 临床应用中存在的问题，有效推进 MSC-EV 的临床转化进程。

第三节　干细胞来源细胞外囊泡的转化应用瓶颈

一、分离及储存

目前 MSC-EV 相关研究中采取的分离纯化、保存及表征鉴定方法存在较大差别，包括使用不同离心速度、选用不同的保存体系等，这就可能导致同类研究可比性较差，无法得出有效结论。MSC-EV 的分离纯化方式包括超速离心、免疫捕获法、聚合沉淀法等。不同的分离方法会对 MSC-EV 的获得量、类型、纯度产生影响。超速离心法作为 EV 分离的金标准被广泛用于 MSC-EV 的提取。然而，虽然具有步骤简单、易于操作的优点，差速离心法仍然无法实现不同粒径 MSC-EV 的完全分离，尤其是伴有 EV 聚集时，MSC-EV 的分离会更加困难，此外，差速离心法特异性较差，分离获得的产物纯度不高，易混杂蛋白质和核酸分子等，尽管能够通过多次梯度离心的方式提高纯度，但不可避免地会牺牲产量，这也是限制其使用的关键因素之一。免疫捕获法具有较高特异性，但是与差速离心法相比，其最明显的弊端在于所选标记物可能无法在所有目标 MSC-EV 上表达，从而导致获得率不足。聚合沉淀法操作简单且没有设备要求，但是往往有大量污染物共沉淀，造成产物纯度不够，影响后续研究及应用。

除了纯度和产量的差异，不同的分离方法获得的 MSC-EV 内容物及功能也并不相同。Zhao 等将收集的 MSC 条件培养基进行初始离心清除细胞和细胞碎片之后，分别用聚合物沉淀、差速离心提取 EV，对获取的 EV 进行质量分析后发现，不同分离方法获得的 MSC-EV 内容物有显著差别。Huang 等对不同分离方法获得的 LPS 处理后的人脂肪干细胞衍生的 EV 进行蛋白质组学分析，发现不同的分离方法会影响其蛋白质组成，功能试验结果表明不同分离方法获得的 MSC-EV 对人血管内皮细胞（HUVEC）的增殖、迁移及血管形成能力也产生不同的影响。此外，不同的分离方法还可显著影响 EV 中 miRNA 的组成，聚合沉淀法和膜亲和力法比尺寸排阻色谱法显示出更好的 miRNA 生物标志物识别能力。

大多数情况下，MSC-EV 并非分离后即刻使用，分离后的 MSC-EV 常常需要储存一段时间备用，因此需要适宜的保存方案保持 MSC-EV 的功能及活性。现有的保存方案以冷冻为主，与 MSC 相比，尽管 MSC-EV 的储存条件更加灵活，对冻融的耐受性也更高，但低温保存 MSC-EV 仍然面临挑战，包括回收率低、膜完整性受损及活性衰减等。多项研究提示，低温储存会导致 EV“货物”降解。－80℃条件下 EV 的降解率显著低于 4℃，但随着储存时间延长，降解率也逐渐增加。不同的储存条件会对 MSC-EV 的物理特征及生物特性产生影响。除了对 MSC-EV 的数量产生影响，低温保存还会导致囊泡聚集、体积增加、尺寸分散度增大等。不恰当的储存温度会导致 EV 中多种蛋白质降解，从而影响其生物学功能。

－80℃条件被认为可以长期保存 MSC-EV，但是成本较高，且不适合 MSC-EV 的运输。作为替代，冻干正在成为长期保存 MSC-EV 的有效方法之一。有研究显示，在冻干过程中添加冻干保护剂海藻糖可以有效防止 EV 聚集。与－80℃储存相比，冻干也不影响 EV 的生物活性，并且可以在室温下保存。总而言之，冻干技术在逐渐降低 EV 保存成本并延长 EV 的保质期，在不久的将来可能成为即用型 MSC-EV 的保存方法。由于 EV 对 pH 变化敏感，因此缓冲液和 pH 的选择也是 MSC-EV 储存时必须考虑的问题。大多数研究使用磷酸缓冲盐溶液（PBS）作为缓冲液，也有部分研究使用蔗糖和海藻糖。研究显示，酸性环境会提高 EV 的体外稳定性，但 pH 对 MSC-EV 的影响仍需深入探索。

由于目前缺乏标准化的保存方案，研究人员可结合研究目的和储存时间选择合适的保存温度。例如，考虑到反复冻融会使 MSC-EV 的生物活性和功能发生改变，因此如果仅需要短期保存，推荐使用 4℃低温保存。如果需要长期（数年）保存，则应该选择 − 80℃条件下冻存或冻干。

二、产量

MSC-EV 在多种疾病中的治疗作用已经得到充分证实，应用前景可观。然而，目前传统二维细胞培养获得的 MSC-EV 产量相对较低，相同数量细胞的 EV 产量只有肿瘤细胞的 1/4 ～ 1/3。据计算，临床试验中治疗一个个体所需 EV 为 100 ～ 200μg，相当于需要在传统细胞培养条件下扩增约 5×10^7 个 MSC。这种传统 MSC 培养条件不仅耗时低效，且大量血清和培养基的耗费导致了高昂的成本。因此，为了实现 MSC-EV 的临床转化，亟待发展 MSC-EV 大规模生产的策略。

常见的 EV 产量提升方式主要分为两大类：一类以扩展细胞培养平台为主，如三维培养；另一类主要是利用生物、物理、化学等刺激提升每细胞分泌 EV 的产量。研究表明，高密度细胞培养瓶、三维旋转细胞培养系统、中空纤维生物反应器、垂直轮生物反应器均可有效提升 MSC-EV 的产量。Chen 等通过同轴生物打印技术，将大量 MSC 培养于中空水凝胶超细纤维结构中，该三维培养系统使 MSC-EV 产量提升了约 1000 倍。同时，生物、物理、化学等刺激也已被发现能够提高 MSC-EV 产量。表皮生长因子和肿瘤坏死因子被报道能够促进肿瘤细胞分泌 EV，因此推测其对 MSC-EV 的产量也可能有促进作用。通过将牙髓 MSC 在生物反应器中培养进行流体力学刺激，Guo 等发现牙髓 MSC-EV 产量可提升至静态三维培养的 24 ～ 37 倍。

除了提升 MSC 分泌的 EV 的数量，减少分离纯化步骤中 MSC-EV 的损失也至关重要。虽然目前差速离心法是性价比较高的 MSC-EV 分离方法，但从大体积干细胞上清提取 MSC-EV 时，每一次差速离心的步骤都将导致 MSC-EV 损失。超滤法结合差速离心也仅仅简化了分离纯化步骤，其造成的 MSC-EV 损失与差速离心没有明显差异。有研究者提出将三维培养和切向流过滤法结合，能够将脐带 MSC-EV 产量提升至原来的 20 倍，提示将不同提升 MSC-EV 产量的方法联合使用可能效率更高。

除了关注 MSC-EV 的产量，当前的研究还应同时确保 MSC-EV 的功能不受影响。这就需要从 EV 的理化性质、内容物、被细胞摄取的倾向和效率、体内外稳定性、生物安全性等多方面考量。目前少有干细胞囊泡产量提升策略的相关研究能够做到对 MSC-EV 功能的全面评估。研究者应该意识到，某些 MSC-EV 产量提升策略可能是一把“双刃剑”，保证获得的 MSC-EV 对治疗对象的安全性和有效性是 MSC-EV 产量提升策略被应用于临床的前提。综上所述，许多 MSC-EV 产量促进策略对于 MSC 本身的影响尚未明确，MSC-EV 产量提升策略的相关机制也仍未被完全揭示，MSC-EV 的大规模量产仍任重道远。

三、质量控制标准

在临床转化过程中，除了需要考虑提高 MSC-EV 产量之外，还迫切需要符合药品生产质量管理规范（GMP）的标准化分离纯化、保存和表征鉴定方案，确保 MSC-EV 的产量和质量。MSC-EV 质量控制的目的是确保其安全性、有效性及不同批次的一致性，涉及来源、分离纯化、表征、研究以及药物生产等过程。体外培养的 MSC 是 MSC-EV 最常见的来源。使用同种异体 MSC 应监测供体的健康状况，首选健康年轻人作为供体；使用自体 MSC 则应该考虑患者的疾病状态对 MSC-EV 特征及疗效的影响。

无论从体液还是条件培养基中提取

MSC-EV，都可能发生污染。这种污染不仅来源于脂蛋白、微生物、微粒体、染色质和蛋白质聚集体等，也可能来自于非MSC-EV。使用无血清培养基可以避免外源性EV污染，但可能明显影响MSC-EV的产量及蛋白质组成，因此去除EV的含血清培养基已经成为无血清培养基的替代方案。然而，消除EV的血清促细胞生长活性降低，深入研究血清EV促进细胞增殖和存活的分子机制将有助于开发无血清培养基。此外，应该详细记录MSC培养的温度、pH、氧张力、持续时间和代谢活性等，并与质量控制标准比较。由于细胞死亡也会形成膜性结构的凋亡小体，影响EV产量的评估。因此，还需要定期进行细胞计数和细胞活力检测，收获MSC-EV之前应记录死细胞比例，定期检查细菌、病毒、支原体等微生物污染情况，及时处理，减少MSC-EV的污染。从培养系统中分离的EV是异质性细胞产物的混合物，从中鉴定并分离MSC-EV，提高MSC-EV纯度是临床转化的基本要求。

MSC-EV的纯度指标包括颗粒蛋白比（P/μg）和蛋白脂质比（P指代Particle）。颗粒蛋白比指囊泡数与蛋白质浓度的比值，可以有效区分纯囊泡制剂与含有污染蛋白质的制剂，比值＞3×10^{10}P/μg为高纯度，比值为2×10^{9}～2×10^{10}P/μg为低纯度，比值低于1.5×10^{9}P/μg是不纯的制剂。与3×10^{10} P/μg相比，比值下降至1×10^{10} P/μg时，污染蛋白质增加40%或更多。蛋白脂质比取决于参考的脂质类型，只要在实验过程中使用同一脂质类型，蛋白脂质比就可作为有效的纯度指标。对MSC-EV进行定量和表征鉴定是检测其纯度的基础，应关注其物理属性及“货物”。MSC-EV的物理特征包括微观结构、尺寸和浓度，常用纳米颗粒追踪分析（NTA）、电子显微镜和动态光散射（DLS）进行检测。NTA是应用最广泛的技术，但容易受到非MSC-EV污染物干扰，对低浓度样品定量不佳，荧光NTA的出现提高了MSC-EV定量和表征的准确性，但是增加了操作步骤，在临床环境中应用不便。扫描电子显微镜观察MSC-EV表面形态，透射电子显微镜观察MSC-EV的内部结构，两者与免疫金标记技术结合可以检测目标分子在MSC-EV上的定位和分布，但这一方法往往导致MSC-EV尺寸减小。DLS简单快捷，但是小颗粒可能被大颗粒掩盖，不适用于复杂样品。

MSC-EV携带的“货物”包括RNA、蛋白质和脂质等，是MSC-EV发挥生物功能的基础。最常见的表征鉴定方式是蛋白质分析，流式细胞术可对MSC和MSC-EV标志物（CD29、CD44和CD73；CD9、CD63和CD81）定性和定量，用于MSC-EV的纯度检测。蛋白质组分析可用于无偏倚检测MSC-EV携带的蛋白质货物，有望用于MSC-EV质量控制。拉曼光谱是一种非破坏性、灵敏、可重复的检测方法，能有效鉴别MSC-EV和终末分化细胞来源的EV，并可以直接区分不同组织来源MSC产生的MSC-EV，这是其他表征鉴定方法难以实现的。由于不同组织来源MSC-EV生物特性存在差异，可能表现出不同的治疗效果，拉曼光谱对MSC-EV的整体表征检测可能有助于对不同研究的数据进行质量检查，加快MSC-EV治疗的临床转化。单独使用上述某一方法无法对MSC-EV进行准确的鉴定，因此，目前通常将几种方法联合起来使用。但是，目前仍缺乏MSC-EV表征鉴定的共识，这就难以确保不同批次间的疗效是否一致。基于上述，迫切需要标准的MSC-EV量化表征检测方案为质量控制提供保障，保证MSC-EV研究顺利进行。

MSC-EV功能的体外检测要求可重复、特异、灵敏、稳定，并具有明确的标准。

目前常利用荧光标记 MSC-EV 脂质膜，继而通过电子显微镜或流式细胞术检测受体细胞摄取情况，反映 MSC-EV 的基本功能。小管形成实验、Transwell 实验和迁移实验也常用于体外 MSC-EV 促进伤口愈合功能检测，但由于重复性及定量效果不佳，因此不符合 cGMP。RT-PCR 及流式细胞术用于 MSC-EV 免疫调节能力测定易于定量，符合 cGMP，可用于 MSC-EV 质量控制。

尽管 MSC-EV 在临床前研究中已表现出良好的应用潜力，研究者也不应忽视目前存在的问题。大多数已报道的 MSC-EV 治疗研究均为阳性结果，阴性结果的报道缺失可能导致对 MSC-EV 治疗效果的高估。此外，部分研究缺乏科学的随机方法及器官基线功能的表征，导致对治疗的评估缺乏准确性。

四、安全性及有效性评价

与细胞治疗相比，MSC-EV 疗法可能具有更高的安全性，但仍需临床前和临床研究进一步评估其安全性和有效性。Akyurekli C 等发现，其纳入的 17 项 MSC-EV 临床前研究均未系统筛查出潜在的严重不良事件。Tieu A 等系统分析 206 项 MSC-EV 相关的临床前研究发现 MSC-EV 在 97% 的研究中表现出治疗效果，仅 3 项研究报告了不良反应。这提示临床前研究缺乏对 MSC-EV 治疗安全性的评估，需要制订临床前 MSC-EV 治疗安全性数据报告指南，鼓励对临床前研究安全性数据进行标准化的报告。同时，MSC-EV 治疗的高阳性率提示临床前研究可能存在“报告偏倚”，即阴性结果不被发表，因此应该建立分享阴性结果的平台，为这一领域的深入探索提供新的视角。

目前获取 MSC-EV 的主要途径是从 MSC 条件培养基中分离。在严格无菌条件下培养 MSC，并利用过滤技术处理可以有效消除 MSC-EV 中的真菌和细菌污染，但是由于病毒大小与 MSC-EV 相近，病毒及其毒素易于在 MSC-EV 中富集。此外，部分逆转录病毒，如 HIV-1 和 HTLV-1 可以利用 MSC-EV 作为天然的生物载体，逃避宿主免疫反应，在体内传播，不仅提高感染风险，而且可能改变亲本细胞的生物活性。因此，在提取 MSC 用于体外生产 MSC-EV 前需要检测亲本细胞是否存在休眠病毒感染。

除了外源性感染，MSC-EV 携带的“货物”可能造成的安全威胁更应纳入考虑范畴。尽管与 MSC 相比，MSC-EV 在大多数研究中表现出良好的生物相容性，MSC-EV 治疗引起的不良反应可能较轻，但是重复给予 MSC-EV 仍然可能发生同种异体反应。MSC-EV 携带大量致瘤相关 miRNA，提示其可能对肿瘤发生发展产生影响。由于 MSC-EV 的半衰期小于 24h，单次给药可能不足以达到良好的疗效而需要多次重复给药，导致 miRNA 在早期肿瘤患者体内堆积，促进肿瘤发展。此外，MSC-EV 携带磷脂酰丝氨酸和组织因子等血栓形成因子，即使含量较低，也不能忽视全身应用 MSC-EV 时血栓形成的潜在风险。

不同来源 MSC-EV 的蛋白质组学和 RNA 测序结果具有特异性，提示在疾病治疗中可能存在安全性及疗效差异。例如，与其他 MSC-EV 相比，牙源性 MSC-EV 表现出更强的神经再生和保护能力，可能与口腔颌面部 MSC 的神经嵴起源有关。不同来源的 MSC-EV 表现出免疫抑制、促进伤口愈合及成骨等治疗作用的差异。因此，应继续探究不同来源 MSC-EV 治疗疾病的潜力，筛选用于治疗特定疾病 MSC-EV 的最佳细胞来源，提高治疗安全性及疗效。

MSC-EV 的来源并非影响疗效的唯一因素。给药途径、剂量、频率等影响 MSC-EV 的生物分布，也是 MSC-EV 治疗必须考虑的因素。临床前研究中给药剂量和频率缺乏一致性，MSC-EV 治疗的副作用也不清楚，成为 MSC-EV 治疗临床转化的阻碍。临床前研究中给药途径包括静脉注射、皮下注射、局部组织内注射及腹腔注射的选择存在较大差异。研究表明，静脉注射作为最为常见的给药方式，会激活肝脏和脾脏中的巨噬细胞及肺内皮细胞清除 MSC-EV，导致缺乏足够剂量的 MSC-EV 到达目标位点，疗效不佳。全身给药不仅可能激活网状内皮系统消除 EV，还存在靶向性差的缺陷。因此，对于局部损伤，如肌腱和韧带损伤，建议在超声引导下局部应用 MSC-EV，不仅能减少安全性问题，而且可以提高疗效。对于不适合局部给药的心血管、肾脏、肝脏等器官系统疾病及自身免疫性疾病，可以通过生物工程技术修饰 MSC 或 MSC-EV，增强 MSC-EV 靶向性，提高疗效。

综上所述，尽管传统观点认为 MSC-EV 具有较高的生物安全性，但 MSC-EV 治疗仍存在潜在安全风险。在进行 MSC-EV 的疾病治疗研究时，应同时实施生物安全性实验，持续监测疗效及副作用。此外，还需要进行药效学，药代动力学试验，综合确定最佳给药方案。

第 12 章　组织来源细胞外囊泡的研究现状及临床应用

第一节　概　　述

几乎所有细胞都会分泌细胞外囊泡。现阶段大部分研究主要从细胞培养上清液及多种体液中分离细胞外囊泡，包括尿液、唾液、滑液、胆汁、血浆、脑脊液、母乳、精液和腹水。近年来，有报道提出从组织中分离细胞外囊泡，比如肿瘤组织、脂肪组织、脑组织、肺组织和肝组织等。然而，针对组织中分离细胞外囊泡的研究数量仍然有限，且组织来源的细胞外囊泡的分离方案仍存在很大的优化空间。

细胞培养上清中的囊泡因其获取容易且可重复性佳而成为机制研究的可靠来源。然而，细胞在经过长期培养后可能失去初代细胞的诸多特征，因此有时难以基于其表型对实际生物学功能做出合理推论。同时，目前大多数细胞系均在二维环境中培养，因此，失去了与活体内肿瘤微环境中其他细胞群的相互作用。此外，细胞系通常是在单个个体疾病发展过程中的某一特定时间点获得，因此细胞培养上清中的囊泡并不能普遍反映疾病的动态进展。

与细胞培养上清相比，各种生物体液（如血液、母乳、脑脊液、尿和唾液）中囊泡得到越来越多的关注。体液囊泡代表了一种微创的实时反映疾病动态进展的检测对象。然而，体液中含有多种来源的混合物，包括血清蛋白或来自全身的囊泡的混合物。此外，特定组织释放囊泡至循环系统中的程度尚不清楚。一项研究指出，脂肪组织可阻止脂肪细胞分泌的囊泡扩散到循环系统中。也有研究表明一些患者循环系统中特定囊泡浓度较低，因此，鉴别组织来源的囊泡是非常重要的研究手段。

组织来源细胞外囊泡存在于细胞外间质中，是公认的细胞间信号转导载体。组织来源细胞外囊泡由组织微环境内的大多数不同类型的细胞分泌，并且由于组织的三维结构和细胞特性得以保留，因此组织来源细胞外囊泡更准确地反映了疾病的病理生理学特征和行为。同时，组织来源细胞外囊泡具有空间分布特性，因此，通过比对不同空间分布的组织来源细胞外囊泡所携带的生物信息，可发现不同部位组织来源细胞外囊泡之间的共性和差异。与体液来源囊泡相比，组织来源细胞外囊泡样本来源相对单纯，干扰物较少，因此是筛选疾病诊断、预后标志物的理想来源。目前肿瘤内异质性与肿瘤演变的潜在相关性尚不清楚。获取并分析疾病演变不同阶段及不同部位的组织来源细胞外囊泡，可深入了解组织微环境内的时空异质性。

细胞外基质是组织来源细胞外囊泡存在的主要空间，其主由纤维形成蛋白构成，如胶原蛋白、弹性蛋白、纤连蛋白、层粘连蛋白、糖蛋白、蛋白聚糖和糖胺聚糖。细胞外囊泡直径通常大于细胞外基质网格间隙，因此组织来源细胞外囊泡嵌入其中。在分离组织来源细胞外囊泡的过程中，最具挑战性的步骤是在不破坏细胞膜的前提下，将它们扩散出细胞外基质。因此，常采用与制备组织单细胞类似的分离方法，使用蛋白酶来解离细胞外基质，释放囊泡。木瓜蛋白酶是第一种用于分离组织来源细胞外囊泡的酶，因为木瓜蛋白酶不会溶解细胞，可防止胞内细胞器和囊泡污染。最近研究表明胶原酶温和且可选择性地消化细胞间基质，对细胞膜特别是膜蛋白损伤很小，也可用于分离组织来源细胞外囊泡。为避免细胞膜损伤，有学者提出短期体外培养新鲜组织或器官用于收集组织来源细胞外囊泡，也是获取组织来源细胞外囊泡的较常见方式之一。

有趣的是，组织来源细胞外囊泡可穿过致密的细胞外基质到达靶细胞进行远距离信号传递。囊泡表面富含蛋白酶，如基质金属蛋白酶，可降解基底膜和其他细胞外基质成分。它们还含有聚集蛋白聚糖酶，促进细胞外基质的降解和重塑，在脑肿瘤、神经退行性疾病和各种类型的关节炎中发挥关键作用。此外，最近的研究表明，肿瘤组织来源细胞外囊泡与肿瘤的生物发生和演变有关，包括肿瘤微环境重塑，血管生成，局部侵袭，远处转移，耐药性形成等。组织来源细胞外囊泡在非癌症疾病的发展中也发挥作用，如在神经退行性疾病、代谢性疾病和肠缺血/再灌注损伤中，已发现它们通过转移代谢物，促进细胞间通讯，并影响异常折叠或未折叠蛋白质聚集体的形成。本章就组织来源细胞外囊泡的分离方法，及其在肿瘤和非肿瘤疾病中的研究现状和进展进行综述。提出了组织来源细胞外囊泡领域存在的问题和可能的解决方案。此外，我们还讨论了组织来源细胞外囊泡在临床应用中的方向。

第二节 组织来源细胞外囊泡的提取方法及特点

组织间交互基于细胞-细胞和细胞-基质相互作用建立，囊泡作为细胞间信号传递介质发挥着重要作用，同时它们也是组织间质的一部分。最初在一名霍奇金淋巴瘤患者的脾和淋巴结组织中检测到致癌性囊泡后，组织间质中存在的组织来源细胞外囊泡逐渐被发现，随后陆续在黑色素瘤、前列腺癌、结直肠癌中也发现了组织来源细胞外囊泡的存在。这些组织来源细胞外囊泡在肿瘤细胞转移、侵袭、促进血管生成等方面都发挥着作用。与细胞系分泌的细胞外囊泡相比，组织来源细胞外囊泡更能真实地反映组织微环境中各种细胞（如肿瘤细胞、基质细胞和免疫细胞）交互的原始状态；并且组织来源的囊泡是包含了微环境中各种细胞来源的囊泡集合，这不是单一细胞系所能比拟的；此外，相比体液来源的囊泡，特定组织来源的囊泡更具特异性，可以提高标记物筛选的准确性。由此可见，研究组织来源细胞外囊泡的识别和分析非常重要。

一、肿瘤组织的收集及处理

囊泡通常嵌入在细胞外基质中，分离组织衍生囊泡的关键是在不破坏细胞膜的前提下，将它们扩散出组织和胶原纤维，避免组织细胞内未成熟的囊泡释放，从而导致囊泡提取物污染，影响组织来源细胞外囊泡的提取纯度。因此，这对组织的收集和处理提出了较高的要求。

第一步收集肿瘤组织。在解剖后立即处理组织以获得已经存在的囊泡，此时的囊泡是非常具有研究价值的，可以避免组织培养过程中的其他因素影响。选取肿瘤组织时要避免选取坏死的组织，同时还要尽可能减少或避免血液的污染。如果有不可避免的血液污染，那么在收集肿瘤组织后使用缓冲剂[如磷酸盐缓冲液（PBS）]

冲洗组织中的血液。除此之外，肿瘤组织的保存方式也尤为重要。取下来的肿瘤组织不可干燥放置或者冷冻，需要用 PBS 浸润，以避免或最大限度地减少脱水引起的降解效应。干燥的环境会导致组织脱水，细胞坏死严重，而冷冻组织后，冻融循环期间冰晶的形成破坏了囊泡脂质膜的稳定性，防止囊泡内容物降解，干扰后续研究。

第二步处理肿瘤组织。这一步在组织来源细胞外囊泡的提取过程中尤为重要，正如前所述，我们需要在囊泡有效释放和避免细胞破裂之间找到平衡。因此在处理过程中，避免使用匀浆设备和小孔径过滤器，匀浆设备会搅碎细胞，而孔径较小的过滤器（如 0.22μm）会导致囊泡挤压聚集。应使用锋利的手术刀轻轻切割组织，将其切成小碎片或小块，并使用胶原酶和 DNA 酶的组合解离组织块。

二、采用离体培养法收集组织来源细胞外囊泡

通常我们通过短期培养（24 ～ 48h，最多 72h）新鲜组织或器官来收集组织来源细胞外囊泡。早在 2009 年，研究人员在培养基中培养小鼠脂肪组织（组织大小＜4mm），并从上清液中分离出囊泡。通过短期培养，其他离体组织例如肿瘤、胎盘、心肌、胸腺、肾、胚胎、脂肪、神经组织，也被报道用于对应组织来源细胞外囊泡分离。这种短期体外培养新鲜组织的方法被称为外植体。外植体培养是组织来源细胞外囊泡富集的常用方法。外植体模拟了体内环境，因此能较好地反映囊泡自然分泌 / 释放的状态。然而，组织的获取、加工（如机械破碎）、储存（如冷冻）等过程都会破坏细胞，造成细胞质中未成熟的囊泡以及微血管中囊泡的释放，从而降低组织中囊泡的纯度。此外，与天然分泌的囊泡相比，这些人为操作产生的囊泡是不成熟的，并可能导致囊泡样品污染。离体培养法收集组织来源细胞外囊泡的详细步骤详见第 1 章。

三、采用酶解法获得组织来源细胞外囊泡

除了培养组织外植体之外，还可以通过解离组织，直接从组织获得囊泡，然后进行囊泡分离。因为细胞外基质之间的间隔小于囊泡的直径，囊泡难以自行被释放出。为了提高囊泡的获取效率，需要使用酶破坏细胞外基质，帮助获取囊泡。目前胶原酶已被广泛用于组织来源细胞外囊泡的获取，且已被证明不会影响细胞或囊泡的分子特征。此外，DNA 酶也广泛用于囊泡获取，可以减少细胞外 DNA 引起的细胞聚集。从黑色素瘤组织中分离囊泡的研究表明，胶原酶 D 与 DNA 酶 I 的偶联有助于释放包嵌在细胞外基质中的囊泡。值得注意的是，酶的浓度和类型需要根据组织的复杂性进行调整，而不是通用的。

四、组织来源细胞外囊泡的分离

组织来源细胞外囊泡的分离需采用过滤的形式除去较大的囊泡或细胞碎片。酶促孵育后，可以使用 70μm 滤器或低速离心，从上清液中除去剩余组织、游离细胞和细胞碎片。选择的孔径取决于待研究囊泡的大小，可考虑选择孔径为 0.22 ～ 0.47μm 的滤器，或者较高转速离心，去除较大的组织来源细胞外囊泡。最后是进行超速离心分离组织来源细胞外囊泡。虽然超速离心是最常用的囊泡分离方法，但它有许多缺点。例如，单独使用离心不会排除污染物的存在，包括可溶性蛋白质和 RNA- 蛋白质复合物等。此外，囊泡颗粒倾向于在 $10^5 \times g$ 离心力下聚集。此外，超速离心不能满足囊泡亚群的绝对分离，较小的囊泡

也在较低的离心力下沉淀，导致获得囊泡具有较大异质性，因此仅使用超速离心研究细胞外囊泡亚型十分困难。

五、组织来源细胞外囊泡亚群的分离

目前最常用的囊泡分离方法就是超速离心法，首先低离心力去除细胞碎片，接下来使用高离心力收集大型囊泡和小型囊泡囊泡，最后使用差速离心步骤和密度梯度的组合进一步分离囊泡亚群。然而，仅使用当前最先进的分离方法（如超速离心法、密度梯度离心法），不可能完全分离每个囊泡亚群。超速离心结合密度梯度浮选可有效清除差速离心过程中产生的混合非囊泡材料或囊泡片段。此外，技术进步使得组织来源细胞外囊泡可被更好地分离和纯化。例如使用负分选技术，通过磁球吸附囊泡表面的特定标志蛋白，去除非肿瘤细胞分泌的组织来源细胞外囊泡，从肿瘤组织中收集特定亚群的组织来源细胞外囊泡。针对囊泡的异质性，有研究小组对肿瘤组织来源的囊泡亚群进行了详细的分类。他们还对大小囊泡进行了密度梯度离心，以分析不同的囊泡亚型，并显示不同的 RNA 组成和蛋白质谱。最近的研究还报道了从肿瘤组织中分离出 6 种囊泡亚群，包括不同密度的大囊泡和小囊泡，并且还详细描述了囊泡的特征。

因为组织来源的囊泡存在病种异质性和个体异质性，因此未来组织来源细胞外囊泡的分类会越来越细化，针对性研究不同组织来源细胞外囊泡携带的蛋白和 RNA 也有利于对不同癌肿和患者进行个性化治疗的设计，这就对囊泡亚群的分离技术提出了更高要求，除了传统的超速离心法、密度梯度离心法外，分选和微流控等方法也在不断改进。

第三节　组织来源细胞外囊泡的研究现状

一、肿瘤组织来源细胞外囊泡的研究现状

在过去几十年中，肿瘤相关囊泡的研究取得了显著进展。肿瘤来源的细胞外囊泡与癌症生物发生和演变的多种进程有关，包括肿瘤微环境重塑、血管生成、局部侵袭、远处转移、转移前龛的建立和耐药性的发展。在本节中，总结并讨论了不同类型肿瘤中的组织来源细胞外囊泡的研究现状。

（一）黑色素瘤组织来源细胞外囊泡的研究现状

黑色素瘤是一种具有高转移率和死亡率的高度侵袭性恶性肿瘤，由黑色素细胞不受限制地增殖发展而来，且患病率增长不下。大量数据表明黑色素瘤来源的囊泡通过调节肿瘤细胞的侵袭和血管生成在驱动转移中发挥多方面的作用。此外，黑色素瘤来源的囊泡中存在异常表达的蛋白质如 VLA-4、CD44、MHC I、TYRP2、Mart-1、Her2/neu、TRP、ADAM10、MAPK4K、膜联蛋白 A2 和 GP100，并且这些蛋白质可能具有作为预后指标的潜力。然而，组织来源的囊泡在黑色素瘤中的功能仍有待确定。

研究人员发现转移性黑色素瘤的组织来源细胞外囊泡中特异性标志物可为分离囊泡亚群提供更有价值的信息。例如，选择 ADAM10 和 EHD4 用于富集于小低密度囊泡。Steenbeek 等从小鼠黑色素瘤组织中分离了组织来源细胞外囊泡，并发现了两种具有不同转移能力的黑色素瘤释放的囊泡内容物差异，同时他们发现还发现组织来源细胞外囊泡与细胞培养基来源的囊泡之间的转移效率不同。Jang 等分析了来自

转移性黑色素瘤组织的囊泡的表面蛋白质组，发现与非黑色素瘤组织来源细胞外囊泡相比，线粒体内膜蛋白在黑色素瘤组织来源细胞外囊泡中富集。由于组织来源细胞外囊泡的高特异性和富集度，可作为更好的生物标志物。研究组织来源细胞外囊泡在黑色素瘤演变中的作用及其潜在的诊断应用可能会加深对黑色素瘤的认识，并有助于后续研究对抗该疾病。

（二）结直肠癌组织来源细胞外囊泡的研究现状

结直肠癌（CRC）的发病率在全部恶性肿瘤中位居第三，尽管手术、化疗、放疗和免疫疗法已经证明在治疗 CRC 中的临床有效性，但其仍是全世界癌症相关死亡的第二主要原因。来自细胞培养物上清液或循环系统的囊泡在 CRC 病理过程中的作用已受到越来越多的关注。然而，组织来源细胞外囊泡的开发在防治 CRC 方面可能更具有潜力。

研究发现 CRC 患者的组织来源细胞外囊泡富集蛋白质 HIST2H2AB 和 PYGM。基于其组织来源细胞外囊泡质谱分析结果可用于诊断，从而为原发灶未知的肿瘤患者提供更有针对性和更有效的治疗策略。Jeppesen 等应用分辨率较高的密度梯度离心和直接免疫亲和捕获技术，从结直肠肿瘤组织和邻近组织中分离出囊泡，并将膜联蛋白 A1 和 A2 作为小细胞外囊泡的新标志。进一步的研究需要明确在病理状态下和在靶向治疗计划的设计中释放异质组分的机制。此外，通过对小鼠 MC38 结直肠肿瘤模型分泌囊泡的蛋白质组学和脂质组学特征的比较分析，鉴定了一组涉及免疫应答、迁移、代谢、细胞黏附和信号转导的蛋白质。这为今后结直肠癌治疗措施设计提供了极为重要的信息。

（三）胰腺癌组织来源细胞外囊泡的研究现状

胰腺癌发病率和死亡率逐年增加。2012 年，约有 34 万人被诊断为胰腺癌，使其成为第 11 位最常见的癌症。胰腺癌为易转移且免疫耐受性的高度恶性肿瘤，这主要是由于在癌症晚期诊断的患者比例很高。据报道，80% ～ 85% 的胰腺癌患者不具有手术切除的指征。胰腺癌的转移和免疫耐受是通过不同类型细胞之间的交流而产生的，在这个过程中细胞外囊泡是最关键的细胞信使。

研究表明，在胰腺导管腺癌转移期间，肝脏中转移前环境形成了高度依赖于肿瘤源性囊泡的迁移抑制因子（MIF）。这些发现提示肿瘤细胞外囊泡携带的 MIF 使肝脏为肿瘤转移做好准备，因此也可作为胰腺导管腺癌进展和肝脏转移发展的预后指标。Hoshino 等分析了胰腺癌患者原发性肿瘤与局部淋巴结获得囊泡的蛋白组差异，结果表明蛋白质（如 THBS2 和 VCAN）表达水平显著升高，同时特异性表达仅在胰腺肿瘤组织来源的囊泡中存在的蛋白（如细胞外基质相关分子、ITG 和一些蛋白酶），这可能可以反映肿瘤间质侵袭的程度。与邻近和远端组织来源的囊泡相比，肿瘤组织来源细胞外囊泡中还存在与上皮间充质转化、凝血和肌动蛋白信号传导相关的蛋白上调。这些囊泡蛋白可用于检测癌症和明确癌症类型。

（四）肺癌组织来源细胞外囊泡的研究现状

作为最常见和致命的癌症之一，肺癌具有高发病率和死亡率，其中非小细胞肺癌约占全球肺癌的 85%。患者诊断肺癌时通常处于晚期，此时转移灶已经形成。由于对驱动肿瘤转移和进展的分子机制的认知不足，因此临床目前缺乏有效的诊断和治疗策略。迄今为止，对非小细胞肺癌的细胞外囊泡研究主要集中于探究各种体液和细胞培养基来源囊泡的作用，但其最明显的缺点在于很难将非肿瘤细胞分泌的囊泡和肿瘤细胞分泌的囊泡作比较。

对肺癌手术患者的肿瘤和相邻非肿瘤组织进行的囊泡蛋白质组学分析揭示了癌症特异性囊泡蛋白质的存在。其中，HIST家族蛋白质（如HIST2H2AB）和METTL1高表达且仅表达于肺肿瘤组织。值得注意的是，与细胞分裂、代谢和RNA加工相关的蛋白质富集于肺肿瘤囊泡。这些生物标志物可从大多数生物体液中提取，因此其可用于液体活检。

（五）肾细胞癌组织来源细胞外囊泡的研究现状

肾细胞癌（RCC）占肾脏恶性肿瘤的90%以上，全球每年新诊断患者约33.8万例。RCC是男性第二常见和女性第三常见的泌尿生殖系统恶性肿瘤。RCC患者的发病率不断增长，并且总体预后仍然难尽如人意。RCC的发生及进展涉及许多细胞类型，囊泡是促进肿瘤微环境内信息交换的关键信使。

囊泡可从透明细胞肾细胞癌患者的肿瘤组织和邻近正常组织的活体手术标本中提取。通过定量液相色谱-质谱分析，共鉴定出3871个组织来源的囊泡蛋白，其中AZU1蛋白高表达，且和肿瘤分期和分级密切相关。Jonckheere-Terpstra检验表明AZU1蛋白在组织来源细胞外囊泡中呈肿瘤分期依赖性上调，而在血清样品中无此现象。因此有理由推测组织来源细胞外囊泡内容物或许具有研究囊泡功能和液体活检的潜力。

二、组织来源细胞外囊泡在非肿瘤疾病中的研究现状

囊泡积极参与多种癌症的形成和进展，同时也在非癌症疾病的发展中发挥作用，如神经退行性疾病、代谢性疾病和肠缺血/再灌注损伤。研究发现囊泡可转移代谢物，促进细胞间信息交换，并影响异常折叠或未折叠蛋白质聚集体的形成。本部分将介绍组织来源细胞外囊泡在几种非肿瘤疾病中的研究进展。

（一）组织来源细胞外囊泡在阿尔茨海默病中的研究现状

阿尔茨海默病（AD）的特征是记忆和认知功能下降。就发病率而言，其在神经退行性疾病中排名第一，占痴呆病例的60%～80%，占全球5000万痴呆患者中的大多数。目前，这种日益常见的疾病尚无针对性的治疗策略，且目前的治疗计划效果甚微。诊断和治疗AD的主要障碍是缺乏对其发病机制和病理生理学的全面了解。囊泡越来越被认为是细胞间和细胞-微环境间信息交换的关键介质。到目前为止，人们一直在努力从AD患者中分离脑组织来源细胞外囊泡。越来越多的证据表明囊泡中蛋白质和miRNA的特性使其成为AD的潜在诊断指标。

AD患者脑组织来源细胞外囊泡的定量蛋白质组学分析表明，GPM6A、ANXA5、ACTZ和VGF被评估为区分AD患者与对照组和监测AD进展的候选分子。蛋白质组学分析还鉴定了涉及神经变性疾病的蛋白质，包括Tau、α-Synuclein和SOD-1。近年来，研究表明，囊泡携带的miRNA在生物体液中稳定存在，并且可通过基因芯片、RNA测序等高通量技术检测。在AD患者脑中，负载有miRNA的囊泡能够穿过血脑屏障并分泌到脑脊液和血液循环中。Cheng等报道AD患者的脑组织来源细胞外囊泡富含疾病相关的miRNA，并描述了其miRNA库。研究首次探究了脑组织来源细胞外囊泡miRNA含量，并探索如何将其用于了解AD的早期病理变化，以开发早期诊断性血液测试。研究强调了精神分裂症和双相情感障碍组织样本与对照样本miRNA表达的差异和相似性。RT-PCR分析显示，miR-497在精神分裂症组织中和miR-29c在双相情感障碍组织中的表达显著

增强。这些结果提示组织来源细胞外囊泡 miRNA 可作为精神分裂症和双相情感障碍的潜在生物标志物。脑组织来源细胞外囊泡中 miRNA 谱显示来自囊泡的 miR-21 诱导的神经毒性不受凋亡抑制剂的影响，但被 Necrostatin-1 削弱，表明该途径在中枢神经系统疾病中的功能。Tau 是一种微管相关蛋白，在 AD 发病中起重要作用。Asai 等证明，小胶质细胞组织来源细胞外囊泡参与脑中 Tau 传递，抑制囊泡产生可抑制体内和体外 Tau 转移。证据显示抑制囊泡分泌可能是 AD 的潜在治疗靶点。Muraoka 等报道了 Tau 和 Aβ1-42 在 AD 患者脑组织来源细胞外囊泡中显著过表达。组织来源细胞外囊泡 s-Tau 在 AD 中的推动作用将允许开发针对疾病进展的靶向策略。

（二）组织来源细胞外囊泡在代谢病中的研究现状

迄今为止，多项研究已经报道了分离脂肪组织来源细胞外囊泡的不同方案，表明组织来源细胞外囊泡参与肥胖和胰岛素抵抗的发生和进展，并且在一些肥胖相关的代谢疾病中发挥作用。脂肪组织来源细胞外囊泡对于妊娠糖尿病中胎盘功能改变至关重要，并且可能涉及妊娠并发症，例如胎儿过度生长。研究人员对脂肪组织来源细胞外囊泡进行了完整蛋白质组学分析。蛋白质组学分析显示，与对照组相比，肥胖人群脂肪组织来源细胞外囊泡中 NPM3 和 DAD1 的表达显著下调。一项研究强调了脂肪因子在调节脂肪组织内的生物学过程中的功能。邻近的内皮细胞可以将含有 Cav-1 的囊泡转运至脂肪细胞，并受到禁食 / 再喂养和肥胖的影响，这表明囊泡参与了组织对营养状态变化的响应。未来研究需要定义组织来源细胞外囊泡生物学功能并开发针对糖尿病的新疗法。值得注意的是，已有证据表明脂肪组织来源细胞外囊泡比脂肪细胞的培养基含有更多的蛋白质，揭示了由于细胞类型的多样性和组织微环境内的交互作用而导致的组织来源细胞外囊泡谱的复杂性。研究描述了人类内脏和皮下脂肪分泌囊泡之间蛋白质谱的显著差异，且两种组织的生物学和内分泌行为相似，并提供了更真实反映微观情况的生理学数据。探索组织来源细胞外囊泡病理生理学为潜在分子机制开辟了新途径，并确定了代谢性疾病预防、早期诊断和治疗管理的新靶点。

（三）组织来源细胞外囊泡在组织缺血 / 再灌注损伤中的研究现状

许多研究解析了缺血 / 再灌注，对包括心脏、脑、肝移植以及肠道损伤和移植方面的组织损伤作用。在这些组织中，肠对缺血 / 再灌注损伤最为敏感。目前已有方法能够从缺血 / 再灌注模型中收获小肠组织来源细胞外囊泡，进而评估肠缺血 / 再灌注损伤后肠源性囊泡中相关 miRNA 的表达，为进一步研究组织缺血 / 再灌注损伤的机制提供依据。

第四节　组织来源细胞外囊泡的临床应用

在过去的几十年里，细胞外囊泡（主要是小细胞外囊泡）由于其在不同细胞之间转移生物活性分子的能力而被描述为具有潜在临床应用前景的新兴药物，并且可作为靶向药物递送的理想工程纳米载体。其中，组织来源细胞外囊泡作为囊泡的一个亚型，具有良好的诊断标志物、预后指标和治疗作用。

一、诊断性的生物标志物

组织来源细胞外囊泡由于其特征是理想的诊断潜在标志物。组织来源细胞外囊泡大量存在于细胞外间质中，并提供了多种细胞间和细胞与组织微环境间相互作用的信息。值得注意的是，组织来源细胞外囊泡内容物反映母体细胞的不同状态，因此绘制组织来源细胞外囊泡组分异质性谱有利于诊断多种人类疾病的病理状态。同时，组织来源细胞外囊泡内容物不是细胞碎片或代谢废物的随机组合，而是经过严格的分选机制整合的精确的生物化学组成，这使得组织来源细胞外囊泡能够作为人类疾病的生物标志物。此外，组织来源细胞外囊泡可以保护内容物不被降解，但其潜在机制尚未阐明。其内容物的稳定表达使我们能够一致地和连续地诊断和监测疾病。值得注意的是，因为囊泡是从特定组织微环境扩散到循环系统，所以组织来源细胞外囊泡的相对浓度高于体液源性囊泡，且组成相对单纯。因此，组织来源细胞外囊泡在诊断中表现出更高的灵敏度和特异性。最近一项研究的结果表明，组织来源细胞外囊泡的浓度与癌症进展之间存在一定的关系，这表明组织来源细胞外囊泡的浓度可能是预测疾病进展的可靠标志。

总之，这些生物学特性使得组织来源细胞外囊泡可作为用于疾病诊断和检测且极具前景的工具。尽管组织来源细胞外囊泡具有种种优势，但在不能进行组织活检的情况下就很难基于组织来源细胞外囊泡进行诊断，例如深部恶性肿瘤和不适合活检的肿瘤（如黑色素瘤）。在这些病例中，液体活检仍然是一种有价值的补充诊断方法。

二、预后标志物

手术仍然是大多数实体肿瘤的首选治疗方案，但手术边缘或手术后循环系统中残留的肿瘤细胞是一个巨大挑战，这也是导致肿瘤复发和转移的重要原因。术后放化疗已被证明可改善癌症患者的预后。目前，利用免疫系统治疗癌症的免疫疗法已被用作传统治疗方案的补充。然而，尽管接受了新辅助治疗、手术和术后放化疗，但许多癌症患者仍然由于肿瘤复发而死亡。转移阶段的准确诊断对于癌症患者治疗计划的个体化设计至关重要。此外，癌症的风险分级对于减少或避免癌症患者的不适当治疗是至关重要的，使用不同因素对癌症患者进行分层可能会产生更有利的结果。因此，有效的预后生物标志物对于改善风险分层、个性化术后辅助治疗和肿瘤患者的预后是必要的。

组织来源细胞外囊泡提供了其来源细胞系的“证件照”。因此，组织来源细胞外囊泡可作为个性化术后治疗的风险分层工具。例如，通过分析从手术切缘和引流淋巴结获得的组织来源细胞外囊泡确定手术范围是否足以消除肿瘤细胞或前哨淋巴结是否已被侵袭。根据这些分析结果可以制订综合性的术后管理策略（二期手术、化疗、放疗、免疫治疗或这些方法的结合），这可以提高癌症患者的总生存率。

三、治疗工具

间充质基质细胞（MSC）在多种疾病的临床前试验中的疗效和安全性已被广泛报道。越来越多的证据表明，MSC 通过分泌囊泡发挥旁分泌功能。来自 MSC 的细胞培养物上清液的囊泡已在多个临床前模型中被证明是具有足够疗效的，因此建议在临床试验中测试有前景的治疗试剂。MSC 可以从多种类型的组织中分离，如骨髓、脂肪组织、脐带、胎盘、羊膜、牙龈和牙髓。MSC 来源的囊泡可以通过多磁珠平台和微流控平台分离等直接从组织中提取。然而，组织来源细胞外囊泡在治疗应用中仍存在挑战，如组织来源细胞外囊泡的异质性、产率低、组织来源有限、难以保存和采样部位的准确确定等。在治疗学方面，细胞培养基来源的囊泡具有产量大、细胞来源确定、生产程序简单经济等优点，是治疗疾病的较好来源。目前，囊泡的治疗应用尚处于起步阶段，未来还有很长的路要走。

第五节　组织来源细胞外囊泡领域面临的问题

一、组织来源细胞外囊泡分离的优化方法

2017 年，Vella 等提出了一种从脑组织中分离组织来源细胞外囊泡的有效方案。自此，大量的研究按照此方案进行。迄今为止，组织来源细胞外囊泡的潜在临床应用已引起了极大的关注。然而，一些技术壁垒限制了组织来源细胞外囊泡的基础和应用研究。Lötvall 等首次对涉及组织来源细胞外囊泡的分离程序进行优化。

尽管近几十年来在阐明组织来源细胞外囊泡的作用方面取得了进展，但仍需解决收集组织来源细胞外囊泡的效率问题。这主要归因于组织来源细胞外囊泡的复杂性，其具有来自完整细胞外环境的保留的生物化学性质和组织来源细胞外囊泡、病毒和脂蛋白之间的生物化学和物理化学性质的相似性，以及组织来源细胞外囊泡本身的异质性。许多常用的分离方法会影响囊泡纯度、完整性和活性状态及产率。Huang 等指出不同的参数和技术可影响组织来源细胞外囊泡的回收和含量，并开发了从脑组织分离组织来源细胞外囊泡的方案。由于没有满足实验和临床需求的组织来源细胞外囊泡分离和表征的最佳方法，因此选择合适的方法用于组织来源细胞外囊泡研究仍具有挑战性，且需要考虑几个因素：含囊泡基质的类型和预期的囊泡产率、纯度、完整性和浓度，这些因素由下游分析和待解决的科学问题决定。

基于组织样品种类选择方法。例如，分离组织来源细胞外囊泡的成熟方法如果从未在骨组织上进行过，其应当被优化，例如酶的使用，包括其类型、浓度和消化时间。基于应用目的选择方法。研究类型不同要求不同的产率、纯度和浓度，这些因素相互制约。例如，组织来源细胞外囊泡的纯度具有技术敏感性，因此由于技术不同可能影响结果的解释，这可能是同一研究结果之间一致性差的原因。相反，在一些生物标志物筛选的研究中，如果某些生物标志物能在囊泡溶液中重复检测，则可能对纯度没有严格要求。在某些情况下，当要解决特定的科学问题时，几种方法的组合或对现有方法的特定修改可以改善结果。因此，分离和浓缩方法的选择取决于研究之间和组织样本异质性之间的不同因素，因此不存在“一刀切”的方法。

值得注意的是，我们可以从组织来源细胞外囊泡分离方面得出一些结论：

1. 对于富含血液的组织，如肝脏和心脏组织，在组织来源细胞外囊泡分离前进行预冲洗或灌注至关重要，这可以减少血清囊泡和其他颗粒的污染。

2. 此外，非肿瘤组织、良性肿瘤、恶性肿瘤、实体瘤和非实体瘤在质地、间质成分和血液丰度方面存在差异。这些因素要求优化分离方法，如解离方法、消化酶类型、过滤器孔径、离心时间和离心力。

3. 重要的是确认分离的囊泡来源于组织间隙，而不是来源于细胞内或组织获取、加工和储存等处理后而产生的可溶性纳米颗粒。例如，组织来源细胞外囊泡分离方案应在新鲜组织样品上进行以避免细胞过量死亡，因其适合短时间培养。

4. 建议进行温和的解离以减少细胞损伤。例如，均质化和剪切应力可以诱导细

胞内囊泡的释放。

5. 需要确定合适酶消化时间、酶类型以及进行温和的解离，以减少细胞损伤。据报道，组织的酶处理会消化细胞外基质，可能损害细胞分泌功能。也有证据表明酶促方法可能过于激进，并在加工过程中破坏组织来源细胞外囊泡。

6. 组织来源细胞外囊泡研究的一个关键点在于提取组织来源细胞外囊泡时失活细胞的比例，应予以说明。甚至少量的死细胞也可以释放比感兴趣的组织来源细胞外囊泡更多的膜结构。组织来源细胞外囊泡阴性生物标志物如钙联蛋白的缺乏使组织来源细胞外囊泡分离更有说服力。

虽然组织来源细胞外囊泡分离的各个方案之间存在差异，但其中的一些共有方法可用于从多种类型的组织中提取组织来源细胞外囊泡。解剖后立即处理组织样本，前 1h 是最有利的时间。在条件培养基中培养的组织，培养时间应特别注意（以 24 ～ 48h 为宜；至多 72h）。此外，建议用机械力或酶轻柔地分离或解离组织。选择酶时应特别小心。例如，胶原酶 D 在需要保持细胞表面生物分子的功能性和完整性时是优先选择的。胶原酶 D 使得能够从多种组织样品中分离细胞，包括上皮细胞、肝细胞、脂肪细胞、肌肉细胞、胰岛细胞和内皮细胞。最后，提取的组织来源细胞外囊泡可立即使用或可在 − 80℃下储存数年。不同的组织来源和分离程序要求最佳温度条件以确保组织来源细胞外囊泡在长期储存期间的稳定性。研究表明，与新鲜分离的组织来源细胞外囊泡相比，组织来源细胞外囊泡在 − 80℃下分别储存 4d 和 28d 后，其形态和某些生物学特性发生了改变。冻干法是长期储存的候选方法，但在回温过程中它对组织来源细胞外囊泡结构的影响随冷冻保护剂的使用变化而变化。目前，− 80℃储存仍是常规选择。

值得注意的是，收集的组织来源细胞外囊泡可来自多群细胞。对于组织来源细胞外囊泡的深入研究和临床应用，需要纯化特定细胞类型的囊泡。组织由多种细胞类型组成，包括肿瘤细胞、间充质细胞、内皮细胞、成纤维细胞和免疫细胞，组织来源细胞外囊泡在其生物发生期间从这些细胞类型继承细胞特异性标志。负责转移性囊泡释放的细胞亚群可基于某些细胞特有的表面标志结合 EV 经典标志物（例如 CD9、CD63 和 CD81）而被识别。除了细胞标记物之外，技术支持对于从组织分离细胞亚群的囊泡是至关重要的，例如具有荧光的单粒子干涉反射成像传感器、微流控电阻脉冲传感技术（MRPS）、纳米流式细胞术检测技术、免疫磁性细胞分选技术、免疫磁性纳米颗粒技术等。然而，源自相同细胞群的囊泡可呈现不同特征。例如，MSC 是高度异质性的细胞，MSC 囊泡获取存在广泛的可变性，其涉及从原材料通过生产和纯化到最终获取的整个过程。因此，需要鉴定来源于具有确定性质的特定细胞类型的组织来源细胞外囊泡。此外，根据 2018 年协会发布的囊泡研究所需的最少实验要求“MISEV 2018”（Minimal Information for Studies of Extracellular Vesicles），囊泡亚型可根据其物理特征进行定义。例如,“小囊泡”和“中 / 大囊泡”，分别指直径小于 100nm 或小于 200nm 或大于 200nm 的囊泡。根据密度也分类为，低密度、中密度和高密度囊泡。组织来源细胞外囊泡的精确纯化对于阐明组织来源细胞外囊泡在各种病理生理条件下的作用至关重要。

二、组织来源细胞外囊泡表征的标准化流程

无论组织来源或研究类型如何，确定是否获得了感兴趣的东西很重要。有几种

技术是必要的，用以评估分离的组织来源细胞外囊泡浓度，产量，纯度和亚型。在此，我们推荐遵守“MISEV 2018”指南。然而，当囊泡产量较低时，可能难以按照指南的建议进行所有表征试验，尤其是对于体内来源的标本。表征分离的组织来源细胞外囊泡的主要方法包括：①确定囊泡的浓度和尺寸分布（纳米颗粒示踪分析是最常用的方法）并将组织来源细胞外囊泡浓度标准化为组织重量；②使用透射电子显微镜使囊泡可视化；③使用诸如蛋白质印迹、流式细胞分析、ELISA、质谱、ExoView 和其他候选技术表征囊泡特异性分子的存在。最近，研究鉴定了一组新的泛囊泡标志物，包括 ACTB、MSN 和 RAP1B，其可用于囊泡的纯化和检测。在过去的几十年中，出现了一些有前景的表征组织来源细胞外囊泡的技术，包括冷冻电镜、液模原子力显微镜、电子断层成像，免疫金法、流式细胞术、新型基于散射和荧光的流式细胞术和电阻脉冲传感技术。

总之，在表征分离的组织来源细胞外囊泡时，需基于四个维度：尺寸、形状、分子标志物和特定功能特性，进行不同的组合以定义组织来源细胞外囊泡。上述标准可随着最新技术的进步而更新。组织来源细胞外囊泡表征方法的标准化可促进研究结果向强有力的临床应用方向发展。

三、组织来源细胞外囊泡取样问题和异质性探究

与其他来源的囊泡相比，取样是组织来源细胞外囊泡研究所特有的障碍。首先，组织来源细胞外囊泡的获取来源有限。组织来源细胞外囊泡的临床应用需检测很少量的组织来源细胞外囊泡，以发挥预期结果。在诊断方面，这可以通过提高检测灵敏度和特异性来解决，而对于治疗应用，体外扩增组织来源细胞外囊泡或许是一种实用有效的解决方案。第二，不可避免的侵入性取样。此外，在某些情况下可能无法采集组织来源细胞外囊泡样本，包括深部恶性肿瘤和不适合活检的肿瘤，如动脉瘤。在这些情况下，液体活检可能是更合适的方法。最后，基于组织来源细胞外囊泡的分析受到取样偏差的影响。多位点取样有助于了解肿瘤异质性，例如在肿瘤中心、邻近肿瘤组织、浸润边缘和大块转移灶采集标本。多位点分析揭示了食管鳞状细胞癌的空间异质性。类似地，不同癌症阶段之间也存在差异。组织来源细胞外囊泡既提供了亲代细胞的特征，也是各种生物学行为的介质，且表现出显著的异质性。因此，从不同疾病阶段和多个位点分析组织样本中的囊泡可能有希望指导更个性化的临床管理。因此，探索组织来源细胞外囊泡的时空异质性将是下一个挑战。可行的策略是进行大规模临床试验，在多个位点取样并分析产量和分子表达差异，以确定最佳取样位点，并制定标准操作规程以指导未来的研究和临床实践。

四、基于单一组织来源细胞外囊泡生物标志物

鉴于组织来源细胞外囊泡的异质性，在群体和单个囊泡水平上开发其诊断和治疗潜力尤为重要。目前，囊泡的大多数诊断应用处于“批量测量”的水平，检测每个生物标志物需要（1 ～ 10）$\times 10^5$ 个囊泡，更灵敏的方法需要 100 ～ 1000 个囊泡。用于单一囊泡分析的新技术已经出现，并且包括与免疫金标记偶联的透射电子显微镜、原子力显微镜、SP-IRIS、MRPS、荧光纳米流式细胞术检测和光镊拉曼光谱技术等。此外，还需要在不同类型的肿瘤中进行基于单一囊泡水平的大规模临床试验，以识别普遍的和特异的组织来源细胞外囊泡标志物，这将有利于组织来源细胞外囊泡进

一步标准化和质量控制。

五、组织来源细胞外囊泡治疗应用的前景与挑战

从骨髓、脂肪、脐带、胎盘、羊膜、牙龈、牙髓等特定组织中分离的囊泡具有潜在的临床应用价值，但值得关注的是，囊泡的研究仍存在一些挑战需要我们关注。

第一，探讨了组织来源细胞外囊泡作为治疗剂给药后的生物分布。已有几种策略可维持靶组织中囊泡的高浓度，例如增强其穿过生物屏障的能力、延长其半衰期、改进靶向（通过隐蔽和表面展示）和减少其被清除。

第二，实现组织来源细胞外囊泡临床规模生产，可能的解决方案有3D组织样结构（有机体）重建、生物反应培养系统或治疗效率的提高。

除了这些障碍，组织来源细胞外囊泡的异质性、储存问题和生物相容性等，这些问题都亟待解决，希望今后针对组织来源细胞外囊泡研究能够关注这些问题。尽管如此，为了更好地促进组织来源细胞外囊泡的研究，并确保数据可比性达到可接受的水平，论文中应提供详细的技术和实验信息。